U0339907

第一推动丛书:物理系列
The Physics Series

物理学的困惑
The Trouble with Physics

[美] L.斯莫林 著　李泳 译
Lee Smolin

湖南科学技术出版社

THE
FIRST
MOVER

总序

《第一推动丛书》编委会

科学，特别是自然科学，最重要的目标之一，就是追寻科学本身的原动力，或曰追寻其第一推动。同时，科学的这种追求精神本身，又成为社会发展和人类进步的一种最基本的推动。

科学总是寻求发现和了解客观世界的新现象，研究和掌握新规律，总是在不懈地追求真理。科学是认真的、严谨的、实事求是的，同时，科学又是创造的。科学的最基本态度之一就是疑问，科学的最基本精神之一就是批判。

的确，科学活动，特别是自然科学活动，比起其他的人类活动来，其最基本特征就是不断进步。哪怕在其他方面倒退的时候，科学却总是进步着，即使是缓慢而艰难的进步。这表明，自然科学活动中包含着人类的最进步因素。

正是在这个意义上，科学堪称为人类进步的"第一推动"。

科学教育，特别是自然科学的教育，是提高人们素质的重要因素，是现代教育的一个核心。科学教育不仅使人获得生活和工作所需的知识和技能，更重要的是使人获得科学思想、科学精神、科学态度以及科学方法的熏陶和培养，使人获得非生物本能的智慧，获得非与生俱来的灵魂。可以这样说，没有科学的"教育"，只是培养信仰，而不是教育。没有受过科学教育的人，只能称为受过训练，而非受过教育。

正是在这个意义上，科学堪称为使人进化为现代人的"第一推动"。

近百年来，无数仁人志士意识到，强国富民再造中国离不开科学技术，他们为摆脱愚昧与无知做了艰苦卓绝的奋斗。中国的科学先贤们代代相传，不遗余力地为中国的进步献身于科学启蒙运动，以图完成国人的强国梦。然而可以说，这个目标远未达到。今日的中国需要新的科学启蒙，需要现代科学教育。只有全社会的人具备较高的科学素质，以科学的精神和思想、科学的态度和方法作为探讨和解决各类问题的共同基础和出发点，社会才能更好地向前发展和进步。因此，中国的进步离不开科学，是毋庸置疑的。

正是在这个意义上，似乎可以说，科学已被公认是中国进步所必不可少的推动。

然而，这并不意味着，科学的精神也同样地被公认和接受。虽然，科学已渗透到社会的各个领域和层面，科学的价值和地位也更高了，但是，毋庸讳言，在一定的范围内或某些特定时候，人们只是承认"科学是有用的"，只停留在对科学所带来的结果的接受和承认，而不是对科学的原动力——科学的精神的接受和承认。此种现象的存在也是不能忽视的。

科学的精神之一，是它自身就是自身的"第一推动"。也就是说，科学活动在原则上不隶属于服务于神学，不隶属于服务于儒学，科学活动在原则上也不隶属于服务于任何哲学。科学是超越宗教差别的，超越民族差别的，超越党派差别的，超越文化和地域差别的，科学是普适的、独立的，它自身就是自身的主宰。

　　湖南科学技术出版社精选了一批关于科学思想和科学精神的世界名著，请有关学者译成中文出版，其目的就是为了传播科学精神和科学思想，特别是自然科学的精神和思想，从而起到倡导科学精神，推动科技发展，对全民进行新的科学启蒙和科学教育的作用，为中国的进步做一点推动。丛书定名为"第一推动"，当然并非说其中每一册都是第一推动，但是可以肯定，蕴含在每一册中的科学的内容、观点、思想和精神，都会使你或多或少地更接近第一推动，或多或少地发现自身如何成为自身的主宰。

再版序
一个坠落苹果的两面：
极端智慧与极致想象

龚曙光
2017年9月8日凌晨于抱朴庐

连我们自己也很惊讶，《第一推动丛书》已经出了25年。

或许，因为全神贯注于每一本书的编辑和出版细节，反倒忽视了这套丛书的出版历程，忽视了自己头上的黑发渐染霜雪，忽视了团队编辑的老退新替，忽视好些早年的读者，已经成长为多个领域的栋梁。

对于一套丛书的出版而言，25年的确是一段不短的历程；对于科学研究的进程而言，四分之一个世纪更是一部跨越式的历史。古人"洞中方七日，世上已千秋"的时间感，用来形容人类科学探求的速律，倒也恰当和准确。回头看看我们逐年出版的这些科普著作，许多当年的假设已经被证实，也有一些结论被证伪；许多当年的理论已经被孵化，也有一些发明被淘汰……

无论这些著作阐释的学科和学说，属于以上所说的哪种状况，都本质地呈现了科学探索的旨趣与真相：科学永远是一个求真的过程，所谓的真理，都只是这一过程中的阶段性成果。论证被想象讪笑，结论被假设挑衅，人类以其最优越的物种秉赋——智慧，让锐利无比的理性之刃，和绚烂无比的想象之花相克相生，相否相成。在形形色色的生活中，似乎没有哪一个领域如同科学探索一样，既是一次次伟大的理性历险，又是一次次极致的感性审美。科学家们穷其毕生所奉献的，不仅仅是我们无法发现的科学结论，还是我们无法展开的绚丽想象。在我们难以感知的极小与极大世界中，没有他们记历这些伟大历险和极致审美的科普著作，我们不但永远无法洞悉我们赖以生存世界的各种奥秘，无法领略我们难以抵达世界的各种美丽，更无法认知人类在找到真理和遭遇美景时的心路历程。在这个意义上，科普是人类极端智慧和极致审美的结晶，是物种独有的精神文本，是人类任何其他创造 —— 神学、哲学、文学和艺术无法替代的文明载体。

在神学家给出"我是谁"的结论后，整个人类，不仅仅是科学家，包括庸常生活中的我们，都企图突破宗教教义的铁窗，自由探求世界的本质。于是，时间、物质和本源，成为了人类共同的终极探寻之地，成为了人类突破慵懒、挣脱琐碎、拒绝因袭的历险之旅。这一旅程中，引领着我们艰难而快乐前行的，是那一代又一代最伟大的科学家。他们是极端的智者和极致的幻想家，是真理的先知和审美的天使。

我曾有幸采访《时间简史》的作者史蒂芬·霍金，他痛苦地斜躺在轮椅上，用特制的语音器和我交谈。聆听着由他按击出的极其单调的金属般的音符，我确信，那个只留下萎缩的躯干和游丝一般生命气息的智者就是先知，就是上帝遣派给人类的孤独使者。倘若不是亲眼所见，你根本无法相信，那些深奥到极致而又浅白到极致，简练到极致而又美丽到极致的天书，竟是他蜷缩在轮椅上，用唯一能够动弹的手指，一个语音一个语音按击出来的。如果不是为了引导人类，你想象不出他人生此行还能有其他的目的。

无怪《时间简史》如此畅销！自出版始，每年都在中文图书的畅销榜上。其实何止《时间简史》，霍金的其他著作，《第一推动丛书》所遴选的其他作者著作，25年来都在热销。据此我们相信，这些著作不仅属于某一代人，甚至不仅属于20世纪。只要人类仍在为时间、物质乃至本源的命题所困扰，只要人类仍在为求真与审美的本能所驱动，丛书中的著作，便是永不过时的启蒙读本，永不熄灭的引领之光。

虽然著作中的某些假说会被否定，某些理论会被超越，但科学家们探求真理的精神，思考宇宙的智慧，感悟时空的审美，必将与日月同辉，成为人类进化中永不腐朽的历史界碑。

因而在25年这一时间节点上，我们合集再版这套丛书，便不只是为了纪念出版行为本身，更多的则是为了彰显这些著作的不朽，为了向新的时代和新的读者告白：21世纪不仅需要科学的功利，而且需要科学的审美。

当然，我们深知，并非所有的发现都为人类带来福祉，并非所有的创造都为世界带来安宁。在科学仍在为政治集团和经济集团所利用，甚至垄断的时代，初衷与结果悖反、无辜与有罪并存的科学公案屡见不鲜。对于科学可能带来的负能量，只能由了解科技的公民用群体的意愿抑制和抵消：选择推进人类进化的科学方向，选择造福人类生存的科学发现，是每个现代公民对自己，也是对物种应当肩负的一份责任、应该表达的一种诉求！在这一理解上，我们将科普阅读不仅视为一种个人爱好，而且视为一种公共使命！

牛顿站在苹果树下，在苹果坠落的那一刹那，他的顿悟一定不只包含了对于地心引力的推断，而且包含了对于苹果与地球、地球与行星、行星与未知宇宙奇妙关系的想象。我相信，那不仅仅是一次枯燥之极的理性推演，而且是一次瑰丽之极的感性审美……

如果说，求真与审美，是这套丛书难以评估的价值，那么，极端的智慧与极致的想象，则是这套丛书无法穷尽的魅力！

绪言

　　上帝或诸神，可能有，也可能没有。不过确实有东西令我们对神圣的追寻更加高贵。另外，人们走过的那些将我们引向真理更深层次的每一条道路，说明还有东西令我们的追寻更为人性。有的人在沉思冥想或祷告中寻求卓越，另一些人则默默地为人类伙伴服务，还有些人很幸运，拥有超群的才华，通过艺术实践而达到巅峰。

　　走进生命最深层问题的另一途径就是科学。并非所有科学家都是探索者，多数都不是，但在每个科学分支领域，都有那样的科学家，渴望了解学科最基本的真理。数学家想知道数是什么，数学真理描述了什么；生物学家想知道生命是什么，生命是如何起源的；物理学家想知道空间和时间是什么，世界是怎么形成的。这些基本问题很难回答，也很少有直接的进步。只有很少的科学家能耐得住那样的寂寞。这是最冒险的事业，也有最大的回报：一旦有人回答了学科基础的某个问题，就将改变我们知道的一切。

　　科学家的使命是为我们的知识宝库不断添加新的东西，所以他们每天都面对着未知的事物。在学科基础领域工作的科学家们都明白，科学大厦的砖块绝不像人们想象的那么坚固。

本书讲述的是在最深层次认识自然的故事。鼓吹它的是那些在努力延伸我们的物理学基本定律的科学家们。我要讲述的时期 —— 大约从1975年开始 —— 是我个人理论物理学生涯的几十年，大概也是自开普勒和伽利略400年前从事物理学以来最奇异、最令人沮丧的几十年。

我讲的故事在某些人读来可能像悲剧。老实说 —— 说来好笑 —— 我们失败了。我们继承的这门科学（物理学），长久以来在惊人地发展着，简直成了其他科学的楷模。在过去的两个多世纪里，我们极大地扩展了对自然律的了解。但是今天，尽管我们付出了艰巨的努力，我们对那些定律的认识并不比20世纪70年代更多。

30年过去了，基础物理学却没有重大的进步，这是多么不同寻常的事情啊！即使我们回溯200年，当科学还是富家子弟的专利时，也不曾有过这样的事情。至少在18世纪后期，大约每四分之一世纪都会出现关键问题的重大进步。

到1870年，当拉瓦锡（Antoine Lavoisier）的定量化学实验证明物质守恒时，牛顿的运动和引力定律已经流行几乎100年了。虽然牛顿为我们提供了认识自然万物的框架，前景仍然广阔无边。那时，人们才开始认识物质、光、热的基本事实，正在揭开电磁等神秘现象的秘密。

在接下来的25年里，那些领域有了重大发现。我们明白了光是一种波。我们发现了带电粒子间的力的规律。因为道尔顿（John Dalton）的原子理论，我们对物质的认识向前飞跃了一大步。我们有了能量的概念，用光的波动理论解释了干涉和衍射，还探讨了电阻和电、磁之间的关系。

现代物理学的几个基本概念出现在1830年到1855年的四分之一世纪里。法拉第（Michael Faraday）提出了场传递力的观点，极大地促进了我们对电磁现象的认识。同在那个时期，能量守恒定律也随着热力学第二定律确立起来了。

接着的四分之一世纪，麦克斯韦（James Clerk Maxwell）进一步发展了法拉第的场的思想，形成了我们今天的电磁学。麦克斯韦不仅统一了电和磁，还解释了光是一种电磁波。1867年，他用原子理论解释了气体的行为。同时，克劳修斯（Rudolf Clausius）提出了熵的概念。

从1880年到1905年，我们发现了电子和X射线。热辐射的研究经历了几个阶段，最终导致普朗克（Max Planck）在1900年发现了描述辐射的热性质的正确公式 —— 它点燃了量子革命的燎原烈火。

1905年，爱因斯坦26岁。虽然他过去关于热辐射的物理研究在后来被证明是科学的一大贡献，但他还是没能找到学术工作。不过那还只是热身，他很快就看准了一个基本的物理学问题：首先，如何才能让运动的相对性与麦克斯韦的电磁定律协调起来？他在狭义相对论里告诉了我们答案。我们应该把化学元素看作牛顿的原子吗？他证明确实应该那样。我们如何协调光的理论与原子的存在性呢？他也回答了，而且证明光既是波也是粒子。所有这些都发生在1905年，在他作为专利局技术员的空闲时间里。

爱因斯坦的思想爆发持续了四分之一世纪。到1930年，我们已经有了他的广义相对论。它革命性地宣称空间的几何不是固定的，而是随时间演化的。他在1905年揭示的波粒二象性成长为丰满的量子理论，使我们具体认识了原子、化学、物质和辐射。同在1930年，我们还认识了宇宙包含着大量像银河系一样的星系，而且它们在相互离开。这个现象的意义尚不清楚，但我们知道我们生活在一个膨胀的宇宙中。

随着量子理论和广义相对论成为我们对世界的认识的一部分，20世纪物理学革命的第一幕结束了。许多物理教授对各自专业领域的革命感到不安，他们宽慰自己，希望还能按照常规的方式做科学，而不必关心那些基本假设。可惜他们高兴得太早了。

爱因斯坦是在下一个四分之一世纪的最后那年（1955年）去世的。那时我们学会了怎样和谐地融合量子理论与狭义相对论，这是戴森（Freeman Dyson）和费曼（Richard Feynman）那一代人的伟大成就。我们发现了中子、中微子和千百种其他看起来基本的粒子。我们还认识到千变万化的大自然由四种力主宰：电磁力、引力、强核力（将原子核束缚在一起的力）和弱核力（决定衰变的力）。

再过四分之一世纪就到了1980年。我们那时构造了一个能解释所有基本粒子和力的实验结果的理论 —— 即所谓的基本粒子的标准模型。例如，标准模型精确告诉我们质子和中子如何由夸克构成，夸克又如何通过胶子（强核力的传递者）而束缚在一起。在基本物理学历史上，我们第一次看到理论赶上了实验。从那时以来，还没有一个实验与标准模型或广义相对论相矛盾。

　　我们的物理知识从微观走向宏观，现在走进了一门新的宇宙学 —— 大爆炸理论已经成为常识。我们发现我们的宇宙不仅有恒星和星系，还有像中子星、类星体、超新星和黑洞那样的奇异天体。到1980年，霍金大胆预言了黑洞辐射。天文学家们也有证据证明宇宙包含着大量暗物质 —— 也就是既不发光也不反射光的某种形式的物质。

　　1981年，宇宙学家古斯（Alan Guth）提出一幅"暴胀"图景来描述宇宙的早期历史。大致说来，他的理论认为宇宙在极早时期经历了急剧扩张的一幕，这就解释了为什么宇宙在各个方向是那么相同。暴胀理论的预言看起来很可疑，不过10年前开始出现了倾向它的证据。到我写这本书的时候，还存在几个疑问，不过总的证据还是支持暴胀预言的。

　　于是，到1981年时，物理学已经历了200年的茁壮成长。一个接着一个的发现深化了我们对自然的理解，因为理论和实验在每个时刻都手牵手地前进着。新的思想被检验和证实，新的实验发现得到了理论的解释。可是接下来，20世纪80年代之初，物理学的脚步停了。

　　我是粒子物理学标准模型建立后成长起来的第一代物理学家之一。我与大学和研究生院的朋友们见面时，大家经常问："我们发现了什么值得我们这一代人骄傲的东西吗？"如果要说新的基本发现 —— 被实验确立并由理论解释了的发现，像上面说的那些发现 —— 那么我们只好承认，"没有！"外斯（Mark Wise）是标准模型之外的粒子物理学的顶尖理论家。最近，在我工作的加拿大安大略省沃特卢圆周（Perimeter）理论物理研究所的一次研讨会上，他谈了基本粒子质量来源的问题。"我们在这个问题上败得很惨，"他说，"如果要我现在谈费米子的质量问题，我可能谈到20世纪80年代就无话可说了。"[1] 接着他给我讲了一个故事：1983年，他和约翰·普雷斯基尔（John Preskill，也是一流的理论家）去加州理工学院任教。"约翰和我坐在他的办公室里聊天……你知道，物理学的大佬们曾经都在加州理工，而我们现在也来了！约翰说，'我不会忘记什么是要紧的事情。'于是他选择了夸克和轻子的质量，他把问题写在一张黄纸片上，然后把它贴在公告牌上……这样就不会忘记要为它们而工作。15年后，我走进他的办公室……谈点儿事情，我看了看公告牌，那纸片还在呢，但阳光已经洗净了上面的文字。所以问题也就消失了！"

平心而论，我们在过去的几十年里还是有两个实验发现：中微子有质量，宇宙的主角似乎是某种神秘的令膨胀加速的暗能量。但我们还不知道为什么中微子（或其他任何粒子）有质量，也不能解释其质量的数值。至于暗能量，现有的理论还不能解释。暗能量的发现不能算一个成果，因为它说明我们都忽略了某个重要的事实。除了暗能量外，我们再没发现什么新粒子和新的基本作用力，也没遇见过去25年所不曾知道的新现象。

不过也别误会。我们在过去25年当然也是忙忙碌碌的，成功地把确立的理论应用于不同的对象：材料的性质、生物的分子物理学、

1. Mark Wise, " Modiacations to the Properties of the Higgs Boson. " Seminar talk, Mar. 23, 2006. Available at http://streamer.perimeterinstitute.ca : 81/-mediasite/.

巨大星团的动力学。至于我们对自然律的认识的扩展，确实没有实在的进步。我们探索过很多优美的思想，也做过令人注目的粒子加速实验和宇宙观测，但它们主要是为了证实现有的理论，几乎没有什么飞跃，当然也没有像过去200年那样有确定或重要的发现。如果这样的事情发生在运动场或商场，那就是撞墙了，走霉运了。

物理学为什么突然陷入了困境？我们能为它做些什么？这就是本书的中心问题。

我是个乐天派，很长时间都不愿承认我自己经历的这个物理学时期会是那么沉寂。我和许多朋友一样，满怀希望地走进科学，期待着能为那个飞速发展的领域做出重大贡献，结果，我们却必须面对一个令人震惊的事实：我们不像我们的前辈，没有发现任何能流传后代的东西。这令很多人产生了危机感，而更重要的是，它还带来了物理学的危机。

在过去的30年，理论粒子物理学的主要挑战是更深入地解释标准模型。在这方面我们做了很多事情。我们提出了一些新理论，还进行过很详尽的探索，但都没能得到实验的证实。问题的症结在于，在科学中，一个理论要令人信服，它必须为尚未进行的实验做出新的预言 —— 不同于从前理论的预言。而一个实验要有意义，它必须有可能产生与那个预言不一致的结果。如果实验结果和预言不一致，我们就说理论被证伪了 —— 即它很可能被证明是错的。理论还必须是可以证实的，它应该能证明只有它才有的新预言。只有当理论经过了检验而结果与理论一致时，我们才能把它提升到那些正确理论的行列中。

　　粒子物理学当前的危机源于这样的事实：标准模型以外的理论分化为两个阵营，有的被证伪了，因而是错误的。其余的还未经检验——要么因为它们没有明确的预言，要么因为它们的预言还不能用现有的技术来检验。

　　在过去的30年，理论家们至少提出了十多个方法。每个方法都从一个令人信服的假定出发，但至今还没有一个成功的。在粒子物理学领域，这些方法包括拟色（technicolor）、前子模型和超对称性。在时空物理学领域，有扭量理论、因果集、超引力、动力三角化[1]和圈量子引力。有些思想和它的名字一样怪异。

　　这些理论中，有一个吸引了绝大多数人的关注——弦理论。它流行的原因不难理解。例如，它声称正确描述了宏观和微观——大如引力，小如基本粒子；它还提出了所有理论中最大胆的假设：世界包含着看不见的维度和比我们知道的多得多的粒子。同时，它认为所有基本粒子源于同一个服从美妙的简单定律的实体——弦——的振动。它宣称统一了大自然所有的粒子和力。同样，它还许诺能澄清曾经做过或可能做的任何实验的预言。最近20年，人们为弦理论花费了很大的气力，但我们仍然不知道它是否正确。即使事情都做好了，理论也没有一个新预言能用今天的实验（哪怕今天所能想象

---

1. 动力三角化是荷兰乌特列兹大学的Renate Loll，丹麦哥本哈根大学的Jan AmbjØrn和波兰亚格隆尼大学Jerzy Jurkiewicz提出的时空几何，主要思想是将时空剖分为微小的三角形结构。斯莫林似乎很看好这个模型。——译者

的实验）来检验。它确实做出的几个明确的预言也是其他理论已经预言过的。

弦理论没有新预言，部分原因在于它似乎有数不清的形式。即使我们只考虑那些满足宇宙的几个基本事实（如宇宙的大小和暗能量的存在）的理论，我们要面对的弦理论还有10^{500}（1后面跟500个零）个，比已知宇宙的原子还多呢。既然有那么多的理论，总有某个实验结果会满足其中的一个吧。因此，不论实验如何，弦理论都不可能被否定。但反过来也一样：没有实验能证明它是正确的。

同时，我们对多数弦理论都知之甚少，而我们多少知道些细节的少数几个理论，每一个通常都至少在两个方面不符合现有的实验数据。

于是我们面对着一个怪圈。我们知道如何研究的弦理论都已知是错误的，而我们无法研究的那些理论却有那么庞大的数目，真想象不出能有什么实验和它们全都不符。

问题还不仅于此。弦理论依赖于几个关键的假设，那些假设虽然有一定证据，但并没有证明。更糟糕的是，在经过了那么多艰辛的科学劳动之后，我们仍然不知道是否存在一个完整而和谐的名叫"弦理论"的理论。其实，我们有的根本不是一个理论，而是一些近似计算的集合，外加一个猜想的网络——如果那些猜想正确，则意味着存在某个理论。但那个理论还从没写出来过。我们不知道它的基本原理是什么，我们不知道该用什么数学语言来表述它——也许需要创造一门新的语言来描写它。既没有基本原理，也没有数学形式，我们又凭什么说我们知道弦理论宣扬了什么呢？

下面是弦理论家格林（Brian Greene）在他的《宇宙经纬》里说的：" 即使今天，在它出现30年之后，多数弦的实践者仍然相信我们不能满意地回答一个最基本的问题：弦理论是什么？ …… 多数研究者觉得我们现有的弦理论形式还缺乏我们在其他重大理论进步中看到的那种核心原理。"[1]

因基本粒子物理学的成就而获诺贝尔奖的特胡夫特（Gerard 't Hooft）曾这样形容弦理论的现状：" 实际上，我还没打算称弦理论是一个 ' 理论 '，它更像一个 ' 模型 '，甚至连模型也算不上，而只是一种感觉。毕竟，一个理论应该有一套指南，教我们如何识别我们想要描述的事物（在我们的情形，即基本粒子），而且至少在原则上能确立一些法则来计算那些粒子的性质，并做出新的预言。假定我给你一把椅子，却告诉你那椅子的腿还没找到，坐垫和靠背也要等会儿才拿来。那么我到底给了你什么？还能称它是椅子吗？ "[2]

因标准模型获诺贝尔桂冠的格罗斯（David Gross）后来成为弦理论最激进、最令人敬畏的拥护者。不过，在最近一个庆祝弦理论进展的会议上，他这样结束自己的讲话：" 我们不知道我们在谈论什么 …… 物理学今天的状态就像我们为放射性感到疑惑的那个时

1. Brian Greene, *The Fabric of the Cosmos: Space, Time, and the Texture of Reality* (New York: Alfred A. Knopf, 2005), p. 376.（此书可以认为是格林为《宇宙的琴弦》写的续篇，中译本也纳入了《第一推动丛书》。）
2. Gerard 't Hooft, *In Search of the Ultimate Building Blocks* (Cambridge: Cambridge University Press, 1996), p. 163.

候 …… 它们还缺少某个绝对基本的东西。我们也许缺乏同样深刻的东西。"[1]

可是，尽管弦理论如此残缺，连其存在都是一个未经证明的猜想，做弦理论的人依然相信它是理论物理学前进的唯一道路。很久以前，有人请圣巴巴拉加州大学卡维里（Kavli）理论物理研究所的杰出的弦理论家波尔金斯基（Joseph Polchinski）谈谈"替代弦理论"的问题。他说，他的第一反应是，"这太无聊了，它没有替代者 …… 所有好思想都是弦理论的一部分。"[2] 哈佛助理教授莫特（Lubos Molt）最近在他的博客上宣称："没人能让别人相信弦理论的什么替代者，最可能的理由就是，也许弦理论不存在替代者。"[3]

怎么回事呢？在科学中，理论一词通常意味着非常确定的事物。兰多尔（Lisa Randall）是莫特在哈佛的同事，一个有影响的粒子物理学家，她将理论定义为"嵌在一组关于世界的基本假设里的确定的物理学框架 —— 一个囊括了众多现象的精简的框架。理论产生一组方程和预言，通过与实验数据的一致而得到证实"。[4]

---

1. 引自 2005 年 10 月 10 日《新科学家》杂志："诺贝尔奖得主承认弦理论陷入困境。"文章引发了一定的争议，所以格罗斯在第 23 期耶路撒冷冬季理论物理学校的开幕词上澄清了自己的言论（全文见 www.as.huji.ac.il/schools/phys 23/media.shtml）：
　　我的话的真正意思是，我们还不知道弦理论是什么，不知道它是不是最后的理论，或者它还缺少什么东西，而我们必须等着面对概念的深刻改变 …… 特别是空间和时间本性的改变。但这并不是说我们应该停止做弦理论了 —— 它失败了，完蛋了 —— 不是的，我们正处在一个神奇的时期。
2. J. Polchinski, Talk given at the 26 th SLAC Summer Institute on Particle Physics, 1998, hep-th/9812104.
3. http://motls.blogspot.com/2005/09/why-no-new-einstein-ii.html.
4. Lisa Randall, "Designing Words," in *Intelligent Thought: Science Versus the Intelligent Design Movement*, ed. John Brockman (New York: Vintage, 2006).

　　弦理论不是这样的——至少现在还谈不上。那么，某些专家在连弦理论到底是什么都不知道的时候，又凭什么相信它不可替代呢？他们相信它不可替代究竟是什么意思？就是这些问题激发我写这本书。

　　理论物理学家难做，非常难做。不是因为需要很多的数学，而是因为存在很大的风险。当我们回顾当代物理学史的时候，会一次又一次地看到，做这样的科学不可能没有风险。如果很多人为一个问题奋斗了多年还没找到答案，那可能是答案太难而不那么显而易见，或者就是那问题没有答案。

　　就我们理解的说，弦理论认为世界与我们知道的根本不同。假如弦理论正确，世界该有更多的维、更多的粒子和更多的力。许多弦理论家在谈话或写作时，似乎都把额外的维和粒子的存在看成了确定的事实——任何优秀科学家都不能怀疑的事实。有个弦理论家不止一次地对我说，"你的意思是你认为可能没有额外的维？"事实上，不论理论还是实验，都没有任何证据表明存在额外的维。本书的目的之一就是要剥去弦理论的这层神秘的外衣。它的思想很美妙，出发点也好，但为了认识它为什么没有带来大的进步，我们必须清楚有什么支持的证据，有什么缺失的东西。

　　因为弦理论是高风险的事业——尽管学术界和科学社会支持，实验却并不支持——它的归宿只有两个。假如弦理论是正确的，理论家们会成为科学史上最伟大的英雄。凭着手头的一些线索——没有一条是确凿无疑的——他们将发现实在远比从前想象的广大。哥伦布发现了西班牙国王和王后不知道的新大陆（当然新大陆也不知道有西班牙皇家），伽利略发现了新恒星和卫星，后来的天文学家发现了新行星。所有这些发现在新空间维度的发现面前都将黯然失色。而且，许多弦理论家相信，众多弦理论所描述的无数世界确实存在着——那是我们不可能直接看见的宇宙。如果真是这样，那么我们所认识的实在，还不如任何洞穴人群所认识的地球。人类历史上还不曾有谁正确猜想过已知的世界会是那么广大。

另一方面，假如弦理论家错了，就不可能是小错。假如不存在新的维度和对称性，我们会将弦理论家归入失败者之流，就像开普勒和伽利略迈步向前时的那些还在研究托勒密本轮的人。他们的故事将警示人们什么不能算作科学，如何才能不让理论猜想超越了理性的极限而走进幻想。

因为弦理论的兴起，从事基础物理学研究的人们分裂为两个阵营。许多科学家继续做弦理论，每年大约有50个新博士从这个领域走出来。但还有些物理学家对弦理论深表怀疑——他们有的从来不看好它，有的则感到绝望，不再相信那个理论能有一个和谐的形式或做出什么真正的实验预言。分裂并不总是友好的。他们都怀疑对方的专业能力和道德水平，现在真正需要做的是维护两家的友谊。

根据我们在学校学过的科学图景，这样的情形不会持续下去。老师教我们，现代科学的总特征就是存在一个引导我们进一步认识自然的方法。偏差与争议当然是科学进步必须经历的，但人们总认为存在一种方法，通过实验或数学来解决争论。可是，在弦理论的情形，这样的机制似乎破产了。弦理论的许多信奉者和评论家们太相信他们的观点了，即使在朋友之间也很难展开诚恳的讨论。他们说："你怎么会看不见这个理论的美妙呢？一个如此美妙的理论怎么会不正确呢？"这也激起怀疑者们同样剧烈的反应："你失去理智了吗？你怎么那么坚信随便的一个毫无实验证据的理论呢？你忘了怎么做科学吗？你连那理论是什么都不知道，怎么还如此确定你是对的呢？"

我写这本书就是希望能在专家和爱好者之间展开真诚而有益的讨论。不论我在这些年看到了什么，我还是相信科学。我相信科学家群体有能力摆脱挖苦和讽刺，通过基于当前证据的理性的讨论来解决争议。我很清楚，仅凭提出这个问题，我就会惹恼我的一些做弦理论的朋友和同事。我只能说，我写此书不是为了攻击弦理论或相信弦理论的人，我对他们满怀着敬意，我写它，首先是表达我对物理学的科学家群体的信任。

所以，这不是一本关于"我们"和"他们"的书。在我的经历中，既做过弦理论，也走过其他量子引力（爱因斯坦广义相对论与量子理论的融合）的道路。尽管我的主要努力在其他方法上，我也有一段时间很相信弦理论，而且试着去解决它的关键问题。虽然问题没解决，我还是写了18篇文章。所以，我要讨论的错误不仅是别人的，同样也是我自己的。我将谈到那些为大家广泛接受的猜想，尽管它们从没得到证明。我也曾相信过它们，因为相信才选择了我的研究方向。我还要说年轻科学家为了美好前程而追求那些公认的主流问题所承受的压力。我本人深有体会，时常任由它们决定我的职业生涯。一方面需要独立的科学判断，一方面不能偏离科学主流，这样的冲突我也经历过。我写这本书不是想批评有不同选择的科学家，而是想明白为什么科学家需要面对那些选择。

实际上，我犹豫了很长时间才决定写这本书。我个人不喜欢冲突和对抗。毕竟，在我们从事的这门科学里，任何值得做的事情都是一种冒险，真正重要的是50年后我们的学生的学生认为哪些东西值得教给他们的学生。我一直希望身处弦理论研究中心的人能写一篇客观而翔实的评论，告诉我们理论做到了什么，没做什么。没有人出来写。

之所以想把这些问题公开出来，是因为几年前在科学家与一群人文学者和社会科学教授（既"社会建构主义者"）之间发生了一场争论，争论科学是如何进行的。社会建构主义者们声称科学团体并不比其他人类群体更理性和客观。多数科学家不是这样看科学的。我们教导学生，对科学的信仰必须基于对证据的客观估价。我们的对手反驳说，我们关于科学运行的主张不过是一种宣传，为的是向人们索求权利，整个科学事业和人类其他领域没有什么两样，都是在相同的政治和社会力量驱动下运行的。

我们科学家在论战中用的主要论据之一是我们的群体和他们不同，因为我们用很高的标准约束自己——根据那样的标准，任何一个理论如果未经公开的计算和数据的证明，未能消除专业人士的怀疑，我们是不可能接受它的。当然，正如我下面要更详细讲的，在弦理论中就不是这样的。尽管没有实验的支持和精确的形式，仍然有人相信它，似乎感情超过了理智。

　　弦理论的大肆宣扬使它成了探索物理学大问题的一条基本路线。在崇高的普林斯顿高等研究院享有永久职位的每个粒子物理学家几乎都是弦理论家，唯一的例外是几十年前来这儿的一位。在卡维里理论物理研究所也是如此。自1981年麦克阿瑟（Mac Arthur）学者计划开始以来，9个学者有8个成了弦理论家。在顶尖的大学物理系（伯克利、加州理工、哈佛、麻省理工、普林斯顿和斯坦福），1981年后获博士学位的22个粒子物理学终身教授中，有20个享有弦理论或相关方面的声誉。

　　弦理论如今在学术机构里独领风骚，年轻的理论物理学家如果不走进这个领域，几乎就等于自断前程。即使在宇宙学和粒子现象学等弦理论没有任何预言的领域，研究者们也常在讲话或文章的开头声称他们相信他们的工作将来可以通过弦理论推导出来。

　　有很好的理由把弦理论认真看作一种关于自然的假说，但这不等于说它是对的。我为弦理论工作过几年，因为我那时非常相信它，很想凭自己的手解决它的关键问题。我也相信除非我像专业人士那样熟悉它，否则我没有资格发表意见。同时，我也在其他方向做过一些工作，它们也有希望回答基本问题。结果，有人怀疑我在争论时有点儿两面派。有些弦理论家说我"反弦"，这不能说一点儿不对。如果不是曾经为它着迷，感觉它可能成为真理的一部分，我是不可能花那么多时间和精力去做弦理论研究的，也就不会在它的问题的激发下写三本书。我不会支持科学以外的任何事情，也不会反对任何事情，除非它威胁了科学。

　　但是，除了和同事的关系之外，还有很多事情也出了问题。为了研究，我们物理学家需要重要的资源，那主要来自我们的公民——通过税收或者基金。他们需要的回报只是希望有机会通过我们的肩膀看看我们是如何前进的，深化了多少关于我们共同的世界的知识。与公众沟通的物理学家，不论通过写作、谈话、电视还是网络，都有责任说出真相。我们必须谨慎地在讲成功的同时也讲失败。其实，真诚面对失败不会损害我们的事业，反而会促进它。毕竟，支持我们的人生活在现实世界，他们理解任何事业的进步都需要真正的冒险，也都可能遭受失败。

　　近年来，许多面向大众的图书和杂志都描述过理论物理学家正在探讨的新思想。有些叙述根本就没有用心解释新思想距离实验验证和数学证明还差多远。公众渴望知道宇宙的奥秘，我觉得有责任保证本书讲的故事都尊重事实。我希望把我们不能解决的各种问题都呈现出来，说清楚实验支持什么，不支持什么，并把事实与猜想区别开来。

　　首先，我们物理学家要对我们的未来负责。正如我后面要说的，科学基于一定的道德规范，而道德规范要求其实践者必须诚实。它还要求每个科学家应该是他所信仰的事物的法官，于是每个未经证实的思想在被证明之前将面对众多怀疑和批评。这反过来要求我们应该欢迎不同的方法走进科学群体。我们做研究是因为即使我们中最聪明的人也不知道问题的答案。答案经常在主流以外的某个方向。在那些情形，即使主流猜对了，科学的进步也需要那些抱不同观点的科学家们的支持。

科学需要在同一与多样之间达成微妙的平衡。因为我们很容易欺骗自己，因为答案未知，不论多么训练有素、多么精明的专家，都可能反对即将成功的方法。因此，为了科学的进步，科学群体必须支持任何一个问题的不同方法。

很多证据表明，这些基本原则在基础物理学中不再受人尊重了。虽然大家都赞成多样性的说法，做起来却不是那样。有些年轻的弦理论家告诉我，不论相信与否，他们感觉做弦理论研究很压抑，因为它在大学里成了通向教授职位的入场券。他们说的是真的：在美国，追求弦理论以外的基础物理学方法的理论家，几乎没有出路。最近15年，美国的研究型大学为做量子引力研究而非弦理论研究的年轻人一共给了三个助理教授的职位，而且给了同一个研究小组。当弦理论还在为科学争斗时，它在学术圈里已经赢了。

这伤害了科学，因为它抑制了其他方向的考察，而有些方法是很有希望的。尽管这些方法的投入不够多，但有的已经赶在了弦理论的前头，可能为实验提出了明确的预言，目前正在进行中。

1000多个最聪明、受过最好教育的科学家在最好的条件下研究的弦理论，怎么会面临失败的危险呢？这令我困惑了多年，不过现在我想我知道答案了。我认为将要失败的不是什么特别的理论，而是一种科学作风，它适合我们在20世纪中期遇到的问题，却不适合我们今天面临的基本问题。粒子物理学的标准模型是一种特殊科学作风的成功，从而在20世纪40年代独领风骚。它迥然不同于爱因斯坦、玻尔、海森伯、薛定谔和20世纪初的其他科学革命者的科学作风。他们的工作源于时间、空间和物质的最基本问题，他们将自己的工作视为他们所熟悉的更广大的哲学传统的一部分。

在由费曼、戴森等人发展起来的粒子物理学方法中，不需要再考虑基本的问题，这就使他们从量子物理学意义的争论中解放出来，而他们的前辈却一直纠缠于那些争论，并带来了30年的飞速进步。事情本应如此：解决不同的问题需要不同的研究风格。发挥已有框架的应用，与起初搭建那些框架相比，需要截然不同的思想和思想者。

不过，正如我下面要讲的，过去30年的教训是，我们眼下的问题不可能通过那种实用主义的科学路线来解决。为了让科学不断进步，我们要再次面对空间、时间和量子理论的基本问题。我们会看到，科学进步的方向是将理论带回实验来检验，引领这个方向的人，赶上了发现新思想比追赶新潮流更容易的时代，而且他们主要也是以20世纪初的先驱者们的风格做科学。

我想强调的是，我并不针对弦理论家个人，我知道他们有些是卓有成就的物理学家。我会第一个站出来说，他们有权利追求他们认为最有希望的研究。但我非常担心那样一种趋势，大家都在支持某一个研究方向，却冷落了其他有希望的方向。

正如我想说的，假如真理所在的方向需要我们重新思考关于空间、时间和量子世界的基本思想，那么那种趋势可能带来悲剧性的后果。

致谢

　　每本书都先有一个想法，而本书的萌芽要感谢John Brockman，他发现我想就民主与科学问题做点儿事情，而不是写一本模糊的学术专著。那是本书的一个主题，但正如他预见的，在特殊的科学争论的背景下，论证会显得更加有力。我要感谢他和Katinka Mastson，他们一直支持着我，请我加入第三文化组成的群体。他们为我提供了我的专业之外的氛围，改变了我的生活。

　　没有哪个作者能遇到比Amanda Cook更好的编辑了，如果说本书有什么好的地方，那要归功于她的指导和参与。Sara Lippincott以任何作者都羡慕的优美和准确做好了一切。和她们合作是我的荣幸。Holly Bemiss, Will Vincent和Houghton Mifflin的每个人都满怀热情和技巧地关注着这本书。

　　在过去几十年，许多同事都花时间教我弦理论、超对称和宇宙学。其中，我要特别感谢Nima Arkani-Hamed, Tom Banks, Michael Dine, Jacques Distler, Michael Green, Brian Greene, Gary Horowitz, Clifford Johnson, Renata Kallosh, Juan Maldacena, Lubos Motl, Hermann Nicolai, Amanda Peet, Michael Peskin, Joe Polchinski, Lisa Randall,

John Schwarz, Steve Shenker, Paul Steinhardt, Kellogg Stelle, Andrew Strominger, Leonard Susskind, Cumrun Vafa和 Edward Witten，感谢他们的付出和耐心。如果说我们还有不同的意见，我希望本书不是最后的陈述，而只是小心组织的论证，是我为正在进行的对话的一点贡献——我是怀着对他们的努力的敬意和尊重参与进来的。如果证明世界是11维超对称的，我会第一个站出来欢呼他们的胜利。但是现在我要预先感谢他们允许我解释，为什么我经过长期思考以后不再相信有那种可能。

这不是一段学术史，但我确实在讲历史，几个朋友和同事慷慨地花了很多时间给我讲了真实的故事而不是久远的传说。Julian Barbour, Joy Christian, Harry Collins, John Stachel 和 Andrei Starinets 给我整个手稿加了专业注释。为了使本书尽可能浅显易读，我对注释进行了选择，产生的错误当然是我个人的责任。错误的修正和进一步的思考将贴在本书的网页上。读过手稿并提出过批评的其他朋友和家庭包括Cliff Burgess, Howard Burton, Margaret Geller, Jaume Gomis, Dina Graser, Stuart Kauffman, Jaron Lanier, Janna Levin, João Magueijo, Patricia Marino, Fotini Markopoulou, Carlo Rovelli, Michael Smolin, Pauline Smolin, Roberto Mangabeira Unger, Antony Valentini和 Eric Weinstein. Chris Hull, Joe Polchinski, Pierre Ramond, Jorge Russo, Moshe Rozali, John Schwarz, Andrew Strominger；Arkady Tseytlin 也帮我澄清了一些具体的事实和问题。

多年来，我的研究得到了国家科学基金会的资助，对此我非常感谢。但我无比幸运地遇见了一个人，他问我："你真的想做什么？你最疯狂、最雄心勃勃的思想是什么？"接着，出乎我的意料，Jeffrey Epstein给了我寻找我自己的答案的机会，令我难忘。

本书的部分内容是谈有关科学共同体的价值，我很幸运地从量子时空的先驱者那里知道了我的价值：Stanley Deser, David Finklestein, James Hartle, Chris Isham和Roger Penrose。如果没有别人的支持和合作，我不会有任何结果。特别是Abhay Ashtekar, Julian Barbour, Louis Crane和Carlo Rovelli。我还要感谢我最近的合作者Stephon Alexander, Mohammad Ansari, Olaf Dreyer, Jerzy Kowalski-Glikman, João Magueijo，特别是Fotini Markopoulou，她不断地批评和挑战令我保持冷静而不自以为是。还应该说明的是，如果没有更多的不赶潮流而投身物理学基本问题的物理学家、数学家和哲学家，我们的工作是不会有意义的。本书首先要献给他们。

如果没有朋友们的支持，我的工作和生活将贫困潦倒；他们不但让我做科学，也让我在更广大的背景下认识了科学。这些人包括Saint Clair Cemin, Jaron Lanier, Donna Moylan, Elizabeth Turk和Melanie Walker。

每本书都是带着地域的精神写作的。我最早的两本书是纽约和伦敦。这本书则带着多伦多的精神。Pico Iyer称它为未来之城，我想我幸运地知道那是为什么。在2001年9月的某个时候，我一个外乡人来到这里，受到了大家的欢迎。我首先要感谢Dina Graser，当然还有Charlie Tracy Macdougal, Olivia Mizzi, Hanna Sanchez和港湾帆船俱乐部（如果你去年春天没在水上看见我，就是因为它！）的其他伙伴。

我要感谢Howard Burton和 Mike Lazaridis请我到这里来。他们建立了PI理论物理研究所，对科学的远见和支持，我不知道还有什么更伟大的行动。他们真诚地相信科学的未来，一直致力于使研究所取得成功，关心科学的人应该对他们报以最高的赞美。我特别感谢他们为我提供了一个机会，那是我个人的机会，也是科学的机会。

我们同甘共苦建立了研究所和研究团队，我要感谢Clifford Burgess, Freddy Cachazo, Laurent Freidel, Jaume Gomis, Daniel Gottesman, Lucien Hardy, Justin Khoury, Raymond Laoamme, Fotini Markopoulou, Michele Mosca, Rob Myers, Thomas Thiemann, Antony Valentini以及其他敢于冒险将自己的学术生涯投入到我们的艰苦历程中来的人，可惜不能列举他们的名字。尽管可以不说，我还是想强调一句，本书的每句话都是我自己的观点，绝不代表PI及其他科学家和创建者们的正式或非正式观点。相反，本书成为可能，得益于我身在一群特别的科学家中间，他们提倡真诚的科学争论。他们知道，在科学的进程中，活跃的讨论不需要像朋友那样相互扶持。如果有更多像PI这样的地方，我就不会觉得有必要写这本书了。

最后，我感谢父母给我的无私的爱和支持，感谢Dina，把一切都做得井井有条，令我感到了生活的乐趣，也让本书讨论的东西井然有序。

目录

4 · 向经验学习

物理学的困惑

1

未完成的革命

第1章
理论物理学的五大问题

从物理学萌芽以来，就有人想象自己是最后一代还会面对未知的人。物理学在它的实践者们看来几乎就要圆满了。当诚实的人被迫承认他们对基础还一无所知时，这种满足就在革命中破灭了。可是，就连那些革命也仍然幻想着就在某个角落藏着我们需要的大思想——它能整合我们对知识的追求，并将圆满地终结它。

我们就生活在那样的一个革命时期，而且经过了一个世纪。最近的一个时期是哥白尼革命，从16世纪初兴起，它颠覆了亚里士多德关于时间、空间、运动和宇宙的理论。革命的高潮是牛顿于1687年出版的《自然哲学的数学原理》，他提出了物理学新理论。当前的物理学革命从1900年开始，普朗克在那年发现了描述热辐射谱能量分布的公式，证明能量不是连续的而是量子化的。这场革命还没有结束。物理学家今天需要解决的问题还没有答案，在很大程度上就是因为20世纪的革命不够彻底。

我们没能完成这场科学革命的主要原因在于五个问题，每一个都很棘手。我从20世纪70年代开始做物理研究时就面对这些问题了；在过去的30多年里我们对它们有了很多的认识，但还是不能解决。任

何基础物理学理论，不论什么样子的，都必须解决这五个问题，所以
我们需要好好看看它们。

爱因斯坦当然是20世纪最重要的物理学家。他最伟大的成就也
许是发现了广义相对论，也是迄今为止我们最好的关于时间、空间、
运动和引力的理论。他深刻地洞察到引力和运动是密切联系的，而且
联系着空间和时间。这个思想打破了几百年的时空概念，那时人们一
直以为时间和空间是固定而绝对的。正因为时空永恒不变，所以它们
成了我们过去用于定义运动概念（如位置和能量）的背景。

在爱因斯坦的广义相对论中，空间和时间不再充当固定不变的背
景。空间与物质一样是动态的，既有运动，也有变形。结果，整个宇宙
既可能膨胀，也可能收缩，而时间甚至可能有开始（在大爆炸）和结
束（在黑洞）。

爱因斯坦还有其他的贡献。他是第一个认识到需要新的物质和辐
射理论的人。诚然，普朗克公式隐含着需要突破，但普朗克对其意义
的认识还不够深刻，他觉得那可以与牛顿物理学协调起来。爱因斯坦
的想法相反，他在1905年第一次明确地论证了那样一个理论。20多
年后，那个理论才出现，就是我们熟悉的量子理论。

这两个发现（相对论和量子论）都需要我们与牛顿物理学彻底决
裂。然而，这两个理论尽管在过去100年里取得了伟大的进步，却依然
不够圆满。每个理论都有缺陷，意味着存在一个更深层的理论。不过，
我们说每个理论都不完备，主要还是因为两者的并存。

因为简单的理由，我们的思想呼唤着第三个理论来统一所有的物理学。大自然显而易见是"统一的"。我们所在的宇宙是相互联系的，因为万物都发生相互作用。我们绝不能有两个分别覆盖不同现象而毫不相干的理论。任何所谓的终极理论都必须是一个完备的自然理论，应该囊括所有我们知道的东西。

没有那样的统一理论，物理学也延续了那么长久。原因是，就实验而言，我们可以将世界划分为两个领域。在量子物理统治的原子领域，我们通常可以忽略引力的作用，像牛顿那样将空间和时间看作不变的背景。另一个领域则属于引力和宇宙学，我们可以在那个领域里忽略量子现象。

可是这顶多不过是一种临时的权宜之计。要超越它，是理论物理学中的第一个大问题。

> 问题1：将广义相对论与量子理论结合为一个真正完
> 备的自然理论。

这就是所谓的量子引力问题。

除了基于自然统一性的理由，这两个理论还有各自的具体问题，也需要彼此的统一。每个理论都有无穷大问题。在自然界，我们还没有遭遇过具有无穷大数值的东西。但我们在量子理论和广义相对论中都预言过有物理意义的量变成了无穷大。这也许是大自然在惩罚那些胆敢破坏它统一的理论家。

广义相对论的无穷问题在于黑洞内部的物质密度和引力场强度会很快变成无穷大。在宇宙历史的极早期可能就是这样的 —— 假如我们真的相信广义相对论正确描述了宇宙的鸿蒙时代。在密度成为无穷大的点时，广义相对论方程就破灭了。有人解释这是时间停止了，但更冷静的观点认为那是因为理论不够完备。长期以来，明智的人都猜想不完备的原因在于忽略了量子物理学的效应。

反过来，量子理论也有自己的无穷大困惑。每当我们用量子力学来描述场（如电磁场），它们就会出现。这儿的问题在于电场和磁场在空间的每一点都有确定的数值，这意味着有无限多个变量（即使在有限体积的空间里也有无穷多个点，因而有无穷多个变量）。在量子理论中，每个量子变量的值都存在无法控制的涨落。无穷多个变量加上无法控制的涨落，就可能带来那样的方程 —— 当我们寻求某个事件发生的概率或某个力的强度时，它们会摆脱我们的掌握，产生无穷大的结果。

所以，在这种情形中，我们仍然不得不感觉物理学失去了一个基本的部分。很久以来，人们都希望把引力考虑进来就可能平息涨落，全都成为有限。如果说无穷大是缺失统一的标志，那么统一的理论就不会出现任何无穷大。我们称那样的理论为有限理论，即它用合理的有限的数回答了所有的问题。

量子力学成功解释了大量现象，其领域包括从辐射到晶体管性质，从基本粒子物理学到作为生命基本组成的酶和其他大分子的行为。在过去的100年里，它的预言经历了一次又一次的证明。但有些物理学家对它总怀疑虑，因为它描述的实在太奇异了。量子理论内部包含着明显的概念性疑问，在它诞生80多年以后仍然没得到解决。电子既像粒子也像波，光也如此。而且，理论对亚原子粒子只能给出统计的预言。因为不确定性原理的限制，我们也不可能做得更好。那原理说，我们不能同时测量粒子的位置和速度。理论只能得到概率。一个粒子（如电子）在我们观测之前可以处于任何位置；从某种意义上说，是我们的观测决定了它的状态。所有这些都说明量子理论没有告诉我们完整的故事。结果，不论它多么成功，还是有很多专家相信量子理论隐藏了自然的某些基本的东西，而那是我们需要知道的。

从一开始就困扰量子理论的是关于实在与形式的关系问题。物理学家一贯希望科学应该说明我们之外的实在。物理学不仅是一堆预言我们在实验中看到什么的公式，而且应该为我们提供实在本来的图像。我们是远古灵长类动物的偶然的后代，最近才出现在悠远的世界历史长河中。实在不可能依赖于我们的存在。没有观众的世界的问题也不可能请外星文明来回答，因为世界曾经致密而火热，不可能形成智慧生命。

哲学家称这种观点为"实在论"，可以概括为一句话：实在的世界必然独立于我们而存在。因此，科学描述实在的方法不能以任何基本的方式涉及我们选择测量什么，不测量什么。

量子力学——至少第一次出现的那种形式——并不容易满足实在论。这是因为理论预先把自然分为两个部分。界线的一边是有待观测的系统，而我们观测者在另一边。我们拥有的是做实验的仪器、测量的工具，还有确定事件发生的时钟。量子理论可以说是一门新的语言，它沟通我们和我们用仪器研究的系统。这门量子语言的动词是我们的实验和观测，名词是观测到的东西。它并不告诉我们没有我们的世界是什么样子的。

自量子理论第一次出现以来，在接受与不接受它的科学作风的两派人物之间，一直存在着论战。量子力学的许多创立者，包括爱因斯坦、薛定谔和德布罗意发现这种物理学方法令人厌倦。他们是实在论者。在他们看来，量子理论不论表现多好，都是不完备的理论，因为它不能提出一幅没有我们的相互作用的实在图景。论战的另一方是玻尔、海森伯等人，他们没有为这种科学方法感到惊骇，而是热情地拥抱它。

从那时起，实在论者一直指责量子理论的现有形式存在着矛盾。有些矛盾是显然的，因为，如果量子理论是普适的，那它也该描述我们。于是问题来了：为了明白量子理论的意义需要把世界一分为二。困难在于把那条分界线画在什么地方。这依赖于谁在进行观测。当你测量一个原子时，你和你的仪器算一边，而原子算另一边。但是，假如我通过我设置在你的实验室里的摄像头观察你的工作，那么我可以把你的整个实验室——包括你和你的仪器以及你正在观测的原子——看作我要观测的系统。而另一边只有我。

于是，你我描述了两个"系统"。你的系统只有原子，而我的系统包括你、原子和你用以研究原子的所有东西。你所观测的东西在我看来是两个相互作用的物理系统。因此，即使你同意把观测者的行为作为理论的一部分，那理论也是不充分的。量子力学需要扩展，需要容纳很多不同的、依赖于观测者的描述。

整个问题归结为量子力学的基础问题。这是当代物理学的第二个大问题。

问题2：解决量子力学的基础问题：要么弄清理论所代表的意义，要么创立一个新的有意义的理论。

解决这个问题有几条不同的路线。

1. 为理论找一种语言，它能解开上面提到的所有疑问，并将系统与观测者的世界划分作为理论的一个基本特征。

2. 以实在论的观点重新解释理论——重新解读方程，从而使测量和观测在描述基本实在中不再起作用。

3. 创立新理论，提出比量子力学更深刻的对自然的认识。

这三条途径，眼下都有一群聪明的人物在追寻。遗憾的是，没有多少物理学家研究这个问题。有时，这说明问题已经解决或无关紧要。可现在不是这样。它可能是现代科学所面临的最严峻的问题，只是因为问题太难，所以进步缓慢。我敬佩那些研究这个问题的人，他们怀着纯洁的目标，勇敢地蔑视潮流，向着最困难也最基本的问题进攻。

可是，他们卓越的工作也没能解决问题。在我看来，这意味着那不仅仅是找一条新路来思考量子理论的问题。创立理论的人不是实在论者，他们不相信人类能构造一幅真正的独立于我们的行为和观察的世界图景。相反，他们赞成不同的科学观：科学只不过是我们用以描述我们的行为和观察的寻常语言的延伸。

后来，那种观点似乎太放纵了——那也是时代的产物，因为我们曾希望我们已经在很多方面有了超越。那些继续捍卫量子力学，坚持认为它是一个世界理论的人，也高举起实在论的大旗。他们赞成沿着实在论的路线重新解释理论。然而，当他们提出这个有趣的建议时，却没有一个完全令人信服的理由。

实在论作为一种哲学也许会消亡，但不大可能。毕竟，实在论是科学家前进的动力。对我们多数人而言，相信那个独立于我们的实在，相信我们能真正理解它，这样的信念驱动着我们去做艰辛的工作，做一个科学家，去认识大自然。面对实在论者清理量子理论的失败，我们越发觉得唯一的选择可能是第三个：找一个更遵从实在论解释的新理论。

我承认我是实在论者。我站在爱因斯坦等人一边，相信量子力学是对实在的不完整描述。我们从哪儿去寻找量子力学缺失的东西呢？在我看来那需要我们更深入地理解量子物理学本身。我相信，如果到头来还不能解决问题，那是因为还有确实的关联着其他物理学问题的东西。量子力学的问题不会孤立地解决，当我们统一物理学的努力取得重大进步时，它们也许会迎刃而解。

如果真是这样，它在两个方面都有用：只有当我们发现了量子力学的合理替代者时，才可能解决其他的大问题。

物理学应该统一，这个思想比任何其他问题对物理学研究的驱动更大。但物理学可以通过不同的方式来统一，我们要谨慎区分。迄今为止我们都在讨论用一个定律来统一。很难想象有谁能否定这是必需的目标。

但还有其他方式来统一世界。爱因斯坦——当然，他和任何人一样，也是这样想的——强调我们必须区分两类理论：原理理论和构造性理论。原理理论搭建自然描述的框架。根据定义，原理理论一定是普适的，能用于天下万物，因为它确立了我们用于描述自然的语言。不可能有分别用于不同领域的两个不同的原理理论。因为世界是统一的，任何事物最终都与其他事物相互作用，因此只能用一种语言来描述那些相互作用。量子理论和广义相对论都是原理理论。所以，逻辑需要它们的统一。

另一类理论，即构造性理论，以明确的模型或方程描述特殊的现象。[1]电磁场理论和电子理论是构造性理论。这种理论不可能是孤立的，必然建立在原理理论的框架下。但只要原理理论允许，可以存在服从不同定律的现象。例如，电磁场服从的定律就不同于假想的宇宙暗物质（远远超过宇宙中寻常的原子物质的数量）的定律。关于暗物质，我们知道一点：不管它是什么，它都是"暗的"。这意味着它不发

---

1. John Stachel,"How Did Einstein Discover Relativity?"
http://www.aip.org/-history/einstein/essay-einstein-relativity.htm.

光，因此可能不与电磁场发生作用。这样，两个不同的理论可以和谐共存。

问题在于，电磁学定律不管世界还存在其他什么。不论夸克、中微子还是暗物质，可以有，也可以没有。同样，描述强弱两种在原子核中发生作用的力的定律也不必要求电磁力的存在。我们很容易想象一个只有电磁力而没有强力（或者相反）的世界。就我们现在的认识，那样的世界也是和谐的。

但我们仍然可以问，是否我们所看到的所有自然力都表现为单独的基本力。我只能说，似乎没有逻辑论证应该如此，不过那可能是对的。

统一各种力的愿望，在物理学的历史上带来了几个重要的进步。麦克斯韦在1867年将电和磁统一为一个理论，一个世纪后，物理学家发现电磁场与传播弱核力（即引起放射性衰变的力）的场也能统一。这就引出弱电理论，其预言在过去30年得到了一次又一次的证明。

在电磁场与弱场的统一之外，自然还有两种基本力（我们知道的），那就是引力与强核力（将夸克结合在一起形成质子和中子的力）。这四种力能统一起来吗？

这就是我们的第三个问题：

问题3：确定不同的粒子和力能否统一在一个理论中

并将其解释为一个单独的基本作用。

为了区别上面讨论的定律的统一，我们不妨称这个问题为粒子和力的统一。

乍看起来，这个问题很容易。1918年人们就提出了第一个统一引力和电磁力的建议，以后越来越多。只要我们忘记自然是量子力学的，这些理论表现都不错。如果把粒子物理学从图景里拿出去，统一理论是很容易构造的。但如果要把量子理论包括进来，问题就困难得多。因为引力是四种基本自然力之一，我们必须在解决这个统一问题的同时解决量子引力的问题（即问题1，融合广义相对论与量子理论）。

在20世纪，我们略微简化了对世界的物理描述。就基本粒子而言，似乎只有两类：夸克和轻子。夸克是质子和中子的成分，我们发现的许多粒子也和它们相似。轻子一族囊括了所有非夸克构成的粒子，包括电子和中微子。总之，已知的世界可以用六种夸克和六种轻子来解释，它们通过四种力发生相互作用：引力、电磁力、强核力和弱核力。

12种粒子和4种力就是我们解释世界万物所需要的一切。我们对这些粒子和力的基本物理学也十分清楚。我们的认识形成的那个理论，解释了所有的粒子和所有的力，但引力除外。那就是基本粒子的标准模型——简称标准模型。这个理论没有先前说的无穷大的疑问。我们想计算的任何东西，都能得出有限的结果。自理论建立30多年来，许多预言都经历了实验的考验，每次都得到了证实。

标准模型建立于20世纪70年代初。除了发现中微子有质量之外，它不需要什么修正。那么，物理学为什么到1975年还没大功告成呢？还有什么没做呢？

标准模型尽管有用，却有个大问题：可调节的常数太多。当我们陈述理论的一个定律时，必须确定这些常数的值。可根据我们当前的认识，任何数值都可以，因为不管我们为常数赋以什么数值，理论在数学上都是和谐的。这些常数决定了粒子的性质。有的决定夸克和轻子的质量，有的决定力的强度。我们不知道为什么常数有那些值，我们只是做实验把它们确定下来。如果你把标准模型看作一台计算机，那么常数就是键盘，你可以把它放在你喜欢的任何地方，而不会影响程序的运行。

这样的常数大约有20个，一个所谓的基本理论有那么多可以自由调节的常数，是很令人尴尬的事情。每个常数都代表某个我们不知道的基本事实：什么物理原因或机制决定着那些常数有那样的观测值？

这是我们的第四个大问题：

问题4：自然是如何选择量子物理标准模型中的自由常数值的？

我们真诚地希望某个真正的粒子和力的统一理论能给问题一个唯一的答案。

1900 年，英国大物理学家汤姆逊（William Thomson，即开尔文勋爵）曾公开宣称物理学到头了，例外的只是飘浮在远方地平线上的两小朵乌云。那"乌云"的背后竟然藏着量子论和相对论。现在，尽管我们欢呼标准模型加广义相对论囊括了所有已知现象，我们仍然明白还有两朵乌云，即暗能量和暗物质。

除了它与量子的关系问题，我们认为已经很了解引力了。从地球的自由落体和光，到行星及其卫星的运动，再到星系和星系团的尺度，所有这些观测都在很高的精度上证明了广义相对论的预言。过去认为奇异的现象——如引力透镜（物质对空间的弯曲效应）——现在我们已经习以为常，而且用来测量星系团的质量分布。

在许多情形——速度远小于光速和物质不太致密的情形——牛顿的引力定律和运动定律是广义相对论预言的极好近似。它们似乎也应该帮助我们预言，星系的物质和众多恒星如何影响某颗特别的恒星的运动。其实不能。牛顿的引力定律认为，任何环绕其他物体的物体的加速度正比于它所环绕的物体的质量。恒星质量越大，环绕它的行星的运动就越快。就是说，假如两颗恒星各有一颗行星环绕，而且行星距离恒星一样远，那么环绕大质量恒星的行星运动更快。因此，如果知道轨道上的天体的速度和它到恒星的距离，我们就能计算恒星的质量。同样的逻辑也适用于环绕星系中心运动的恒星。测量恒星的轨道速度，就能计算星系的质量分布。

在过去的几十年里，天文学家做过一个很简单的实验，以两种不同的方式测量星系的物质分布并比较其结果。首先，他们通过观测恒星的轨道速度决定星系的质量；其次，他们通过直接计数他们能看到的星系的所有恒星、气体和尘埃来确定其质量。他们的思路是比较两个结果。两个结果都应该说明星系的总质量和物质的分布。根据我们对引力的充分认识，加上所有形式的物质都发光，两种方法应该是一致的。

结果却不一致。天文学家比较了两种方法对100多个星系的测量结果。几乎所有情形下，两种测量都不一致，不只差一点儿，而是差了10倍。而且，差别总是指向同一个结论：为了解释观测到的恒星运动，直接计数恒星、气体和尘埃是远远不够的，还需要更多的物质。

这只能有两种解释。也许第二种方法错了，因为星系的物质比可见的物质多得多。也许牛顿定律不能准确预言恒星在星系引力场中的运动。

我们所知的所有物质形式都会发光，要么像恒星那样直接发光，要么像行星、星际岩石、气体或尘埃那样反射光。所以，如果有我们看不见的物质，它一定是某种新奇的物质形式，既不发光，也不反光。因为偏差巨大，所以星系物质的大多数必然是那种新形式的物质。

今天，多数天文学家和物理学家都相信这是对那两种测量差别的正确解释。丢失的物质原来是我们看不见的物质。这种神秘的丢失的物质就是我们说的暗物质。大多数人偏向暗物质假说，因为另一种唯一的可能是牛顿定律和广义相对论错了 —— 那就太可怕了。

　　事情越发神秘了。我们最近发现，当我们对更大尺度（相当于数十亿光年）进行观测时，即使加入暗物质，广义相对论方程也不能满足。137亿年前的大爆炸所驱动的宇宙膨胀似乎正在加速，而根据我们看见的物质加暗物质，它应该是减速的。

　　仍然有两种可能的解释。也许广义相对论真的错了。它只在太阳系和我们银河系内部的邻近系统得到证明。如果扩大到整个宇宙的尺度，广义相对论可能不再适用了。

　　也许还有一种新的物质或能量形式（想想爱因斯坦著名的方程 $E=mc^2$，能量与物质是等价的），将在那样的大尺度上发生作用。就是说，这种新能量形式只影响宇宙的膨胀。这样的话，它不可能聚积在星系甚至星系团的周围。我们为了观测数据而假设的这种奇异的新能量，叫暗能量。

　　多数物质都经受压力，而暗能量经受张力 —— 就是说，它将物质拉拢而不是推开。因为这一点，张力有时也称负压力。虽然暗能量经受张力，它还是使宇宙膨胀更快。这一点令人困惑，是可以理解的。人们会认为负压力的气体像一根连接星系的橡皮圈，使膨胀速度慢下来。但结果证明负压力太强了，以致在广义相对论中出现了相反的效应。它引起宇宙的加速膨胀。

　　最近的观测表明宇宙主要是这种未知的物质构成的，足足有70%

的物质密度似乎来自暗能量形式，26％是暗物质，只有4％是普通物质。因此，我们实验观测和粒子物理学标准模型描述的物质，还不足二十分之一，对其余的96％，除了刚才说的那些性质之外，我们一无所知。

最近10年，宇宙学观测更加精确了。这部分是因为摩尔律的作用——那个定律说，大约每18个月，电脑芯片的运行速度就提高一倍。所以新实验都用微芯片，要么用于卫星，要么用于地面的望远镜。所以芯片越好，观测也越好。今天我们对宇宙的基本特征（如总物质密度和膨胀速率）有了很多认识。我们还有一个像基本粒子物理学的标准模型一样的宇宙学标准模型。宇宙学标准模型也同样有很多自由调节的常数——大约15个。这些常数决定着不同类型的物质和能量的密度以及宇宙的膨胀速率。没人知道为什么常数会有那些值。和粒子物理学的情形一样，常数值是从观测得到的，还没有任何理论能解释。

这些宇宙学之谜构成我们的第五个大问题。

　　问题5：解释暗物质和暗能量。或者，假如它们不存在，那么该如何在大尺度上修正引力理论，为什么修正？更一般地说，为什么宇宙学标准模型的常数（包括暗能量）具有那样的数值？

以上的五个问题代表了我们当前认识的边界。它们令理论物理学家寝食难安，驱动着理论物理系的大部分前沿研究。

任何充当自然的基本理论的理论都必须回答这些问题的每一个。本书的目的之一只是估量最近的物理学理论（如弦理论）朝着那个方向走了多远。不过在那之前，我们还是先看看早期的物理学为统一做了些什么。从那些成功（当然也有失败）中，我们能学会很多东西。

第 2 章
美的神话

物理学的夙愿和拙劣的爱情小说一样，是为了统一。在可能的时候，把过去认为不同的两样事物结合起来，作为一个实体的不同方面——这是科学最大的惊奇和快乐。

对假想的统一，人们最正常的反应就是惊讶。太阳不过是一颗恒星——恒星都是太阳，只是离我们太远而已！想象一下，16世纪末的铁匠或演员听到布鲁诺（Giordano Bruno）的这种奇谈怪论会有什么反应。还有比把太阳和恒星混为一谈更荒唐的事情吗？人们早就听说，太阳是上帝为了温暖地球而创造的一团伟大的烈火，而恒星不过是天球上的小孔，好让天国的光线透过。统一立刻就颠覆了我们的世界。我们曾经相信的成了不可能的。假如恒星是太阳，宇宙就会比我们想象的大得多！天国不可能就在我们的头顶！

更重要的是，新的统一构想还会带来从前无法想象的假说。假如恒星是别的太阳，必然有行星环绕着它们，那儿一定生活着其他的人类！这些话的含义往往会超出科学。假如存在生活着其他人类的行星，耶稣也许会去所有的星球，那么他降临人间就不是独一无二的事件，否则那些星球的人就不可能得到拯救！难怪天主教会要烧死布鲁诺。

　　大统一成了整个新科学赖以建立的思想基础。有时，结果会极大地威胁我们的世界观，人们惊奇过后会立刻表示不信。在达尔文之前，每个物种都是永恒不变的，都是由上帝一个个创造出来的。但通过自然选择的进化，所有物种都有共同的祖先。它们统一在一个大家庭里。达尔文之前和之后的生物学简直不像是同一门学科。

　　如此强力的新观点很快引出新的发现。如果所有生命有共同的祖先，它们一定是以相似的方式创造的。的确，我们真是相同材料做的，因为所有生命都由细胞组成。植物、动物、真菌和细菌看似各不相同，其实只不过是不同方式排列的细胞群。构造这些细胞、为它们提供能量的化学过程，在整个生命王国都是相同的。

　　如果统一的思想对从前的思维方式是一种巨大的震撼，为什么还有人相信呢？从多方面看，这正是我们要讲的问题，因为我们的故事讲的就是几个统一的思想，其中有的赢得了科学家们的强烈信心，但它们没有一个在科学家中达成共识。于是，我们常发生激烈的争论，有时甚至是斗气，这就是剧烈改变世界观的结果。那么，当人们提出某个统一思想时，我们又凭什么说它是对还是错呢？

　　可以想象，并非所有的统一思想都是正确的。有个时期，化学家提出热是一种物质，和任何普通物质一样。那种东西被称作热素。这个概念统一了热与物质，然而它是错的。热与物质的真正统一在于热是原子的随机运动的能量。尽管古代印度和希腊的哲学家已经提出过原子论，但直到19世纪后期，热作为原子随机运动的理论才真正发展起来。

在物理学历史上，出现过许多统一理论，后来证明都错了。一个著名的思想是，光与声音在本质上是一样的：它们都被认为是物质的振动。因为声音是空气的振动，所以光也被设想为某种叫作以太的新物质形式的振动。正如我们的周围充满着空气，宇宙也充满着以太。爱因斯坦以他自己的统一方式推翻了这种奇异的思想。

理论家们过去30年研究的重要思想，如弦理论、超对称、高维时空、圈引力等，都是关于统一的建议。我们凭什么说哪个对哪个错呢？

我已经讲过成功的统一理论具有的两个特征。第一是惊奇，不能低估了这一点。如果没有惊奇，那思想要么无聊乏味，要么就是我们以前知道的。第二是戏剧性的结果：统一应该立刻引出新的发现和假说，从而成为进一步认识的动力。

不过还有更重要的第三个特征。一个好的统一理论应该提出前所未有的预言。它甚至可能提出只有在新理论的观点下才有意义的新型实验。最重要的还是，预言必须经过实验证明。

如果要判断眼下的统一研究的前景，我们就要寻求这样的三个准则——惊奇、新认识和实验证明的新预言。

物理学家深感统一的急迫，甚至有人说，向统一迈出的任何一步，都是向真理靠近的一步。但生活并不那么简单。任何时候都会有不止一条道路能统一我们所知道的事物——它们沿着不同的方向指引着我们的科学。16世纪，我们有两个截然不同的统一思路。一个是古老的亚里士多德和托勒密的理论，根据这个理论，行星与太阳、月亮统一为天球的不同部分。而另一个是哥白尼提出的新观点，将行星与地球统一到太阳的周围。两种思想都对科学产生了重大影响，但最多只能有一个是正确的。

从这儿我们可以看到选择错误统一的代价。假如地球在宇宙中心，那将极大地影响我们对运动的认识。在天空中，行星改变方向是因为它们在确定的圆形轨道上不停地旋转。地球上的事物不会发生这样的事情：我们推动或扔出的东西，最终都会静止下来。地球上的物体不在天体的圆周轨道上运行，当然处于那样的状态。因此，在托勒密和亚里士多德的宇宙中，静止与运动有着分明的界线。

在他们的世界里，天与地也有着极大的分别 —— 地球上的事物与天空中的事物遵从不同的法则。托勒密提出天空的特定天体，如太阳、月亮和五个已知的行星，在圆形轨道上运动，而那些轨道本身也沿着圆周运动。这些所谓的本轮能预言日食、月食和行星的运动 —— 预言的精度达到千分之一，证明了太阳、月亮和行星的统一是多么富有成效。亚里士多德为地球在宇宙中心提出了一个自然的解释：它由地球的材料组成，而那些材料的自然状态不是圆周运动，而是寻找中心。

在这种观点的教育下成长起来的人，熟悉它对我们周围的事物有多么强大的解释能力。当他们看到哥白尼将行星当作地球而不是太阳一样的物体，一定会深感不安。如果说地球是颗行星，那么它和它上面的所有东西都处于不停地运动。那怎么可能呢？这违背了亚里士多德的定律：任何不在天体圆形轨道的事物都必然趋于静止。它也违背了我们的经验：假如地球在运动，我们怎么没有感觉呢？

这个困惑的答案在于科学中的一个最伟大的统一：运动与静止的统一。这是伽利略提出的，后来成为牛顿的第一运动定律，也叫惯性原理：处于静止或匀速运动的物体，在不受外力干扰时，将保持静止或匀速运动的状态。

牛顿所谓匀速运动的意思是，在某个方向以一定速度运动。静止不过是匀速运动的一个特例 —— 它恰好以零速度运动。

运动与静止怎么可能没有区别呢？关键的一点是认识到，物体是否运动，没有绝对的意义。只有相对某个观察者才能确定运动，而观察者可以动，也可以不动。如果你以不变的速度从我面前经过，那么，在我看来静止在桌上的一杯咖啡，对你来说就是运动的。

可是，难道观察者也不能说明他是否在运动吗？对亚里士多德来说，答案显然是肯定的。伽利略和牛顿只能回答不。如果说地球在运动而我们没有感觉，那一定是因为以不变速度运动的观察者不会察觉其运动的任何效应。因此，我们不能说自己是否在运动，运动必须定义为一个纯粹相对的物理量。

需要说明的是，我们在谈匀速运动 —— 在直线上的运动。（虽然地球当然不是沿直线运动，但偏离很小，不能直接觉察。）当我们改变速度的大小或方向，我们就有感觉。这样的改变就是我们所谓的*加速度*，加速度可以有绝对的意义。

　　伽利略和牛顿赢得了一场漂亮而微妙的理性的胜利。对其他人来说，运动与静止显然是截然不同的两个现象，很容易区分开来。但惯性原理将两者统一起来了。为了解释它们为什么看起来那么不同，伽利略提出了*相对性原理*。这个原理告诉我们，运动与静止的区别只有相对于观察者才有意义。因为不同观察者以不同方式运动，他们对物体运动或静止的判断也不同。于是，不同观察者的区别依然存在，这是当然的。因此，物体是否运动不再是一个需要解释的现象。在亚里士多德看来，任何物体如果在运动，一定有力作用在它上面。在牛顿看来，如果运动是匀速的，则它将持续下去，而不需要力的作用。

　　这是后来理论反复引用的有力论证。为了统一看似不同的事物，一种办法就是证明那种表面的差别源于观察者的不同观点。以前认为绝对的差别现在就成为相对的。这种统一方式很少见，代表着最高形式的科学创造力。它的实现将极大地改变我们的世界观。

　　说两个看似截然不同的事物是相同的，通常需要大量的解释。只有某些情形，我们才能侥幸地将表面的差异解释为不同观点的结果。更多的情形，我们想统一的两件事本来就是不同的。这时候，为了解释看似不同的事物在某种意义上是相同的，理论家们可能陷入很大的困境。

　　我们来看看认为恒星就是太阳的布鲁诺的结果。恒星看起来比太阳暗淡得多，如果它们和太阳一样，就一定距离我们很远。布鲁诺需要的距离远远超过了那时人们相信的宇宙的大小，因此他的思想一开始就显得荒谬。

当然，这是提出新预言的机会：假如你能测量到恒星的距离，你就能发现它们比行星远得多。如果布鲁诺时代能做这样的测量，他大概能避免火刑的厄运。但要几百年后，人们才能测量到恒星的距离。从实践的角度说，布鲁诺所做的，在当时技术条件下，是无法验证的断言。布鲁诺随意地将恒星推到那么远的距离，当然没人能检验他的思想。

因此，为了解释如何统一不同的事物，有时我们会被迫面临新的完全不可能检验的假设。正如我们看到的，这并不意味着我们错了，但它也真实地说明了新统一的创立者们很容易陷入危险的境地。

事情也可能更糟。这些假设常常令它们自己更加混乱。实际上，哥白尼需要假定恒星很远。如果恒星像亚里士多德想的那么近，你可能会否定地球的运动 —— 因为地球运动时，恒星的相对视位置会发生改变。为了解释为什么没有看到这样的效应，哥白尼和他的追随者们只能相信恒星非常遥远。（当然，我们现在知道恒星也在运动，不过因为距离太远，它们在天空的位置只有极其缓慢的变化。）

但假如恒星真有那么远，我们怎么能看到它们呢？它们一定很亮，也许像太阳那么亮。于是，布鲁诺提出的充满着无限多恒星的宇宙自然满足哥白尼的地球和行星一样运动的思想。

　　我们从这儿看到不同的统一思想常常会殊途同归。恒星与太阳统一，行星与地球统一，是和谐相容的两个思想，它们都要求运动与静止是统一的。

　　这些在16世纪的新奇思想与众多的其他思想相矛盾。托勒密关于行星与太阳、月亮一样都在本轮上运动的思想，迎合了亚里士多德的运动理论，统一了地球上的所有已知现象。

　　于是我们最终得到两组思想，每一组都由几个统一纲领构成。因此，危险的是整套的思想，其中不同的事物统一在不同的层次。在争论未决之前，相信任何一边都是合理的，都可能得到观测的支持。有时，甚至同一个实验可以解释为几个相互竞争的统一理论的证据。

　　怎么会这样呢？我们考虑一个从塔顶落下的球。结果呢？球落向地面，砸在塔基上，而没有向西方偏离。好了，你可以说，哥白尼和他的追随者们显然错了，因为这证明地球没有绕着自己的轴旋转。如果地球在转动，球应该落在远离塔基的地方。

　　但伽利略和牛顿可以宣称下落的球证明了他们的理论。惯性原理告诉我们，如果球在放下时随地球向东运动，那么它在下落过程中将继续那样运动。但球与塔是以相同速度向东运动的，所以它落在塔基上。同样一个证据，亚里士多德哲学家可以用它来证明伽利略错了，而伽利略却拿来证明自己的理论是正确的。

　　那么，我们究竟如何确定哪个统一正确，哪个统一错误呢？有时候，某一点的证据会占尽优势，一个假设会远比其他假设更有成效，因而凡是理性的人都别无选择，只能赞同那个假设被证明了。就牛顿革命而言，最终出现了真正的地球运动的证据，不过在那证据之前，牛顿定律已经在诸多方面得到了证明，因而不可能逆转。

然而，在科学革命的进程中，相互竞争的假设经常都能找到合理的证据。我们现在就处于这样的时期，在以下的章节里我们就会考察那些对立的统一思想。我将尽量解释支持不同方面的证据，同时也要说明为什么科学家还没有达成共识。

当然，我们要多加小心，并非所有支持某个观点的证据都有坚实的基础。有时人们说支持某个困境中的理论，只不过是为自己找理由。最近我从伦敦到多伦多的飞机上碰到一伙人站在走廊里。他们向我打招呼，问我从哪儿来。我告诉他们我刚参加了一个宇宙学会议，他们马上问我如何看进化论。"噢，不。"我想了想，接着告诉他们自然选择已经证明是正确的，毫无疑问。他们自我介绍说是圣经学会的会员，刚从非洲回来。看来，他们去非洲的目的之一是为了检验特创论的某些原理。他们想拉我一起讨论，我警告说他们会输的，因为我有很好的证据。"不会的，"他们坚持说，"你并不了解事实的全部。"于是我们展开了论战。我说："你们当然接受这样一个事实：我们有很多已经灭绝了的生物的化石。"他们回答："不！"

"你们说不，是什么意思？那恐龙呢？"

"恐龙还活着，在地球上游荡呢！"

"真荒唐！在哪儿呢？"

"非洲。"

"非洲？非洲到处是人。恐龙那么大，怎么没人看见过呢？"

"它们生活在密密的丛林里。"

"那一定有人见过它的。你是不是要说你认识某个见过它的人？"

"俾格米人（pygmy）告诉我们，他们偶尔看见过恐龙。我们找了，没找到，但我们在树干上18~20英尺（1英尺≈2.54厘米）的高度看到了它们留下的痕迹。"

"所以你们认为那是大动物留下的。可化石证据表明它们是成群生活在一起的。为什么只有那些俾格米人见过呢？"

"原因很简单。它们大多数时间都在洞穴里冬眠。"

"在丛林里？丛林里有洞穴吗？"

"有啊，当然了，为什么没有呢？"

"能让大恐龙进入的洞穴？如果洞穴那么大，应该很容易找到的，那你们就可以往里面看，看见它们在睡觉。"

"为了保护自己,那些恐龙在冬眠时会用泥土把洞口都封起来,这样就没人知道它们在那儿了。"

"它们怎么能把洞穴封得那么严实而不让人看见?它们是用爪子还是鼻子来运泥土呢?"

这时,特创论者们承认他们不知道,但他们告诉我,他们学派的"圣经生物学家"正在丛林里找恐龙呢。

"如果他们找到了活恐龙,一定要告诉我。"我说,然后走回自己的座位。

我没有虚构故事,讲这个故事也不是为了让大家好玩儿。它说明理性并不总是简单的练习。有的理论预言了我们永远没见过的东西,不相信那样的理论,通常是很有道理的。但有时看不见的东西也有很好的理由。毕竟,如果真有恐龙,那它们一定藏在某个地方。为什么不能在非洲丛林的洞穴里呢?

这也许显得愚昧,但粒子物理学家们不止一次地感到,为了让某个理论或数学的结果有意义,他们必须构造看不见的粒子,例如中微子。为了解释为什么中微子难以探测,他们只好让中微子的作用很微弱。在这个例子中,这种策略是正确的,因为多年以后,人们设计了寻找中微子的实验。它们的作用的确很微弱。

所以,有时候,一个好理论即使预言了没见过的东西,也有理由把它留下来。有时候，我们被迫做出的假设后来证明是正确的。提出这样特殊的假设，不仅使思想合理，有时也能预言新的现象。但有时候，我们也可能犯轻信的毛病。从这点说，穴居恐龙也许有道理。当我们面临一个过去的好思想可能会变得毫无价值时，首要的问题是判断。在训练有素的聪明人之间，肯定有众说纷纭的情形。但最终会有证据说话的时候，那时任何有理性的公正的人都不会再认为那个思想有什么道理。

要判断我们是否到了那样的转折点，方法之一是考虑其唯一性。在科学革命中，任何时候都有几个不同的统一思想，可能把科学引上矛盾的方向。这是正常的，而且在革命进程中也没有什么合理的根据来选择具体的哪一个。在这种时候，即使有很聪明的人匆匆做了选择，常常也可能是错的。

不过最终会有某个思想比其他思想能解释更多的东西，而它通常是最简单的。在这种情形下，一个思想在产生新思想、满足实验、解释能力和简单性等方面远远超越了其他思想，它就具备了唯一性。我们就说它有真理的特征。

怎么会这样呢？我们考虑德国天文学家开普勒（Johannes Kepler，1571—1630）一个人提出的三种统一思想。开普勒一生对行星着魔，因为他相信地球是行星，他知道从水星到土星的六颗行星。它们的运动已经被观测了几千年，有大量数据。最精确的数据来自丹麦天文学家第谷（Tycho Brahe）。开普勒为了得到那些数据，最终来到第谷手下工作（第谷死后，他把数据偷走了，不过那是另一个故事了）。

每个行星轨道有一个半径,每颗行星有一个轨道速度。另外,行星速度不是均匀的,在环绕太阳的过程中时快时慢。这些数据看起来杂乱无章。开普勒花了一生的精力来寻求一个能统一行星运动的原理,从而用那个原理来解释行星轨道的数据。

起初,开普勒根据古老的传统来统一行星,认为宇宙理论只能用最简单的几何图形。古希腊人之所以相信行星在圆周上运动的图景,是因为圆是最简单的闭合曲线,因而在他们看来也是最美的。开普勒想寻求同样美妙的几何图形来解释行星轨道的大小。他发现了一个非常精美的思想,如图2-1。

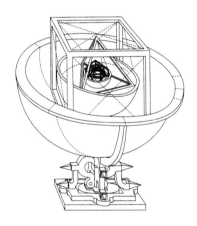

图2-1 以柏拉图固体为基础的开普勒的第一个太阳系理论

假定我们先知道了地球轨道,那么接下来需要解释五个数,即其他5颗行星的半径与地球半径之比。如果能找到一个解释,必然存在某个美妙的几何结构正好能给出那五个数,不多也不少。那么,是否有那么一个几何问题刚好有5个答案呢?

是的。立方体是一种完美固体，它的每个面都一样，每个边也一样长。这样的固体叫柏拉图固体。有多少种呢？正好5种：除了立方体，还有正四面体、正八面体、正十二面体和正二十面体。

开普勒没费多少时间就做出了一个有趣的发现。将地球轨道嵌入球内，球外接一个正十二面体。在它们外面嵌一个球，火星轨道就在那个球面上。外接一个正四面体，四面体外接另一个球，则木星轨道就在那个球面上。木星轨道外接立方体，土星就在它外面。在地球轨道内，开普勒内接正二十面体，金星就环绕着它，金星轨道内接正八面体，就是水星。

这个统一理论解释了行星的轨道半径，以前还没有理论这样做过。这是一个洋溢着数学美的理论。可为什么没人相信呢？虽然理论很动人，却没有引出什么东西。以它为基础没有预言任何新的现象，甚至它也不能使人们认识行星的轨道速度。这个思想太静态了，尽管统一，却没有将科学引向任何有趣的地方。

开普勒为此思考了很长时间。轨道直径解释了，他只需要解释不同行星的速度。最后他提出，行星在运行中"歌唱"，音调的频率正比于速度。不同行星在轨道运行，以六种声音唱出一曲和谐的歌，开普勒称那是*天球的和谐*。

这个思想也有古老的根源，令人想起毕达哥拉斯的发现：音乐的和谐源于简单的数字比例。不过它的问题也很明显。它不是唯一的：六种声音可以有多种和谐的方式。更严峻的是，后来发现行星不止6

颗。而且，与开普勒同时代的伽利略发现了木星的4颗卫星。所以，天上还有另一个轨道系统。如果开普勒的理论是正确的，它们也该适用于新发现的系统。可是它们不能。

除了这两个宇宙的数学结构，开普勒还做出了为科学带来实在进步的三个发现，那就是他多年分析偷来的第谷数据之后提出的著名的三大定律。这些发现一点儿也不如前两个思想那么优美，但它们很成功。而且，其中之一没有别的办法可以实现，那就是速度与轨道直径的关系。开普勒的三个定律不但满足所有六颗行星，也满足木星的卫星。

开普勒发现那些定律，是因为他将哥白尼的统一引向了逻辑的结果。哥白尼说过太阳处于（或邻近）宇宙的中心，但在他的理论中，行星的运动与是否有太阳无关。太阳的唯一作用就是照亮天空。哥白尼理论的成功启发开普勒提出这样的问题：太阳在行星轨道的中心附近，是否真的只是偶然？他想知道太阳是否可能在驱动行星轨道中起着某种作用。太阳会不会以某种方式将力作用在行星上，而那种力正是行星运动的原因？

为了回答这些问题，开普勒必须为太阳在每个行星轨道的精确位置寻求一种作用。他的第一个突破是发现了轨道不是圆，而是椭圆。太阳也有了准确的位置：它恰好处于每个轨道椭圆的焦点。这是他的第一定律。不久之后，他发现了第二定律，即行星在轨道的速度随着接近或远离太阳而增大或减小。后来他又发现了第三定律，决定了行星的速度之间有什么关系。

　　这些定律指向太阳系背后的某个深层的事实，因为它们适用于所有行星。结果是我们第一次有了一个能做出预言的理论。假定发现了一颗新行星，我们能预言它的轨道吗？在开普勒之前，没人能做到。但有了开普勒定律，我们只需要观测它的位置的两点就能预言它的轨道。

　　这些发现为牛顿铺平了道路。正是牛顿的洞察力发现了太阳作用于行星的力与地球作用于我们的引力是同一种力，从而统一了天上与地上的物理学。

　　当然，对当时的大多数科学家来说，太阳向行星发出力的思想是很荒唐的。他们相信空间是虚空的，没有能传递那种力的介质。而且，它也没有可见的表现——没有从太阳伸向行星的臂膀——而看不见的东西不可能是真的。

　　想做统一的人可以从这儿得到几点很好的教训。一是数学美可能误导。数据的简单观察通常更为重要。另一点教训是，正确的统一理论能对当时确凿无疑的现象发生作用，例如开普勒定律对卫星的应用。正确的统一也可能引发当时看来荒唐的问题，但能导致进一步的统一，就像开普勒假定从太阳作用于行星的力。

　　最重要的是，我们看到真正的革命通常需要几个不同的统一思想走到一起来相互支持。在牛顿革命中，有几个成功的统一：地球与行星的统一，太阳与恒星的统一，静止与运动的统一，地球引力与太阳对行星的作用的统一。单个地看，这些思想没有一个能流传下来；结合在一起，它们就所向无敌了。那结果就是一场彻底转变我们自然知识的大革命。

在物理学史上，有一个统一出类拔萃，成为物理学家在过去30年里追求的典范。那就是麦克斯韦在19世纪60年代实现的电与磁的统一。麦克斯韦运用了强有力的场的概念 —— 英国物理学家法拉第在19世纪40年代为解释力在虚空传播而提出的。概念的关键在于，场是一个物理量，像数一样，存在于空间的每一点。在空间运动时，场的数值连续改变。场在一点的值也随时间而变化。这个理论确立了场在时空中变化的规律。这些定律告诉我们，场在某点的值受它在附近其他点的值的影响。因此，场可以将力从一个物体带到另一个物体。我们再不需要相信什么可怕的超距作用了。

法拉第研究的一种场就是电场。它不是单纯的数，而是一个矢量，可以想象为一个箭头，它能改变方向，也能改变大小。想象空间每一点的这种箭头与相邻点的箭头的尖由橡皮筋连接。如果我们拉动一个箭头，它就会拉动相邻的箭头。箭头也受电荷影响。箭头在电荷影响下自我调整，由正电荷指向负电荷（图2-2）。

法拉第也研究过磁。他发明了另一种场（即另一种箭头的集合），他称之为磁场。这些箭头总是指向磁体的两极。

法拉第写出了几个简单法则，描述了电磁场如何受邻近电荷和磁极以及邻近场的矢量的影响。他和别人检验了这些法则，发现它们的预言和实验是一致的。

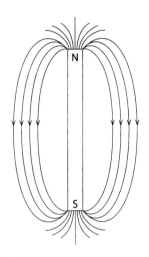

图2-2　代表磁铁棒磁场方向的磁力线

　　那时还发现了电磁混合的现象。例如，在圆周运动的电荷会产生磁场。麦克斯韦意识到这些发现意味着电与磁的统一。为了实现统一，他需要改变方程。为了改变方程，他只需要增加一项，于是他的统一就成为有实际作用的统一。

　　新方程允许电磁场相互转化。在这种转化中，电场与磁场交互产生，从而形成一种在空间移动的波。前后舞动一个电荷，也能产生那样的波动模式。生成的波可以将能量从一个地方带到另一个地方。

　　最令人惊奇的是，麦克斯韦还能根据他的理论计算波的速度。他发现那速度和光速是一样的。接着他一定大吃一惊：在空间穿行的电磁波就是光。麦克斯韦没打算建立一个光的理论，而是想统一电与磁。但在统一的过程中，他实现了更重要的事情。这个例子说明，一个好的统一对理论和实验都会产生意外的结果。

新预言接踵而来。麦克斯韦意识到，应存在所有频率的电磁波，而不仅限于可见光，于是就发现了无线电波、紫外线、红外线等。这儿还留下另一个历史教训：当新的正确的统一出现时，其意义会很快显露出来。许多这样的现象，都是在麦克斯韦理论发表后的几年内发现的。

这就提出一个问题，在我们讨论其他统一时可能变得很重要。所有统一都会有结果，因为统一的事物能相互转化，能导致一系列新现象的出现。如果运气好，很快就能观察到那些新现象 —— 统一理论的创立者们当然有权利为自己欢呼。但我们将看到，在其他情形，预言的现象已经与观测结果有了矛盾。在这种不幸的情况下，理论家要么被迫放弃理论，要么人为地将它限制起来，隐藏那些统一的结果。

可是，麦克斯韦的电磁统一理论虽然成功了，却面临着一个难以逾越的障碍。19世纪中叶，多数物理学家相信物理学已经统一了，因为所有事物都是由物质组成的（为了满足牛顿定律，它们也必须是由物质组成的）。对这些"机械论者"来说，在空间波动的场的概念很难理解。在麦克斯韦理论中，电磁场外没有能让他们感觉实在的弯曲和伸展的东西，因而是没有意义的。当我们通过光看见花朵时，一定有什么物质的东西在颤动。

法拉第和麦克斯韦都是机械论者，他们也费了很多时间和精力来回答这个问题。除了他们，许多著名研究机构的年轻人为了美好前程，也在为电磁场精心构造他们作为麦克斯韦方程基础的微观齿轮、滑轮和传送带。结果产生了一些错综复杂的方程，谁能解那些方程，谁就能获奖。

这个问题有一点显著的表现，那就是，光从太阳和恒星来到我们地球，而外太空是空无一物的。假如空间有任何物质，它将阻碍行星的运动，那么行星早就落进太阳里了。可是，电场和磁场又怎么能在虚空里呢？

于是，机械论者发明了一种新的物质形式——以太，并将它充满空间。以太有着矛盾的性质：它必须极端致密而坚硬，因为光要像声波一样通过它；而光速与声速的巨大差别就是以太的超大密度的结果。同时，以太对穿过它的普通物质没有任何阻碍作用。这一点比看起来更难满足。我们只能说，以太与普通物质不发生相互作用——就是说，它们彼此没有力的作用。可是，如果光（或电磁场）只不过是以太的应力，普通物质为什么能探测到它们呢？难怪，谁能明白这些问题，谁就能做教授。

还会有比以太更优美的统一吗？它不仅统一了光、电和磁，还统一了物质。

然而，正当以太理论发展时，物理学家的物质概念也在发生改变。19世纪初，多数物理学家都认为物质是连续的，可是世纪之末，人们发现了电子，至少部分物理学家开始重视物质由电子组成的观点。但那就引出另一个问题：在以太的世界里，原子和电子是什么呢？

画出场的力线，像磁场的力线那样，从磁北极指向磁南极。场线的终点在磁极，其他地方不会中断。这是麦克斯韦的一个定律。但场线可以形成闭合线圈，线圈可以自己形成结。所以，原子也许是磁力线的结。

可是，正如水手都知道的，打结有不同的方式。那样也许正好，因为有不同的原子。于是，剑桥的一个著名教授提出，不同原子对应于不同的结。

这看起来很荒唐，但想想那个年代，19世纪90年代和20世纪初，我们对原子懂得很少。我们那时还不知道原子核，没听说过质子和中子。所以，这样的思想算不得疯狂。

那时候，我们对线圈的结也知道得很少。没人知道打一个结有多少种方式，又如何区分它们。于是，在这种思想启发下，数学家开始研究如何区分各种可能的结。这慢慢演进为一个叫组结理论的数学领域。很快证明，打一个结有无穷多种方式，但过了很久人们才发现如何区分它们。20世纪80年代有了一些进展，但仍然不知道以什么过程来判断两个复杂的结是相同还是不同。

我们看到，一个好的统一思想，即使证明是错的，也能激发新的追寻的路线。然而，我们应该记住，仅仅因为统一理论结出了数学成果，并不能说明那个物理理论是正确的。相反，结理论的成功仍然要求我们相信原子是磁场里的结。（不过，正如我们将在第15章看到的，也许这并不完全是错的。）

　　还有一个问题：麦克斯韦理论似乎与牛顿物理学的相对性原理相矛盾。结果证明，研究电磁场的观察者可以通过各种实验（包括测量光速）来判断他是否在运动。

　　还有一个矛盾存在于两个统一之间，而那两个统一都是牛顿物理学的核心：服从牛顿定律的物质的统一与运动和静止的统一。对大多数物理学家来说，答案是显然的：物质宇宙的观念当然更重要，而运动难以确定，也许只是微不足道的事情。但也有少数人认为相对性原理才是更重要的问题。那些人中间，有个年轻的学生，在苏黎世读书，他的名字叫爱因斯坦。他为这个问题沉思了10年，从16岁开始，最后在1905年他意识到问题的解决需要彻底改变我们对空间和时间的认识。

　　爱因斯坦解决问题的方法，就是牛顿和伽利略在建立运动的相对性原理时用过的技巧。他认识到电效应与磁效应的区别依赖于观察者的运动。所以，麦克斯韦的统一比他本人原来想象的更加深刻。电场与磁场不仅是同一个现象的不同方面，不同的观察者也能做出不同的判断。就是说，一个观察者可以用电来解释某个特殊现象，而另一个相对于他运动的观察者可以用磁米解释那个现象。但两个观察者对发生的事件有一致的看法。就这样，爱因斯坦的狭义相对论诞生了，它结合了伽利略的静止和运动的统一与麦克斯韦的电和磁的统一。

　　理论产生了很多结果。一个结果是光必然具有普适的速度，与观察者的运动无关。另一个结果是，空间与时间必然是统一的。从前，二者截然不同：时间是普适的，对两个同时发生的事件，每个人都会做出相同的判断。爱因斯坦证明，两个事件是否同时发生，相对运动的两个观察者有着不同的看法。时空的统一隐含在他1905年的题为"论运动物体的电动力学"的论文里，他的老师闵可夫斯基（Hermann Minkowski）在1907年将它明确表达了出来。

于是，我们又看到了两个在竞争的统一。机械论者有一个优美的统一物理学的思想：万物都是物质的。爱因斯坦则相信另一种统一，即运动与静止的统一。为了支持那个观点，他不得不发展一个更深层的统一——空间与时间的统一。不论哪种情形，过去认为绝对不同的东西只有相对于观察者的运动才会不同。

最后，两个统一的矛盾由实验解决了。如果你相信机械论者，你会相信观察者能够测量他穿过以太的速度。如果你相信爱因斯坦，你就知道他做不到，因为所有观察者都是平等的。

在爱因斯坦提出狭义相对论的1905年之前，人们几度尝试探测地球在以太中的运动，都失败了。[1]以太理论的支持者们调整了他们的预言，结果只是使探测地球的运动变得越来越艰难。这是很容易发生的，因为他们计算时用的是麦克斯韦理论，而正确解读那些方程，是跟爱因斯坦的预言一致的，即不可能探测出那样的运动。就是说，机械论者有了正确的方程，但是解读错了。

---

1. 读者应该注意我这儿讲的已经大大简化了。还有些关键实验，涉及光通过流水或光行差效应（地球和恒星的相对运动对星光观测的影响）。爱因斯坦也不是唯一认识到正确答案应该融合相对性原理的人，伟大的法国数学家和物理学家庞加莱（Henri Poincaré）也认识到了这一点。

　　至于爱因斯坦本人，我们还不清楚他对先前的实验了解多少，但它们不会有多大作用，因为他已经相信地球运动是不可能探测的。爱因斯坦还只是刚开了头。正如我们将在下一章看到的，空间和时间的统一将走得更远、更深。当多数物理学家都跟上来接受狭义相对论时，爱因斯坦已经远远走到前头了。

第 3 章
几何世界

20世纪初的几十年里，人们进行过几次统一的努力。有几个成功了，其他的都失败了。简单回顾那些故事，从中汲取教训，能帮助我们认识当前的统一所面临的危机。

从牛顿到爱因斯坦，有一个思想一直占据统治地位：*世界是由物质组成的，而没有别的东西*。连电与磁也是物质的不同方面 —— 它们不过是以太的应力而已。但当狭义相对论胜利时，这幅美妙的图像就破灭了。因为，假如静止与运动的整个概念都失去了意义，以太必然就是虚幻的东西。

统一要在其他地方去寻找，而确实有那么一个地方。那就是颠倒以太理论：如果场不是由物质组成的，那么场也许就是那基本的东西，*因而物质必然是由场构成的*。那时已经有了电子和原子作为场的应力的模型，所以迈出这一步并不困难。

但是，虽然这个思想赢得了信徒，疑惑仍然存在。例如，有两个不同的场 —— 引力场和电磁场。为什么是两个而不是一个呢？这就到头了吗？对统一的渴望激励着物理学家们问：引力场与电磁场是不是同一现象的两个方面？于是出现了我们今天说的统一场论。

　　因为爱因斯坦只是把电磁场纳入了他的狭义相对论，所以，最合乎逻辑的路线是修正牛顿的引力理论，使它与狭义相对论协调。这是容易实现的。不仅如此，牛顿理论的修正还引出一个精彩的发现，成为今日统一理论的核心。1914 年，一个叫诺德斯特罗姆（Gunnar Nordström）的芬兰物理学家发现，为了统一引力场与电磁场，我们只需要增加一个空间维度就行了。他写出描述有 4 个空间维（加 1 个时间维）的世界的电磁场的方程，引力也就跳出来了。正是靠这额外的 1 个空间维，我们就得到与爱因斯坦狭义相对论相容的引力与电磁力的统一。

　　但假如真是那样，那我们在遥望三维空间时，岂不应该看到那个新的维度吗？假如不是那样，这个理论岂不是明显错了？为了避免这个麻烦的问题，我们可以让那个新维度是一个圆圈，这样，当我们看到它时，其实是绕了一圈又回到同一个地方。[1] 于是我们可以令圆半径很小，因而很难发现还有那么一个多余的维。为什么收缩一个东西就能使它变得看不见呢？回想一下，光是由波组成的，每个光波有一定波长（即两个相邻波峰间的距离）。光波的波长决定了我们所能看见的最小尺度，因为我们不能确定比我们所用的波长更小的物体。维度缩小的唯一效应就是一种具有引力的一切性质的新力。

　　大家也许认为爱因斯坦会张开怀抱接受这个新理论。但那时

---

1. 我应该承认，诺德斯特罗姆不是这样解决问题的，但他可能这样做。这是后来拥护多维空间的人所用的方法，比诺德斯特罗姆更进了一步。

（1914年）他已经走上了一条不同的道路。他选择了一条与众不同的统一引力与相对论的路线，将他带回到相对性原理的基础：伽利略在几个世纪前发现的运动与静止的统一。那个统一只涉及了匀速运动——即以不变的速度在直线上运动。1907年初，爱因斯坦开始为自己提出其他运动形式的问题，如加速运动，即大小或方向变化的运动。加速运动与非加速运动的区别是不是也应该以某种方式消除呢？

乍看起来，这一步似乎迈错了。因为，虽然我们不能感觉匀速运动的效应，但我们实在体会了加速度的效应。当飞机起飞时，我们感觉有什么东西在把我们推回座位。当电梯开始上升时，我们会感觉加速度以额外压力的形式将我们推向地板。

就在这一点上，爱因斯坦发挥了他非凡的洞察力。他意识到加速度效应与引力效应是无法分辨的。想象一个妇人站在电梯里等着它启动。这时，她已经能感觉有一个力将她拉向地板。当电梯开始升起时，事情没有本质的不同，只是程度的差异：她感觉同一个力在增大。假定电梯处于静止，但引力的强度在瞬间增大，情况如何呢？爱因斯坦发现，她的感觉就像电梯突然加速上升一样。

我们还可以反过来看这一点。假定拉电梯的钢索被割断了，电梯和里面的乘客开始下落。在自由下落中，乘客会感觉失重，和宇航员在飞船轨道上的感觉一样。就是说，下落电梯的加速度完全抵消了引力的效应。

爱因斯坦后来回忆，他认识到从楼顶落下的人在下落过程中不会感觉到引力的作用。他说这是他"一生最幸运的思想",并使其成为原理,即他所谓的*等效原理*。原理说,加速度效应不可能与引力效应区别。[1]

于是,爱因斯坦成功统一了所有类型的运动。匀速运动与静止没有区别,加速度与静止也没有区别,不过引力场出现了。

加速度与引力的统一有着重要的意义。即使在它的基本意义清楚之前,也有巨大的实验意义,甚至只用高中代数就能根据它做出某些预言 —— 例如,时钟在引力场中变慢,最终也的确证实了。另一个预言(最早是爱因斯坦在1911年提出的)是,光线在经过引力场时会发生弯曲。

注意,和以前讨论过的成功统一理论一样,同时出现了更多的统一。因为两种运动都统一了,所以不再需要区分匀速运动与加速运动。加速运动的效应与引力统一了。

即使爱因斯坦可以根据等效原理导出几个预言,新原理还算不上一个完整的理论。建立一个完整的理论,是他一生最大的挑战,耗费了他近10年的时间。为什么呢?我们先来看看引力弯曲光是什么意思。在爱因斯坦的这个特别观点出现之前,世界上存在两类不同的东西:空间里的万物和空间本身。

---

1. 有一点需要注意的是,这个原理只适用于短时间间隔内在小空间区域的观察。如果下落距离很远,引力场强度发生了变化,引力与加速度就可以区分开了。

我们不习惯把空间看作具有自身特点的实体，但它确实是那样的。空间有三维，也有一种特殊的我们在中学学过的几何，即所谓的欧几里得几何 —— 2000多年前的欧几里得建立了它的公设和定理。欧几里得几何就是研究空间自身性质，它的定理告诉我们空间的三角形、圆和直线是怎样的。但它们只对具体的对象成立，不论是物质的对象还是想象的对象。

麦克斯韦电磁理论的一个结果是，光沿直线运动。因此我们有理由用光线来探究空间的几何。但如果我们接受这个思想，立刻会看到爱因斯坦的理论有着重大意义。因为光线被引力场弯曲，而引力场源于物质的存在，于是我们能得到的唯一结论是，物质的存在影响空间的几何。

在欧几里得几何中，如果直线原先是平行的，则它们永远不会相交。但原先平行的两条光线却可能在真实世界里相交。因为，它们在经过一颗恒星的两边时，会向对方弯曲。所以，爱因斯坦几何不是现实世界的几何，而且那个几何在不停地变化，因为物质在不停地运动。空间几何不是平直的、无限的平面，而是像海洋的表面那样 —— 不息地动荡，起伏着大大小小的波涛。

于是，空间几何原不过是另一个场。其实，空间几何与引力场几乎是一样的。为了解释这一点，我们需要回想爱因斯坦在狭义相对论里实现的空间与时间的部分统一。在那个统一里，空间和时间一起形成一个四维的叫时空的实体。从以下的角度看，它具有类似于欧几里得几何的几何。

　　考虑空间的一条直线，两个粒子沿着它运动，但一个匀速，另一个不停地加速。就空间来说，两个粒子在同一条路线上运动。但它们在时空中走着不同的路线。速度不变的粒子，不仅在空间而且在时空里都沿直线运动，加速粒子则在时空中沿曲线运动（图3-1）。

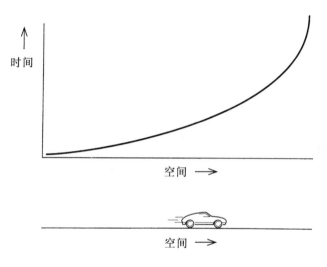

图3-1　在空间直线上减速运动的小汽车，在时空中沿曲线运动

　　于是，正如空间几何能区分直线和曲线，时空几何能区分匀速运动与加速运动。

　　可是，爱因斯坦的等效原理告诉我们，在短距离范围内，引力效应不可能与加速效应区分。[1]而时空几何能告诉我们哪些轨道是加速的，哪些是没有加速的，因而它描述了引力效应。于是，时空几何是

1.这里，专家也许喜欢更准确的惯性概念，但那可能令外行的读者感到迷糊。

引力场。

这样，等效原理的两重统一成了三重统一：考虑引力效应后，所有运动都是等价的，引力与加速度不可区分，引力场与时空几何统一。当其中的细节清楚之后，它们就成为爱因斯坦在1915年最终形成的广义相对论。

对开始没找到研究工作的年轻人来说，这是很幸运的。

于是，物理学在1916年面临着两个截然不同的未来，其基础都是统一引力与其他物理学。一个是牛顿的引力与电磁力的优美统一，它只是简单地添加了一个隐藏的空间维；另一个就是爱因斯坦的广义相对论。两个似乎都是和谐的，而且都有意外的成果。

它们不可能都是正确的，我们必须进行选择。幸运的是，两个理论都有可以实验的预言。爱因斯坦的广义相对论预言引力必然使光线弯曲 —— 而且精确预言了弯曲多少。在牛顿理论中则没有这种效应：光总是周期性地走直线。

1919年，英国大天体物理学家爱丁顿（Arthur Eddington）带领一个探险队远征非洲西海岸，观测当年的日全食，证明了太阳的引力场确实弯曲了光线。因为日全食发生的时候，可以看到太阳的边缘附近的星光，而那些恒星本来是在太阳的背后。假如太阳的引力场没有弯曲星光，那些恒星是看不见的。但我们看见了。这样，我们通过唯一可能的方式，即通过实验，对两个截然不同的统一方向做出了选择。

这是一个重要事例，因为它说明了我们单靠思想能走多远。有些物理学家认为，广义相对论的例子证明了纯思想足以指引前进的方向。但事实恰恰相反。假如没有实验，多数物理学家可能会选择诺德斯特罗姆的统一，因为它很简单，而且带来了强有力的新思想，通过额外空间维实现统一。

爱因斯坦对引力场与时空几何的统一，标志着我们对自然的思维方式的深刻转变。在爱因斯坦之前，人们认为空间和时间具有一些固定在所有实体的性质：不论过去、现在还是将来，空间几何都是欧几里得几何。事物在空间里运动，在时间中演化，但空间和时间本身永远不变。

对牛顿来说，空间和时间构成绝对的背景，它们为自然的大戏提供固定的舞台。空间和时间的几何只是用来描述变化的事物（如粒子的位置和运动），但它们本身从不改变。我们为依赖于这种绝对固定框架的物理学理论起了一个名字，称它们是*背景相关理论*。

爱因斯坦的广义相对论完全不同。它没有固定的背景框架。空间和时间的几何与自然的一切事物一样，也变化和演进。不同的时空几何描述不同宇宙的历史。我们不再有在固定背景几何下运动的场。我们有很多相互作用的场，都是动态的，都相互影响，其中之一就是时空的几何。我们称这样的理论为*背景独立理论*。

记住背景相关理论和背景独立理论的特点。随着本书的展开，我们会看清它们之间的区别。

　　爱因斯坦的广义相对论经受了我们在上一章讲的那些检验统一理论的所有考验。它的统一隐含着一些概念的变革，很快导致了新的预言，如膨胀宇宙、大爆炸、引力波和黑洞，所有这些预言都有很好的证据。我们的整个宇宙学观念都以它为基础。诸如光被物质所弯曲等看似极端的观念，现在已经成为我们探究宇宙物质分布的工具。理论的预言在每一次接受细节的检验时，都漂亮地通过了。[1]

　　但广义相对论只是一个开始，甚至在爱因斯坦发表最后形式的理论之前，他和别人就已经在建立新的统一理论了。他们有一个共同的简单想法：如果引力可以理解为空间几何的外在表现，那电磁力为什么不能也如此呢？1915年，爱因斯坦写信给希尔伯特（David Hilbert，也许是当时健在的最伟大的数学家）："我常常苦思冥想，在引力与电磁力之间搭建一座桥梁。"[2]

　　但直到1918年才真正出现这种特殊统一的一个好想法。数学家外尔（Herman Weyl）创立的那个理论包含着美妙的数学思想，后来成为粒子物理学的标准模型的核心。可是它失败了，因为在外尔原来的理论中，有一些重要结论与实验相冲突。一个是物体的长度依赖于它的运动路径。假如你拿两根米尺，将其分开，然后再放到一起比较，一般会发现它们有不同的长度。这是比相对论还令人惊骇的结果。在相对论中，米尺确实也会显得不同，但那只发生在它们相对运动的时候，而不是在静止比较的时候。当然，它也和我们的自然经历相矛盾。

---

1. 当然，正如我们已经看到的，暗能量和暗物质的预言例外。
2. 引自 Hubert F. M. Goenner, *On the History of United Field Theories* (*1914 — 1933*), p. 30. http://rela-tivity livingre views.org/Articles/lrr-2004-2/index.html (2004).

爱因斯坦不相信外尔的理论，但很欣赏它，写信给外尔说："除了与相对论不一致，它无论如何算得上一个美妙的智力演绎。"[1] 外尔的回答说明了数学美的魔力："您对我理论的拒绝令我感到很沉重……不过我本人的头脑仍然相信它。"[2]

不过，外尔第一次统一的尝试纵然是失败了，但他创立了统一的现代概念，最终导致了弦理论。他第一个（但肯定不是最后一个）宣称："我想冒昧地说，我相信整个物理现象可以从一个普遍的具有最大数学简单性的自然法则推导出来。"[3]

外尔理论提出一年后，一个叫卡鲁扎（Theodor Kaluza）的德国物理学家发现，如果复活诺德斯特罗姆的隐藏维的思想，可以用不同的方法来统一引力与电磁力。可是他走了一条弯路。诺德斯特罗姆是通过将麦克斯韦的电磁理论用于五维世界（4个空间维和1个时间维）而建立引力理论的。卡鲁扎的路线正好相反：他将爱因斯坦的广义相对论用于五维世界，然后建立电磁力。

我们可以在寻常三维空间的每一点放一个小圆圈（图3-2）来感觉那种新空间的形式。新几何能以新的方式产生弯曲，因为不同点的小圆圈能以不同方式生成。于是，对原来三维空间每一点的度量来说，出现了新的东西。这个信息看起来恰好就像电场和磁场。

---

1. 同上，Hubert F. M. Goenner, p. 38～39.
2. 同上，Hubert F. M. Goenner, p. 39.
3. 同上，Hubert F. M. Goenner, p. 35.

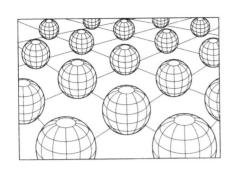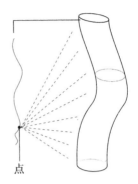

图3-2 卡鲁扎-克莱因理论用的卷曲的额外空间维
左：原来三维空间的每一点放一个球面，形成五维空间。右：一维空间上放一个
小圆圈。从远处看，空间像一维的，但在近处看，它是二维的

另一个精彩的结果是，电子的电荷关系着小圆圈的半径。这并不奇怪：如果说电场恰好是几何的表现，那么电荷也应该是。

还不仅如此。广义相对论以一组方程（叫爱因斯坦方程）描述了时空的几何。我不必把方程写出来，关键的一点在于，同样的方程也可以用于我们刚才讲的五维世界。只要我们加一个简单的条件，就可以看到它们能正确描述电磁场和引力，将它们统一起来。于是，如果这个理论是对的，那么电磁场不过就是五维几何的另一个名字。

瑞典物理学家克莱因（Oskar Klein）在20世纪20年代重新发现并进一步发展了卡鲁扎的思想。他们的理论的确优美动人。只需要给空间增加一个维，引力与电磁力就一下子统一了，而麦克斯韦方程便可解释为爱因斯坦方程的一个结果。

这一次，爱因斯坦着迷了。1919年4月，他写信给卡鲁扎说：

"用五维圆柱来实现 [统一] 的思想, 我从来没有想到过 …… 乍看起来我非常欣赏你的想法。"[1] 若干年后, 在给荷兰物理学家洛伦兹 (Hendrik Lorentz) 的信中, 他高兴地说 :"看来, 引力与麦克斯韦理论的统一已经通过五维理论而圆满地实现了。"[2] 著名物理学家乌伦贝克 (George Uhlenbeck) 曾回忆, 他在 1926 年第一次听到克莱因的思想时,"感觉入神了！现在总算有人理解我们的世界了。"[3]

遗憾的是, 爱因斯坦和其他的热情者们都错了。和诺德斯特罗姆理论一样, 通过加一个隐藏维来实现统一的思想失败了。我们有必要知道为什么。

我前面说过, 一个成功的统一思想, 必须用实验验证的新预言来确立其地位。成功的统一还会产生许多进一步发现的新思想。卡鲁扎－克莱因理论尽管迷倒了一些人, 但它并不具备那些条件。前面说过, 这个理论附加了一个额外的条件, 要求多出的那个空间维卷曲成看不见的小圆圈。不但如此, 为了从理论导出电磁力, 圆圈的半径还必须是固定的, 在空间和时间上都不发生改变。

这是整个理论的致命弱点, 直接导致了它的失败。原因在于固定额外维的半径会破坏爱因斯坦广义相对论的实质, 即时空几何是动力学的。如果我们另加一个广义相对论描述的空间维, 那个维的几何也会成为动力学的。实际上, 只要允许小圆圈的半径自由变化, 情形就

---

1. 引自 Abraham Pais, *Subtle is the Lord* (New York: Oxford Univ. Press, 1982), p. 330 。
2. 同上 , p. 332 。
3. 同上 。

是那样。这样的话，卡鲁扎和克莱因的理论将有无穷多个解，其中的圆半径都能在空间和时间中变化。这蕴含着奇妙的现象，因为它导致引力效应与电效应相互转化的过程。它还将导致电荷随时间而变化的过程。

但是，如果卡鲁扎－克莱因理论确实是统一的，第五维就不应该与其他维有什么不同：小圆圈必须是可以变化的。这样，它产生的过程就是统一电与引力的必然结果。如果看到了那些过程，那就直接证明了几何、引力、电和磁都是同一个现象的不同方面。遗憾的是，我们还没观察到那些效应。

有时候，理论家们可以很快欢呼统一的结果，但现在的情形不是这样的。相反，理论家们必须把统一藏起来，而只关注解的一个无穷小的部分——其中第五维的半径在空间和时间都是固定不变的。

情况比这更坏。原来，这样的解是不稳定的。如果稍微触动几何，小圆圈将立刻坍缩为标志时间终结的奇点。如果换一种方式触动几何，则小圆圈可能长大，额外的维会立刻变得可见，理论也就彻底破产了。于是，他们只好把理论的预言藏起来，掩盖它可能犯那么严重错误的事实。

在这一点上，爱因斯坦也失去热情了。他写信给朋友艾伦菲斯特（Paul Ehrenfest）说："用五维连续统来取代四维的，然后，为了解释其中一维没有显现的事实，而将它人为地卷缩起来，这是很不正常的事情。"[1]

如果说这些理由还不够，那么物理学家们还有其他理由拒绝这个理论。20世纪30年代，人们认识到世界上除了引力和电磁力外还存在其他力。他们知道强核力和弱核力，因此也该将它们统一进来。但没人知道如何将它们纳入那些统一理论，而且爱因斯坦还在继续追寻他的统一场论。当时的一些大数学家和物理学家，包括泡利（Wolfgang Pauli）、薛定谔和外尔，也都投身其间。他们发现了其他修正时空几何的方法，从而可以统一引力与电磁力。这些发现依赖于深刻的数学洞察，但仍然没有结果。它们要么没有新的预言，要么预言的现象从来不曾出现过。到了20世纪40年代，爱因斯坦和少数还在追求统一场论的人成了大家的笑柄。

我获得博士学位以后的第一个工作是1979年在普林斯顿高等研究院。我去那儿的主要原因之一是希望走近爱因斯坦传奇，那时他已经去世24年了。在这一点上，我失望了。除了图书馆的爱因斯坦图像，他的踪迹已经没有了。这儿没有他的一个学生和追随者，熟悉他的人，只有很少的几个还留在那儿，如理论物理学家戴森（Freeman Dyson）。

我刚到那儿一个星期，戴森（一个很绅士的人）来请我吃午饭。他询问了我的工作，然后问我是否需要他的帮助，以便在普林斯顿过得更自在。我只有一个问题。我问他："您能告诉我爱因斯坦到底是个

1. 引自Abraham Pais, *Subtle is the Lord* (New York: Oxford Univ. Press, 1982), p.334。

什么样的人吗？"戴森回答："很抱歉，这个问题我帮不了你。"我很奇怪，接着问："可是您1947年就来了，直到1955年他去世前一直是他的同事呀。"

戴森解释说，他原本也是怀着认识爱因斯坦的愿望来研究院的。于是，他去见爱因斯坦的秘书杜卡斯（Helen Dukas），请求爱因斯坦见他。会见前一天，他开始担心没有什么特别的问题能与伟人讨论。于是，他从杜卡斯小姐那儿拿回爱因斯坦最近的科学论文，都是关于爱因斯坦构造统一场论的。当晚，戴森读了那些文章，觉得都是些垃圾。

第二天早上，他意识到，不好当面说爱因斯坦的研究是垃圾，但他是有话不得不说的。于是，他失约了。他告诉我，在接下来的8年里，他总是躲着爱因斯坦。

我只能随便问问："您认为爱因斯坦会替自己辩护，并向你解释他的动机吗？"

"当然，"戴森回答，"但想到那一点时我已经老了。"

除了粒子物理学家们的嘲笑，爱因斯坦和其他几个统一场理论家们所面临的一个问题是，那种统一太容易了。统一场论不是无处可寻，而是满地鸡毛。它可以通过许多不同的方式来实现，而没有理由说一个比另一个更好。几十年的努力只有一个真正的进步：两种核力被装进来了。结果发现，那只需要添加更多的空间维就行了。当更多的维加入广义相对论时，描述弱核力和强核力的场就显现出来。这很像卡鲁扎的电磁力的情形：必须把额外维的几何固定下来，使它们的几何在时间和空间上都不会改变，而且还必须让那些维小得看不见。当所有这些都做好了，将广义相对论方程用于高维空间，就得到必然的方程（即杨－米尔斯方程）。

杨－米尔斯方程隐藏在高维的广义相对论中，这是20世纪50年代才发现的事实，但其意义直到70年代才显现，那时我们已经最终认识了这些方程很好地描述了弱核力和强核力。当人们终于发现了那个联系，才有人想复活卡鲁扎－克莱因的思想，但他们没能走得很远。那时候，我们已经知道自然缺少某种对称性 —— 左和右的对称。具体说来，所有中微子都是所谓的左手型的（即它们自旋的方向总是与其线动量的方向相反）。这意味着，如果在镜子里看，将看到一个虚假的世界 —— 其中的中微子都是右手型的。所以，镜像的世界是不可能的世界。但后来发现，在卡鲁扎－克莱因理论描述的世界里，很难解释这种非对称性。

除此之外，高维理论仍然没能提出新的预言。为了得到希望的物理，我们不得不为额外的空间维强加一些条件，这是理论埋下的孽种。实际上，包括的维越多，为了固定它们的几何而付出的代价就越大。空间维越多，自由度也越多 —— 而更多的自由却使那些维的几何偏离我们需要的生成三维世界的力的刚体几何。不稳定性问题变得越来越糟糕了。

而且，只要隐藏维超过1个，就有很多不同的方法来卷曲它们。

我们可以用无限多种方式来卷曲多余的维，而不仅仅是将它们化为圆圈。因此，可以有无限多个理论。自然该如何选择它们呢？

在通过额外空间维来统一物理学的努力中，我们一次又一次地遇到相同的情形。有几个解产生了我们看到的世界，但它们只是无限多个可能解的汪洋里的几个不稳定的小岛，其余的地方几乎不可能是我们的世界。一旦为了清除那些解而强加一些条件，就将失去确凿的证据——即统一产生的结果——尽管现在尚未看见，但只要实验家们愿意，是有可能看见的。所以，他们没有可以欢呼的东西，却有很多需要隐藏的东西。

但还有一个更基本的问题，涉及统一理论与量子理论的关系。过去的统一场论的努力发生在量子力学1926年完全建立以前。其实，几个量子理论的支持者早就猜想过额外维与量子理论的有趣联系。但是，到1930年左右，他们发生了分裂。多数物理学家不关心统一问题，而专心于将量子理论用于从材料的性质到恒星的能源过程的大量现象。同时少数坚持统一理论的物理学家则越来越忽略了量子理论。他们（包括爱因斯坦）只管做自己的，似乎普朗克、玻尔、海森伯和薛定谔根本就不存在。他们生活在量子力学革命后的年代，却假装工作在那场革命从未发生的智力世界。在同时代的人们看来，他们就像20世纪二三十年代的古怪的俄罗斯流亡的贵族，带着他们精致的旧时尚来到巴黎和纽约，还自以为回到了沙皇时代的圣彼得堡。

当然，爱因斯坦并不仅仅是一个从失去的世界里流亡出来的知识分子。（尽管他曾经真的是从一个失去的世界里流亡出来的知识分子。[1]）他很清楚他忽略了量子理论，但他有自己的理由：他不相信它。尽管他用实在的光子点燃了量子革命的烈焰，却拒绝它的结果。他希望发现一个他能接受的量子现象的更深层理论。他希望他的统一场论能把他引向那个地方。

可是没有。爱因斯坦躲避量子理论的梦破灭了，随他一起消失了。那时，没有多少人关注他，更没有人跟随他。物理学家们认为他们有更好的事情做，用不着玩虚幻的统一思想。他们忙着为不断发现的新粒子编目，为新发现的两种基本力琢磨理论。如果谁猜想世界有更多的小得看不见的空间维，他们会认为他疯了，就像研究UFO一样，是不会有结果的。于是，在理论与实验手拉手前进的这段时期里，没有重大的实验，没有新的预言，也就没有理由注意它。

可是，假如我们明知有那么多障碍却仍然放不下统一场，那么，能用量子理论的语言来建立这些理论吗？回答是一声响亮的"不"。那时候，还没人知道如何协调广义相对论与量子论呢。所有的努力都失败了。当你为空间添加更多的维，或为几何添加更多的扭曲时，事情只会更糟而不会更好。维数越多，方程疯得越快，会卷入无限多个量，带来无限多的矛盾。

所以，虽然高维的统一方法很迷人，最终还是因为很好的理由被抛弃了。它没有可以检验的预言。即使这样的理论能出现某个特殊的确实描绘了我们的世界的解，也还有很多没有意义的东西。那很少的

1.这说的是爱因斯坦从纳粹德国出来。——译者

几个有意义的解还是不稳定的，很容易演化为奇点或根本不同的世界。最后，它们不能与量子理论协调起来。记住这些理由，因为一个新的统一思想（如弦理论）是成功还是失败，就看它是否能解决这些问题。

我在20世纪70年代初开始研究物理学的时候，统一引力与其他力的思想已经像连续物质的概念一样破产了。马赫（Ernst Mach）不相信原子，麦克斯韦相信以太，爱因斯坦追寻统一场论。这些都是伟大的思想家们留下的愚蠢的教训。生活就是那么严酷。

第 4 章
统一成为科学

用新的空间维来统一四种基本力的思想失败之后，多数理论物理学家不再相信能将引力与其他力联系起来。这是有道理的，因为引力比其他三种力弱得多。他们的注意力被实验家在粒子加速器中不断发现的基本粒子吸引了。他们要从数据里寻找新原理，希望它至少能统一不同类型的粒子。

忽略引力意味着人们又退回到了爱因斯坦广义相对论前的时空认识。长远看来，这是很危险的事情，它等于在用废弃的思想来工作。不过这种方法也有一点好处，就是能把问题大为简化。广义相对论的主要精神在于，空间和时间没有固定的背景几何，忽略这一点意味着我们可以简单选择一个背景。这将我们送回了牛顿的观点，粒子和场发生在空间和时间的固定背景下 —— 背景的性质也是永恒不变的。因此，从忽略引力发展起来的理论是与背景相关的。

然而，也不是说一定要重走牛顿的老路。我们可以在爱因斯坦1905年的狭义相对论描述的空间和时间下思考。根据狭义相对论，空间几何是欧几里得几何，即我们在中学学习的那种几何，但根据爱因斯坦的两个基本假定（观察者的相对性与光速的不变性），空间与时间是完全混合的。这个理论容不下引力，但它是麦克斯韦电磁理论的正确框架。

当量子力学完全建立起来时，量子理论家便将注意转向电磁力与量子理论的统一。因为基本的电磁现象是场，所以最后形成的统一理论叫量子场论。因为爱因斯坦的狭义相对论是电磁场的正确框架，所以这些理论也可以看作是量子理论与狭义相对论的统一。

这个问题比将量子理论用于粒子要艰巨得多，因为场在空间每一点都有一个值。如果我们假定空间是连续的——狭义相对论的论断——那么就有无限多个连续变量。在量子理论中，每个变量都满足不确定性原理，其结果是，一个变量测量越准确，它的涨落就越疯狂。无限多个任意涨落的变量很容易失去控制。当我们提出一个理论问题时，千万当心不要有无限多个矛盾的答案。

量子理论家们已经知道，每个电磁波有一个量子粒子，即光子。他们只用了几年时间就弄清了细节，但结果只是自由运动的光子的理论。下一步还需要容纳带电粒子（如电子和质子），并描述它们与光子的相互作用。这个目标是一个完全和谐的量子电动力学理论（QED），是非常具有挑战性的。QED 是日本物理学家朝永振一郎（Sin-Itiro Tomonaga）在第二次世界大战期间首先解决的，但世界其他地方的人到了 1948 年才知道那个消息。那时，QED 已经被年轻的美国物理学家费曼（Richard Feynman）和施温格（Julian Schwinger）独立构造了两次。

一旦明白了QED，人们要做的事情就是把量子场论推广到强弱核力。这是接下来的25年的事情，其关键是发现两个新原理：第一个原理确定电磁力与核力有什么共同的地方，叫*规范原理*。正如我下面要讲的，它导致了那三种力的统一。第二个原理解释为什么三种统一的力会显得那么不同。它叫*自发对称破缺*。这两个原理共同形成了粒子物理学标准模型的基石。后来，人们应用它们发现，像质子和中子那样的粒子不是基本粒子，而是由夸克组成的。

质子和中子各有三个夸克，而其他那些叫介子的粒子只有两个夸克（更恰当地说是一个夸克和一个反夸克）。这是20世纪60年代初，加州理工学院的盖尔曼（Murry Gell-Mann）和日内瓦欧洲核子研究中心（CERN）[1]的茨威格（George Zweig）独立发现的。不久，斯坦福直线加速器实验中心（SLAC）的贝约肯（James Bjorken）和加州理工学院的费曼提出了实验建议，实验后来在SLAC进行，证明了质子和中子确实由三个夸克组成。

夸克的发现是迈向统一的重要一步，因为质子、中子和其他粒子的相互作用非常复杂，而夸克之间的相互作用有可能很简单，质子和中子的外在的复杂性源于它们是复合体。这种观念以前得到过证明：尽管分子间的力很复杂，组成它们的原子之间的力却很容易用电磁学来理解。有了这个思想，理论家们就不打算在基本的层次上去认识质子和中子间的力，而是去探究影响夸克的力。这是还原论在起作

---

1. CERN是法文Conseil Européen pour la Recherche Nucléaire（欧洲核子研究理事会）的缩写，成立于1954年，是世界最大的粒子物理研究中心，由20个成员国提供资金，树立了国际科学合作的典范。——译者

用 —— 那是一个古老的策略，认为决定部分的法则通常比决定整体的法则更简单 —— 结果成功了，发现了在强弱两种核力与电磁力之间存在深层的共性。三个力原来都是简单而强大的规范原理的结果。

规范原理最好是通过物理学家的对称性来理解。简单地说，对称是一种不改变事物相对于外在世界的行为的操作。例如，如果你旋转一个球，你不会改变它；它仍然是球。所以，当物理学家谈对称时，指的就是空间里的不改变实验结果的操作（如旋转）。不过，他们也可以谈我们施加在实验上的不改变结果的任何形式的改变。例如，假如我们有两群猫 —— 东边一群，西边一群 —— 来测试它们的弹跳能力。如果猫的平均跳跃没有区别，我们就说猫的跳跃在交换东西两群猫的操作下是对称的。

为了更简单、更理想地说明这一点，我们再看另一个例子。考虑一个实验：将一束质子加速，然后瞄准由某些原子核组成的目标。我们来观察质子从核子目标散射后形成的模式。接下来，我们用中子取代质子，但不改变能量或目标。在某些情形下，散射的模式几乎不会改变。我们可以说，这个实验揭示了力以相同方式作用于质子和中子。换句话说，用中子替代质子的行为是一种对称 —— 粒子与目标核子之间的相互作用力的对称。

认识对称性是了不起的事情，因为它能告诉我们力的知识。在第一个例子中，我们认识到引力对猫的作用与猫的出身无关；在第二个例子中，核力不能区分质子与中子。有时，我们从对称只能得到力的这样一部分知识。但也有特殊的时候，对称能完全确定力。所谓规范力就属于这种情形。我不想具体讲它的过程，因为不需要。[1]但我们应该知道，认识对称可以确定一个力的所有性质，这是20世纪物理学最重要的发现之一。这种思想也就是规范原理的精神。[2]

　　关于规范原理，我们确实需要了解两件事情。一是规范对称的力是通过所谓规范玻色子传递的；二是电磁力和弱力都属于这种类型的力。对应于电磁力的规范玻色子就是光子；把夸克束缚在一起的强力的规范玻色子叫胶子；而对应于弱力的规范玻色子就不那么好听了——干脆就叫弱玻色子。

　　规范原理是"美妙的数学思想"，我们在第3章提到过，它是外尔1918年提出的，原是为了统一引力与电磁力，可惜失败了。外尔是对物理学方程考虑最深刻的大数学家之一，正是他认识到麦克斯韦理论的结构完全可以用规范力来解释。20世纪50年代，人们怀疑是否其他场论也能用规范原理来构造。结果表明，确实可以在不同基本粒子对称性的基础上构造场论。这些理论现在称作杨-米尔斯理论，是用其创立者的名字命名的。[3]起初，人们不明白这些理论有什么关系。它们描述的新力与电磁力一样，具有无限大的作用范围，物理学家知道两种核力都只在短距离内发生作用，因此似乎不可能用规范理论来描述。

---

1. 有兴趣进一步学习的读者，可以在我1997年出版的《宇宙的一生》(The Life of the Cosmos, New York: Oxford University Press) 第四章阅读有关规范对称性的东西。
2. 尽管不需要，但也许有读者想知道规范原理是如何起作用的。思想的关键是这样的：决定对称的操作通常需要作用于整个系统。为了说明一个物体在旋转下是对称的，我们需要旋转整个物体。你不可能只转一个球的某个部分。但在特殊情形下，对称性也能只作用于系统的某个部分。这种对称性叫局域对称性。这似乎与直觉矛盾，怎么会这样呢？原来（这一点离开数学很难解释），当系统的不同部分以某种力发生相互作用时，它就能起作用。那些力就是规范力。
3. 这段历史同样比我概括的要复杂得多。杨-米尔斯理论首先是在20世纪20年代的高维统一理论的背景下发现的，但被人遗忘了。20世纪50年代，杨振宁和米尔斯（Robert Mills）才重新发现了它。

理论物理学之所以既是科学也是艺术，就在于最好的理论家有第六感，能判断哪些结果可以忽略不管。于是，在20世纪60年代初，玻尔研究所的博士后格拉肖（Sheldon Glashow）提出，弱作用的确能用规范理论来描述。他只是简单地假定存在某种未知的机制限制了弱力的作用范围。如果力的范围问题解决了，弱力就能与电磁力统一。但仍然面临着一个大问题：我们怎么能统一像电磁力和强弱核力那样表现悬殊的力呢？

我们在这儿看到的是一个困扰着每个统一思想的一般性问题。你想统一的现象五花八门——否则其统一就一点儿也不稀奇了。所以，即使你找到了它们背后隐藏的统一，也还需要明白它们为什么会有那么不同的表现。

我们前面说过，爱因斯坦用了一种奇妙的方式来解决狭义和广义相对论问题。他认识到现象的区别不是现象的内在特征，而完全是因为需要从不同的观察者的角度来描述现象。电与磁、运动与静止、引力与加速度，都是爱因斯坦以这样的方式统一起来的。因此，观察者感觉的现象之间的区别是偶然的，因为它们只代表了观察者的观点。

20世纪60年代，有人对这个一般性问题提出了不同的解决方法：被统一现象之间的区别是偶然的，但并非因为观察者的特殊观点。相反，物理学家起初就有了基本的发现：物理学定律也许具有某种对称性，而定律适用的世界却没有表现与之相关的特征。

我先用我们的社会法律来说明这一点。法律面前，人人平等，我们把这作为法律的一种对称性。用一个人代替另一个人，也不能改变他们要遵从的法律。每个人都要纳税，每个人开车都不能超速。但法律面前的这种平等或对称性，不需要也不会要求我们有相同的环境。有的人比其他人富有，并不是每个人都有小汽车，而有车的人也不是都那么想超速的。

而且，在理想的社会里，人人机会均等。遗憾的是现实社会并非如此。倘若真是那样，我们就可以从初始的机会均等来谈某个对称性。随着我们的成长，那种初始的对称性也离开了。当我们 20 岁时，机会就各不相同了。有的人会成为钢琴家，有的人会成为运动员。

我们可以将这种差别归结为初始的对称性随着时间的流逝而破缺了。认为平等是一种对称性的物理学家会说，我们生来具有的对称性被后来的境遇和选择破坏了。在某些情形下，很难预言对称会以什么方式破缺。我们知道它一定会破缺，但从幼儿园是看不出来的。在这样的情形下，物理学家说对称是*自发破缺*的。我们这样说的意思是，对称破缺是必然的，但具体如何破缺是高度偶然的。*自发对称破缺*是粒子物理学标准模型基础的第二个大原则。

再看一个人类生活的例子。作为老师，我有时会参加新生见面会。看着他们从不同的地方走到一起来，我就想，在接下来的几年里，他们有的会成为朋友，有的会成为恋人，还有的可能结成连理。而此刻，他们萍水相逢，满屋子充满着某种对称性；未来的朋友或夫妻都潜伏在这一群人中间。但对称性肯定会被打破，就像在众多的人际关系中必然会生出友谊。这也是自发对称破缺的一个例子。

不论社会的还是自然的，现实的世界都必然会打破各种可能性之间的对称，从而形成世界的结构。这种必然性的特征之一就是对称与稳定之间的平衡。在对称的状态下，所有的人都可能成为朋友或恋人，那是不稳定的。在现实中，我们必须做出选择，从而使状态更为稳定。我们以不稳定的潜在的自由换取稳定的现实的经历。

物理学也是如此。普通的例子是让铅笔竖立在笔尖，这是对称的，即在平衡时，各方向是一样的。但它是不稳定的。铅笔倒下时（肯定会倒下的），它会随机地倒向一方，从而打破对称。一旦铅笔倒了，它就稳定了，但不再表现出对称 —— 尽管对称还藏在背后的物理学定律中。这些定律只描述可能发生什么，而决定现实世界的定律还涉及如何从众多可能性中选择一个来实现。

自发对称破缺的机制可以发生在自然的粒子之间的对称性中。当破缺发生在规范原理下产生自然力的那些对称性时，会使那些力表现不同的性质。力就这样区分开了，它们可以有不同的作用范围和强度。对称破缺前，所有四种基本力都和电磁力一样有无穷的作用范围。但对称破缺后，有的力（如两个核力）的范围就变成有限的了。正如前面说的，这是20世纪物理学的最重要的发现之一，因为它和规范原理一起统一了表现迥然不同的基本力。

结合自发对称破缺与规范理论的思想是恩格雷特（Francois Englert）和布劳特（Robert Brout）1962年在布鲁塞尔提出的，几个月后，爱丁堡大学的希格斯（Peter Higgs）又独立发现了它。它本该叫EBH现象，但遗憾的是，人们通常称它为希格斯现象。（科学中的有些事物以最后而不是第一个发现它的人的名字命名，这样的例子还有很多。）他们三位还证明，存在一种粒子，是自发对称破缺的产物。这种粒子叫希格斯玻色子。

　　几年后，1967年，温伯格（Steven Weinberg）和巴基斯坦物理学家萨拉姆（Abdus Salam）独立发现，可以结合规范原理与自发对称破缺来构造一个具体的统一电磁力与弱核力的理论。这就是以他们名字命名的理论：弱电力的温伯格-萨拉姆模型。这当然是一个值得欢呼的有具体结果的统一理论；它很快就预言了新现象并成功得到验证。例如，它预言应该存在类似传递电磁力的光子那样的传递弱核力的粒子。那样的粒子有三种，叫 W^+，W^- 和 Z。这三种粒子都发现了，而且具有预言的性质。

　　在基本理论中运用自发对称破缺对后来产生了深远的影响，不仅影响自然律的发现，而且影响我们认识自然律是什么。在此之前，人们认为基本粒子的性质决定于永恒的自然法则。但在自发对称破缺的理论中，出现了一种新的元素，即基本粒子的性质部分依赖于它的环境和历史。这种对称可以通过不同的方式破缺，取决于密度和温度等条件。更一般地说，基本粒子的性质不仅依赖于理论的方程，也依赖于方程的什么解适用于我们的宇宙。

　　这是物理学与通常的还原论分道扬镳的标志。在还原论看来，基本粒子的性质是永恒的，由绝对的定律确定。而现在看来，基本粒子的很多甚至全部性质，可能都是偶然的，取决于我们如何根据我们在宇宙的位置或我们所处的特殊时代来选择定律的解。不同区域的解可能是不同的，甚至会随时间变化。

在自发对称破缺中，有一个物理量的数值标志着对称的破缺和破缺的方式。那个量通常是一个场，叫希格斯场。温伯格－萨拉姆模型要求希格斯场存在而且表现为新的基本粒子（即所谓的希格斯玻色子），传递与希格斯场相伴随的力。在电磁力与弱力的统一的所有预言中，只有这一点还没得到证实。困难之一在于理论不能准确预言希格斯玻色子的质量；那是理论要求的自由常数之一。人们设计了很多实验来寻找希格斯玻色子，但结果是，假如它存在，其质量必然大于质子质量的140倍。未来加速器实验的主要目标之一就是寻找那样的粒子。

20世纪70年代初，规范原理被用到了夸克间的强核力，也发现了与那种力相应的规范场。形成的理论叫量子色动力学（简称QCD）。（用"色"来区别三种不同形式的夸克，是出于好玩儿。）QCD也经历了严格的实验验证，它与温伯格－萨拉姆模型一起构成基本粒子物理学的基础。

三种自然力都是一个统一原理（即规范原理）的不同表现，这个发现是迄今为止的理论粒子物理学的最深刻的成就。完成这个发现的人是真正的科学英雄。标准模型是成百上千的人经过几十年艰辛而痛苦的实验和理论工作的结果。它完成于1973年，30年来经过了众多实验的检验。我们物理学家当然为它感到骄傲。

可接下来的事情就不妙了。现在，三个力被认定为同一个原理的不同表现，显然它们是统一的。然而，为了统一所有粒子，我们需要一个能囊括它们的更大的对称性。然后应用规范原理，生成那三种力。为了区分所有的粒子和力，我们这样来确定对称性：系统的任何组织形态在对称下是不稳定的，而稳定的形态是不对称的。这一点不难做到，因为我们前面讨论过，对称状态本来就是不稳定的。于是，囊括所有粒子的对称性会自发破缺。实现了这一点，三个力才正好表现出我们看到的那些性质。

大统一的思想不仅是要把力统一起来，还要寻找一种对称性将夸克（强电力决定的粒子）转化为轻子（弱电力决定的粒子），从而统一两种基本粒子，最后只留下一种粒子和一个规范场。最简单的大统一候选者是 SU(5) 对称性，名称的意思是 5 种粒子通过对称性重新组合：三种颜色的夸克（每种夸克都有）和两种轻子（电子和中微子）。SU(5) 不但统一了夸克和轻子，而且是无比精妙地统一，精确解释了标准模型的一切，还使许多以前任意出现的东西成为必然的结果。SU(5) 解释了标准模型的所有预言，甚至还提出了新的预言。

其中一个新预言是，必然存在从夸克转化为电子和中微子的过程，因为在 SU(5) 中，夸克、电子和中微子不过是同一种基本粒子的不同表现。我们已经看到，当两种事物统一时，就必然有一种新物理过程将其中一种事物转化为另一种。SU(5) 实际上预言了一种类似放射性衰变的过程。这是一个神奇的预言，是大统一的一个特征。它是理论要求的，也是理论独特的地方。

夸克衰变为电子和中微子有着可见的结果。包含夸克的质子不再是质子，它分裂为更简单的东西。于是，质子不再是稳定的粒子——它们会发生某种放射性衰变。当然，假如衰变太频繁，我们的世界也将发生分裂，因为每个稳定的事物都是由质子组成的。所以，即使质子要衰变，其衰变率也是非常小的。那也正是理论预言的：大约每10^{33}年才有一个质子衰变。

但是，尽管这种衰变效应很小，却可以做实验来检验，因为世界上有大量质子。所以，在SU(5)中，我们有了最好的一类统一理论，它带来了惊人的结果，而不与我们知道的或可以马上验证的东西矛盾。为了克服质子衰变稀有的困难，我们可以做一个装满超纯水的大池子，这样，池子里的质子可能每年都有几个发生衰变。我们还必须让池子躲避宇宙线，因为宇宙线时刻在轰击地球，能将质子打碎。然后，因为质子衰变产生巨大能量，我们还必须在水池中遍布探测器，等着衰变的发生。资金有了，大水池建在地下深处，我们耐心等着结果。

25年过去了，我们还在等待。没有质子衰变。我们等了很长时间才明白SU(5)大统一是错误的。思想很美，但自然似乎不喜欢它。

最近，我碰到研究生院的朋友爱德华·法尔西（Edward Farhi），现在是麻省理工学院（MIT）理论物理中心主任。我们有20年没有认真谈过了，但我们觉得有很多话要说。我们一直在想，在我们获得博士学位以来的25年里，粒子物理学发生了什么，没发生什么。爱德华对粒子物理学有过重要贡献，但现在主要从事方兴未艾的量子计算机研究。我问他为什么，他说量子计算不像粒子物理学，我们在那儿知道原理是什么，能认识它们的意义，能做实验来检验我们的预言。他和我都在思考，读研究生时令我们兴奋的粒子物理学，是从什么时候开始沉寂下来的。我们都认为，转折就在于我们发现质子并没有在 SU(5) 大统一理论预言的时间内衰变。"我本想用自己的生命打赌 —— 哦，也许不是我的生命，你明白我的意思 —— 质子会衰变的，"他说，"SU(5) 是个美妙的理论，一切都井然有序 —— 可后来发现它错了。"

其实，我们也不会低估负结果的意义。SU(5) 是我们所能想象的最美妙的统一夸克与轻子的方式，它以简单的方式归纳了标准模型的性质。即使 25 年后，我仍然为 SU(5) 的失败感到惊讶。

并不是说我们理论家很难避免眼下的失败。只需要给理论添加几个对称性和粒子，就可以出现更多的可以调节的常数。有了这些可调节常数，就可以随意调整质子衰变的速率。这样，我们就可以很容易地避免实验的失败。

如果那样，理论就被破坏了，我们也就不可能看到一个深刻的新思想的惊人而独特的预言。最简单形式的大统一模型预言了质子的衰变速率。如果大统一是对的但更加复杂，能随意调节质子的衰变速率，那么它就不再是解释性的理论了。我们原本希望统一能解释标准模型里的常数值，但 SU(5)（如果正确的话）却引进了新的常数，而且，为了避免与实验矛盾的结果，还需要人工调节那些常数。

这是前面讲过的一般性教训的又一个例证。当我们统一不同的粒子和力时，就可能给世界引进了不稳定性。这是因为出现了新的相互作用，统一的粒子要通过它们才能相互转化。这些不稳定性的确是无法避免的。事实上这些过程恰好是统一的证明。唯一的问题在于，我们不知道自己处于什么境地：我们也许运气好 —— 如标准模型的情形，有明确的很快得到验证的预言；但也许很倒霉，为了隐藏不需要的结果而不得不编造理论。这就是现代统一理论的尴尬。

第 5 章
从统一到超统一

第一代大统一理论的失败给科学带来了至今犹在的危机。20 世纪 70 年代前，理论与实验手拉手前进，新思想在几年或顶多 10 年内就能得到验证。从 18 世纪 80 年代到 20 世纪 70 年代，我们关于物理学基础的认识，大概每 10 年就有一次大的进步。而每一次进步，理论都补充了实验。但自 20 世纪 70 年代末以来，我们对基本粒子物理学的认识还没有一个真正的突破。

当一个伟大的思想失败时，总有两种不同的应对方式。我们可以降低标准，先回到从前的知识积累，而不着急用新的理论和实验工具去探索知识的边缘。许多粒子物理学家就是这样做的。结果是标准模型很好地通过了实验验证。过去 25 年影响最大的发现是中微子具有质量，但这个现象可以通过微调标准模型来满足。除此之外，模型没有任何修正。

对大思想失败的另一种应对方式是找一个更大的思想。开始可能只有几个人走这条路，后来人会越来越多。这是我们不得不走的路线。迄今为止，这些新思想还没有得到实验的支持。

这些年提出和研究过的大思想中，有一个赢得了最多的关注，那就是所谓的超对称。假如它是对的，就可能成为相对论和规范原理那样的我们认识自然的基础。

我们已经看到，这些统一发现了隐藏在原来我们认为不同的各方面之间的联系。空间和时间最初是两个截然不同的概念，狭义相对论统一了它们。几何与引力过去也是毫不相干的，但广义相对论统一了它们。不过仍然存在两大类事物，构成我们生存的世界：构成物质的粒子（夸克、电子等）和相互作用的力（或场）。

规范原理统一了三种力，但我们还剩下两样不同的东西 —— 粒子和力。从前有两个理论以统一它们为目标：以太理论和统一场论，但都失败了。超对称是第三个。

量子论告诉我们，粒子是波，波也是粒子，但这并没有统一粒子和力。原因是，量子论还存在两大类基本实体 —— 费米子和玻色子。

构成物质的所有粒子，如电子、质子和中子，都是费米子。所有力都由玻色子组成。光子是玻色子，如W和Z等伴随着其他规范场的粒子，也是玻色子。希格斯粒子也是玻色子。超对称提供了一种统一这两类粒子（费米子与玻色子）的方法。那是一种很新奇的方式，它假定每个已知的粒子都有一个我们尚未看见的超对称伙伴。

大致说来，超对称是一个过程，通过它可以在某些实验中以玻色子代替费米子，而不会改变各种可能结果的概率。这需要很高的技巧，因为费米子与玻色子有着非常不同的性质。费米子要服从不相容原理，那是泡利在1925年提出的，意思是两个费米子不能同时占据相同的量子态。就因为这一点，原子里的电子并不都处在能量最低的轨道。一旦有一个电子处于某轨道（或量子态），就不能在同一个状态放另一个电子。泡利不相容原理解释了原子和材料的很多性质。然而，玻色子的行为却相反，它们喜欢共享一个状态。当我们看到一个光子处于某个量子态时，就可能看到别的光子也在那个态。这种亲和性解释了场（如电磁场）的很多性质。

树立一个理论，能以费米子代替玻色子而得到稳定的世界，乍看起来是很疯狂的想法。但不管怎样，四个俄罗斯人 —— 利希特曼（Evgeny Likhtman）和戈尔方德（Yuri Golfand）在1971年，阿库洛夫（Vladimir Akulov）和沃尔科夫（Dmitri Volkov）在1972年 —— 发现他们可以写出一个具有那种对称性的和谐的理论，那就是我们现在说的超对称性。

那时，西方科学家与苏联科学家素无往来。苏联科学家难得出国旅行，在非苏联杂志上发表文章也是障碍重重。多数西方物理学家都不看苏联杂志的译本，于是，苏联人的几个发现没有受到西方的注意。超对称性就是其中之一。

就这样，超对称性曾被多次提出。1973年，两个欧洲物理学家魏斯（Julius Wess）和朱米诺（Bruno Zumino）发现了几个例子。他们的工作比苏联人的幸运，得到了关注，并很快有了发展。他们的一个新理论就是电磁力的推广，统一了光子与一种很像中微子的粒子。超对称的另一个发现与弦理论有关，我们后面要更详细地探讨。

超对称能是正确的吗？最初的形式肯定是不对的，它假定每个费米子都有一个相同质量和电荷的玻色子，这意味着必然有一个玻色子具有和电子一样的电荷和质量。这种粒子，假如存在的话，应该称为超电子。但假如真的存在，我们早该在加速器里看到了。

不过，将自发对称破缺的思想用于超对称，这个问题也好解决。结果是直截了当的。超电子获得了很大的质量，于是比电子重得多。调节理论的自由常数 —— 有很多那样的常数 —— 可以使超电子的质量变得任意大。但任何加速器产生的粒子都有质量上限，这就解释了为什么现有的粒子加速器都没有出现过超电子。事实上我们就是这样解释的。

注意这跟我们讲过的其他故事有着相似的地方。在这些故事里，都有人提出新的统一，也导出了重要的实验结果，不幸的是实验不符合理论。于是，科学家将理论复杂化，在其中加入几个可调常数。最后，他们改变常数，隐藏错误的预言现象，从而解释为什么统一（如果正确的话）没有得出任何观察的结果。但这种操作使理论很难证伪，因为我们总可以通过改变常数来解释任何负结果。

从超对称的故事我们看到，它从一开始就是为了隐藏统一的结果。这并不意味着超对称没用，它确实解释了为什么在经过了30多年的发展之后，还没有明确的可以检验的预言。

我只能想象魏斯、朱米诺和阿库洛夫（那几个俄罗斯人中唯一健在的）会有什么感觉。他们也许做出了他们那一代的最重要发现，也许只是发明了一个与自然无关的理论玩具，至于到底是哪种情形，至今还没有证据。在过去的30年里，每个新基本粒子加速器开始运行时，要做的第一件事情就是寻找超对称预言的粒子。一个也没找到。常数不断向上调整，我们也等着下一次实验。

今天，我们都在盯着CERN正在建设中的巨型重子对撞机（LHC）。如果计划进展正常，它将在2007年运行。粒子物理学家们都希望这个机器能帮助我们摆脱危机。最重要的是，我们想LHC能看到希格斯粒子，即携带着希格斯场的大质量玻色子。如果它不能，我们的麻烦就大了。

但风险最大的思想还是超对称。如果LHC发现了超对称，其创立者理所当然会赢得诺贝尔奖。如果没有，就该有纸帽子带了——不是给他们，因为创立新理论是没有什么羞耻的，而是给我们这一代人，因为我们的一生都在扩张那个理论。

LHC承载了太多的希望，因为它的发现能让我们更好地认识第1章提出的五大问题之一：如何解释标准模型的自由常数值？为说明这一点，我们需要理解这些数值的一个突出特征，即它们不是很小就是很大。一个例子是力的强度之间的差别。两个质子之间的电斥力比它们之间的引力强大约38个数量级。粒子质量的差别也很大。例如，电子质量是质子的1/1 800。如果存在希格斯玻色子，其质量至少是质子的120倍。

为了概括这些数据，我们似乎可以说粒子物理学是有等级的，而不是民主的。四种力的强度悬殊，从强到弱（即从强核力到引力）形成等级。物理学中的不同质量也形成等级。最顶层的是普朗克质量，它是量子引力效应发生作用时的能量（记住，质量与能量其实是同一个东西）。比普朗克质量大约低4个数量级，是另一个尺度，应该看到电磁力与核力的差别。在那个能量（叫大统一尺度）进行的实验看不到三个力，而只有一个力。比普朗克尺度小16个数量级的是TeV尺度（即10^{12}电子伏特），弱核力与电磁力就在这儿统一，因而叫弱相互作用尺度。在这个区域我们应该看到希格斯玻色子，许多理论家还希望看到超对称。LHC就是为了探测这个能量尺度下的物理学而建造的。质子质量比它低3个数量级，再低3个数量级就到电子，而也许还要低6个数量级才到中微子。这样继续小下去，最底层的就是真空能量，即使没有物质，它也存在于整个空间。

这是一幅美妙而疑惑的图像。大自然为什么会那么等级森严？为什么最强与最弱的力差别那么大？为什么质子和电子质量比普朗克质量或大统一尺度小那么多？这就是通常所说的等级问题，我们希望LHC能为它带来一点光亮。

那么我们通过LHC能看到什么呢？这是自20世纪70年代初标准模型成功以来粒子物理学的中心问题。理论家盼望LHC已经30年了，我们准备好了吗？令人沮丧的是，没有。

假如准备好了，我们就可以令人信服地预言LHC能看到什么，而我们只需要等着检验就行了。假如我们真的完全认识了粒子物理学，而地球上几千个最聪明的人竟然说不出下一个伟大实验会发现什么，就太奇怪了。但是，除了希望看到希格斯玻色子以外，我们确实提不出什么明确的预言。

你大概以为，既然没有共识，至少总该有几个竞争的理论能提出这样的预言吧。实际情况要坏得多。我们手头真的有几个不同的统一，而且都有一定的成绩，可没有哪一个特别显得更简单、更有解释能力，也看不出成功的迹象。为什么过了30年我们还不能将理论打扫干净呢？我们需要更仔细地来看等级问题。为什么质量和其他常数有那么大的差别？

等级问题面临两个挑战。第一个是什么决定着常数，是什么导致了那么大的差别？第二个是常数是如何固定下来的？这个稳定性问题很令人困惑，因为量子力学有一个奇怪的趋向，要把所有质量拉到一起来，趋近普朗克质量。这里我们不必讨论为什么，但其结果是，我们调节常数的按钮仿佛由一直绷紧的橡皮筋联系着。

结果，我们可以在标准模型里保留常数的巨大差别，但这要求精确选择常数。我们希望的实际质量的差别越大，理论家必须越精细地调节其内禀质量（即没有量子效应时的质量），将它们截然分开。至于如何精细，要看粒子的类型。

规范玻色子的问题不是很大，对称性基本上消除了橡皮筋对其质量的拉扯。不论是否考虑量子效应，光子（携带电磁力场的玻色子）都没有质量，所以它不存在问题。组成物质的粒子，如夸克和轻子，也没有问题。它们来自量子效应的那部分质量，正比于其内禀质量。如果内禀质量小，总质量也小。于是我们说，规范玻色子和费米子的质量是受保护的。

问题出在不受保护的粒子，在粒子物理学的标准模型里，那意味着希格斯粒子，而且只有希格斯粒子。原来，为了防止希格斯质量被拉向普朗克质量，我们必须把标准模型的常数精确调整到小数点后面32位。如果有一位数字不精确，希格斯玻色子最后都会比预言的质量大得多。

于是，挑战落到了希格斯粒子——就是要将它做小。1975年以来探讨过的许多物理学思想都是为着这样一个目的。

驯服希格斯粒子的方法之一是假定它不是基本粒子。如果它是由不那么狂野的粒子构成的，问题就解决了。希格斯玻色子由什么构成，人们提出过几个设想。最精致也最贫乏的理论假设希格斯玻色子是很重的夸克或轻子的束缚态。它不添加任何新东西——没有新粒子和需要调节的新参数。这个理论只是假定重粒子以新的方式黏结。这种理论的唯一问题在于很难通过计算验证它、发现新结果。20世纪60年代它刚提出时，超出了我们的实验能力，今天依然如此。

差不多同样精致的另一个假说认为，希格斯玻色子由一种新夸克构成，它不同于组成质子和中子的夸克。起初，这看起来像是解决问题的一种"人工"方案，因而那种夸克被称为"拟夸克"（techniquark）。束缚它们的是一种新力，类似束缚质子和中子的夸克的强核力。在量子色动力学中，力有时叫"色"，于是这种新力被当然地称作"拟色"（technicolor）。

这个想法容易计算。问题是很难让理论满足观察的各种现象。不过，那也不是完全没有可能，因为它有许多变量。多数变量被排除了，还剩下几个。

第三种假设是将所有基本粒子变成复合粒子。20世纪70年代后期，有几个人在研究这种想法。那是很自然的事情：既然质子和中子由夸克组成，为什么不继续下去呢？也许还有更深层的结构，夸克、电子、中微子，甚至希格斯玻色子和规范玻色子，都是由更基本的粒子组成的，我们可以称它们为"前子"（preon）。这种理论很优美，实验那时已经为我们发现了45种基本费米子，而它们都可以通过两种前子的组合来构成。

而且，这些前子模型解释了观察到的但标准模型没有解释的某些特征。例如，夸克有两种似乎不相干的性质 —— 色与荷。每种夸克表现三种状态（"色"），这个三重态为规范理论提供了需要的对称性。但为什么是三色呢？为什么不是二色或四色？每个夸克还带有电荷，以电子电荷的1/3和2/3的形式出现。每种情形都有数字3，意味着色与荷这两种性质可能有共同的起源。不论是标准模型还是弦理论（就我所知），都没能说明这种巧合，但前子模型可以非常简单地解释它。

遗憾的是，前子理论也有无法回答的重大问题。那些问题牵扯到什么力把前子黏结成我们看到的粒子。问题就在于，要让那些粒子在保持小质量的同时也保持它们本来的大小。因为前子理论家不能解决这个问题，前子模型到1980年就消亡了。最近我和一些著名物理学家谈话，他们是在那以后获得博士学位的，甚至从来没有听说过前子模型。

于是，把希格斯玻色子变成复合粒子的所有努力都不能令人相信。有时，我们理论家似乎山穷水尽了。假如希格斯玻色子是基本粒子，那么该如何把握它的性质呢？

限制粒子自由的一个办法是将它的行为与另一个行为被约束的粒子捆绑在一起。我们知道，规范玻色子和费米子是受保护的，它们的质量不会任意变化。有将希格斯粒子与质量受保护的粒子系在一起的对称性吗？如果可以那样，那么最后也许能驯服希格斯玻色子。我们所知的唯一能做这件事情的对称是超对称，因为超对称联结费米子与玻色子。因此，在超对称理论中应该存在与希格斯粒子为伴的费米子，叫希格斯微子（Higgsino）。（在超对称理论中，约定在费米子的超对称伙伴前冠以字母"s"，而在玻色子的超对称伙伴后缀以"ino"。）希格斯微子是费米子，所以它的质量会受到来自量子效应的质量的保护。这样，超对称告诉我们，两个超伙伴有着相同的质量。因此希格斯粒子的质量也必然受保护。

这个思想很好地解释了为什么希格斯质量比普朗克质量小。前面说过，这个想法很精妙，但其实也很复杂。

首先，理论不可能是部分超对称的。如果一个粒子有超对称伙伴，那么所有粒子都有。因此，每个夸克有一个叫超夸克的玻色子伙伴。光子的伙伴是一种新的费米子，叫光微子（photino）。于是，相互作用需要调整，当我们在用光微子取代光子的同时也用超夸克取代所有夸克，不同的可能结果发生的概率是不变的。

当然，也有更简单的可能。我们见过的两个粒子就不能是一对伙伴吗？也许光子与中微子会走到一起？或者，希格斯粒子与电子是一对？在已知粒子中发现未知的关系当然是很美妙的，而且令人信服。

遗憾的是，没有一个理论成功假定了两个已知粒子间的超对称。相反，在所有的超对称理论中，粒子的数目至少多一倍。它们只不过假定每个已知粒子伴随着一个超伙伴。不但有超夸克，也有超轻子和光微子。成对的伙伴还有中微子与超中微子，希格斯微子与希格斯玻色子，引力微子与引力子。成双成对的粒子，仿佛满载着一艘粒子的诺亚方舟。纠缠在这个超子与微子的网络里，我们迟早会把巨人看作小丑，把小丑看作巨人，或者别的什么东西。

不管好坏，大自然不是这样的。前面讲过，没有哪个实验产生过超电子的证据。直到今天，似乎也没出现过超夸克、超轻子或超中微子。世界有大量的光子（每个质子对应着十亿多个光子），但没人见过哪怕一个光微子。

问题的解决是假定超对称是自发破缺的。我们在第4章讨论过对称是怎么自发破缺的。这种自发破缺可以推广到超对称。我们可以构造这样的理论：在它描述的世界里，力是超对称的，但那些定律却经过了精心的调节，从而使最低能量状态 —— 即对称性消失的状态 —— 不是超对称的。结果，不需要粒子的超对称伙伴具有相同的质量。

这就产生了一个丑陋的理论。为了打破对称，我们必须添加类似希格斯粒子的粒子。它们也需要超伙伴。还有更多的自由常数，可以调节来描述它们的性质。接着，我们不得不调节理论的所有常数，以满足所有的新粒子都有很大的质量，当然也就看不见了。

对基本粒子物理学的标准模型做这样的事情，不需要添加假设，可以得到一个精巧的结果，叫最小超对称标准模型，简称MSSM。我们在第1章讲过，原来的标准模型大约有20个需要人工调节的自由常数，通过调节它们才能得到与实验一致的预言。MSSM增加了105个常数，为了保证理论与实验一致，理论家可以自由调节它们。假如理论是正确的，那么上帝就成了玩杂耍的。他喜欢键盘多的乐器，喜欢16条缆绳的帆船，那才好调整每个帆的形状。

当然，自然也许喜欢这样。理论也可能真的解决常数的调节问题。这样的话，将常数从20个增加到125个，得到的结果是，没有一个新常数需要像原来的常数那样用心调节。尽管如此，有那么多需要调节的常数，实验家很难检验或否定理论。

这些常数有很多安排，对它们来说，超对称都是破缺的，而每个粒子都有不同于其超伙伴的质量。为了隐藏看不见的另一半，我们不得不调节常数，使看不见的粒子质量远远大于我们看见的粒子的质量。

我们必须要让这一点正确，因为假如理论预言了超夸克比夸克轻，我们就会有麻烦。不必担心，我们有很多不同的方式来调节常数，以保证我们没有见过的所有粒子都会因为很重而看不见。

如果需要解释这样的常数调节，那么理论必须解释为什么希格斯玻色子具有我们想象的大质量。我们已经说过，即使标准模型也没精确预言希格斯粒子的质量，但它应该比质子重120倍。为了预言这一点，必须调整超对称理论，使超对称性能在这个质量尺度下恢复。这意味着看不见的超伙伴大约都有这个尺度的质量，如果真是如此，LHC应该看到它们。

许多理论家希望LHC将要看到的，是大量可以解释为丢失的超伙伴的粒子。如果LHC真的看到了，那当然是理论物理学家30年来的胜利。然而我要提醒大家，还没有明确的预言。即使MSSM是正确的，也有很多不同的方法来调节那125个参数以满足我们已知的事实。这至少生出十多种不同的图像，对LHC能看到什么会做出截然不同的预言。

还有更多的麻烦呢。假定LHC生成了新粒子，考虑到超对称理论有那么多不同的形式，那么即使超对称理论错了，也仍然可能经过调节而满足LHC的第一批发现。为了证明超对称，还需要更多的东西。我们需要发现更多的新粒子并解释它们。而它们也许并不都是已知粒子的超伙伴。一个新粒子可能是另一个尚未发现的新粒子的超伙伴。

证明超对称正确的唯一无懈可击的方法是证明确实存在某种对

称性——就是说，对各种可能的实验结果，我们有可能用一个粒子来替代其超伙伴，而结果不发生改变。但这对LHC来说，至少在开始的时候很难实现。所以，即使在最好的情形下，我们也需要再等很多年，才能知道超对称是否是常数调节问题的正确解释。

同时，许多理论家似乎都相信超对称。有几点不错的理由认为它是旧的统一思想的进步。首先，希格斯玻色子，假如不是点粒子，似乎不会很大。这就有利于超对称而排除了某些（尽管不是所有）拟色理论。另一点理由来自大统一思想。我们在前面讨论过，在大统一能量尺度下进行的实验不能区分电磁力与核力。标准模型预言存在这样的统一尺度，但需要小小的调整。超对称形式的标准模型带来了更直接的统一图景。

超对称当然是很迷人的理论思想。力与物质的统一思想为基础物理学中最深层的对偶性提供了解决方法。难怪那么多理论家觉得简直难以想象一个不是超对称的世界。

同时，确实也有物理学家担心超对称（如果真的有）早就应该在实验中看到了。在最近一篇论文的引言里，我们看到这样的典型说法："LEPII［CERN的巨型正负电子加速器］没有发现任何超粒子或希格斯粒子，这个事实引出了另一个问题。"[1]北卡罗莱纳大学著名理论家弗拉姆普顿（Paul Frampton）最近写信给我说，

---

1. Y. Nomura and B. Tweedie, hep-ph/0504246.

　　我在过去十多年的一般观察是，多数研究TeV尺度超对称破缺现象的人（有几个例外）都认为，TeV尺度超对称在实验中显现的可能性远小于50%，也许只有5%。[1]

不管怎么说，我个人的猜想是，超对称（至少对迄今研究过的形式说）不能解释LHC观测的东西。在任何情形下，超对称都由实验决定，不论多么偏爱美学标准，我们都盼着有一个答案能告诉我们它是否是正确的自然图像。

　　但是，即使发现了超对称，它本身也解决不了我在第1章列举的那五个大问题。它不能解释标准模型的常数，因为MSSM有更多的常数。它也不能选择引力的量子理论，因为主要的理论都与超对称的世界相容。也许暗物质是由超伙伴构成的，但我们需要直接检验。

　　这个更大缺陷的原因在于，虽然超对称理论有了更多的对称性，却没变得更简单。其实它们比对称性少的理论要复杂得多。自由常数的个数没有减少——反倒大大地增加了。它们不能统一我们已经知道的任意两样事物。假如超对称性能揭示两个已知事物背后的共性，当然应该是很迷人的——就像麦克斯韦的电磁统一那么迷人。假如能证明光子和电子，甚至中微子与希格斯微子是一对超伙伴，那就太美妙了。

　　但任何超对称理论都不是这样的。相反，它们假定了一组新的粒

1.弗拉姆普顿的电子邮件（经允许引用）。

子，使每个粒子与某个已知或未知的粒子为对称伙伴。这种理论成功太容易了。创立一个全新的未知世界，然后建立一个有很多参数（可以调节参数隐藏新的粒子）的理论，是不那么动人的，即使它在技术上引人入胜。做这种理论是不会失败的，因为与现有数据的任何矛盾都可以通过调节常数而消除。只有当它面对实验时，才可能失败。

当然，这并不是说超对称不对。它可能是正确的，如果真是那样，LHC就有可能在未来的几年发现它。但超对称没有我们希望的那些行为，这意味着它的支持者们可能远离了经验科学的大树，而摇摇欲坠地坐在一个小枝丫上。也许正如爱因斯坦说的，哪儿的木头薄就在哪儿打钻，不过那是要付出代价的。

第 6 章
量子引力：岔路

粒子物理学家忽略引力时，几个勇敢者从 20 世纪 30 年代就开始思考把引力与飞速发展的量子理论融合起来。在半个多世纪里，做量子引力的先驱屈指可数，也很少有人关注他们。但量子引力的问题不会永久被冷落。在我提出的那五个大问题中，它是真正不容回避的。它不像别的问题，它在寻求一种书写自然律的语言。解决任何其他问题而不先解决它，就像跟一个没有法律的国家进行谈判。

量子引力是真正的追求，思想的先驱者就像寻找新世界的探险家。现在，探险的人多了，有些景观已经清楚地画出来了。人们还发现有的行迹只能通向死地。有的地方在发出光亮，有的地方开始拥挤，这个时候我们还不能说问题解决了。

本书大部分内容写于 2005 年，正好是爱因斯坦第一个伟大成就发表 100 周年。这一年有很多纪念活动。对任何人来说，这都是关注物理学的一个很好理由，当然这没有一点儿讽刺的意味。爱因斯坦的有些发现很激进，直到今天也还没得到某些理论物理学家的足够理解，其中最主要的一点就是他的广义相对论关于空间和时间的认识。

广义相对论的主要内容是，空间几何不是固定不变的。它动态地演化着，当周围物质运动时，它也随时间而变化。空间几何里甚至还穿越着引力波。在爱因斯坦之前，我们在中学学习的欧几里得几何一直被作为永恒的法则：三角形三个内角之和等于180度，这总是正确的，而且将永远正确。但在广义相对论中，三角形的内角和可以是任意的数值，因为空间几何可以发生弯曲。

这并不意味着存在另一个固定的刻画空间的几何，例如说空间像球或马鞍而不是平面。重要的是几何可以任意改变，因为它在物质和力的影响下随时间演化。我们的定律不是陈述几何是什么，而是决定几何如何变化——就像牛顿定律不是告诉我们物体在哪儿，而是通过确定力对运动的影响来说明它们如何运动。

爱因斯坦之前，几何被认为是定律的一部分。爱因斯坦揭示了空间几何遵从更深层的定律而在时间中演化。

完全理解这一点是非常重要的。空间几何不是自然律的一部分。于是，在那些定律中，没有什么决定空间几何的东西。因此，在解爱因斯坦广义相对论方程之前，我们对空间几何没有任何概念。只有在解方程之后，我们才知道那几何是什么。

这意味着自然律的表达形式不能再假定空间有任何固定的几何。这是爱因斯坦思想的核心。我们前面将其概括为一个原理，即背景独立性。这个原理说，我们可以完全确定自然定律，而不需要对空间几何做任何先验的假定。在过去那种几何固定的图景中，几何可以认为是背景的一部分，是大自然自我表现的不变的大舞台。我们说物理学定律是背景独立的，意思是空间几何不是固定的，而是演化的。空间和时间不是为事物的演化搭舞台，而是从定律中产生出来。

背景独立的另一方面是说不存在地位特殊的时间。广义相对论最根本的就是以事件和事件之间的关系来描述世界的历史。主要的关系涉及因果性。一个事件可以处于一个因果链，引发别的事件。从这个观点看，空间是派生的概念。空间概念其实完全依赖于时间的概念。拿一个时钟，我们可以考虑正午钟声响起时发生的所有事件，它们构成空间。

广义相对论的一个重要观点是不存在特别的计时方式。任何种类的时钟都可以用，只要它说明原因在结果之前。但是因为空间定义依赖于时间，空间的不同定义与时间一样多。我刚才说了空间几何在时间中演化，那不单是对一个普适的时间概念，也是对所有可能的时间概念。这些概念如何作用，是爱因斯坦广义相对论复杂和美妙的一部分。对我们来说，只需要记住一点，即广义相对论的方程告诉我们的是空间几何如何在时间 —— 不是某个时间，而是所有可能的时间 —— 中演化。

实际上，背景独立性的意义不止于此。自然律还有一些方面固定在通常的物理学定律的表述中。但那也许是不应该的。例如，空间只有三维，这个事实就是背景的一部分。是否存在某个更深层的定律不需要我们先验地假定空间的维数呢？在那样的理论中，三维也许是作为某个动力学定律的解的结果而出现的。在那样的理论中，甚至空间的维数也可能随时间而改变。假如我们能构造这样的理论，它也许能解释为什么我们的宇宙是三维的。这将是一个进步，因为原来只能假定的东西终于得到解释了。

所以，背景独立的思想在最广泛的意义上是关于如何做物理的一种智慧：构造更好的理论，在这个理论中，现在假定的东西将在某个新定律下演化，从而得到解释。爱因斯坦的广义相对论就对空间几何实现了这个思想。

因此，引力的量子理论的关键问题是：我们能将空间没用固定几何的思想推广到量子理论吗？就是说，我们能使量子理论成为背景独立的吗（至少对空间几何而言）？假如能做到这一点，我们将自动融合引力与量子论，因为我们已经把引力作为动力学的时空几何的一个方面。

于是，有两种方法融合引力与量子论：实现或不实现背景独立性。量子引力领域从1930年起就分化为这两条路线，尽管今天研究的多数方法都是背景独立的。一个例外是当今多数物理学家走的路线——弦理论。

20世纪最伟大的科学家的最高成就却被多数叫嚷着的追随者们忘到了脑后，这种状况的发生，也许是科学史上最奇异的事情。但我们必须在这儿讲这个故事，因为它对我在绪言里提出的问题是至关重要的。其实，你大概也感到奇怪，既然爱因斯坦的广义相对论得到了普遍认同，为什么还有人想脱离它的核心原理而另创什么新理论呢？

答案也在于一个故事，和本书讲的其他许多故事一样，也从爱因斯坦开始。

1916年，爱因斯坦已经认识到引力波存在并携带能量。他立刻注意到，为了与原子物理学相容，引力波携带的能量也应该用量子理论来描述。在关于引力波的第一篇论文里，爱因斯坦说："看起来，量子理论不仅会修正麦克斯韦的电磁理论，也必将修正新的引力理论。"[1]

不过，虽然爱因斯坦第一个提出了量子引力问题，他最深刻的见解却被那时以来的多数研究者忽略了。怎么会这样呢？

真有一个理由。那时候，还没人知道如何将正在发展的量子理论用于广义相对论。相反，通过间接的路线倒是有可能取得进展。想把量子力学用于广义相对论的人面临着两个挑战。除了背景独立性，他们还必须把握广义相对论是场论的事实。就是说，空间几何有无限多种可能，从而有无限多个变量。

我在第4章讨论过，当量子力学刚完全建立，物理学家就将它用于场论，如电磁场。它们是建立在固定时空背景的理论，因此没有引出背景独立性问题。但物理学家从中学会了把握无限多个变量的问题。

量子场论的第一个成功是QED，是麦克斯韦电磁论与量子论的

1. A. Einstein," Approximate Integration of the Field Equations of Gravitation. " *Sitzungsberichte der Preussische Akademiie der Wissenschaften* (Berlin, 1916) 688～696. 关于量子引力的早期历史，见 John Stachel（引言和第五部分评论），*Conceptual Foundations of Quantum Field Theory*, ed. Tian Yu Cao (Cambridge: Cambridge University Press, 1999)

统一。值得注意的是，1929年，量子力学的两个创立者，海森伯和泡利，在他们的第一篇QED论文里，已经在考虑将他们的工作推广到量子引力。他们显然觉得问题不是太难，因为他们写道："引力场的量子化——从物理学的角度看是必然的——可以用完全类似于这里的形式来实现，而不会遇到任何新的困难。"[1]

75年过后，我们对那样两个杰出人物如此低估量子引力问题的困难，只能感到惊讶。他们在想什么呢？哦，我知道了，因为自那时以来很多人都有同样的思想，还被它彻底引向了死路。

海森伯和泡利想的是，当引力波很微弱时，可以看作在固定几何下的扰动的微澜。假如在一个宁静的早晨向水池扔一颗石子，它会在平静的水面的固定背景上激起微波。但是，如果在风雨大作的日子看海湾的汹涌波涛，就不能再把它当作对某种固定东西的扰动了。

广义相对论预言宇宙中存在那样的区域，其时空几何在狂乱地变化着，就像拍岸的惊涛。但海森伯和泡利认为，先考虑引力波极其微弱的情形会简单一些，可以将波看作固定背景里的小波动。这样，就可以运用他们为研究电磁场（固定背景下运动的场）而发展的方法。将量子力学用于微弱的自由运动的引力场确实不难。结果，每个引力波都能以量子力学的观点视为一个粒子，叫引力子——类似于作为电磁场量子的光子。但是接下来他们遇到了大问题，因为引力波会相互作用。它们可以与任何具有能量的事物发生作用，而它们本身也携

1. W. Heisenberg and W. Pauli," Zur Quantendynamik der Wellenfelder." *Zeit.für Physik*, 56:1～61 (1929), p. 3.

带着能量。电磁波没有这样的问题，因为尽管光子与电荷、磁荷作用，它们本身不带荷，因而没有相互作用。两种波之间的这一重要差别正是海森伯和泡利忽略了的东西。

如何描述引力子的相互作用，一直是一个难以攻克的难题。我们现在知道，失败的原因是没有认真考虑爱因斯坦的背景独立性原理。一旦引力波相互作用，就不能再认为它们是在固定背景里运动。相反，它们在运行中改变了背景。

20 世纪 30 年代就有几个人明白了这一点。俄罗斯物理学家布隆斯坦（Matvei Petrovich Bronstein）1935 年的学位论文大概是关于量子引力的第一篇博士论文。还记得他的人都认为他是当时苏联最有才华的两个物理学家之一。他在 1936 年的一篇论文里写道：" 为了消除这个逻辑矛盾，必须摒弃我们寻常的时间和空间概念，以更深层的概念来修正它。" 接着，他引用了一句德国俗语：" 让怀疑它的人付出代价吧。"[1] 布隆斯坦的观点得到了同样才华横溢的法国青年物理学家所罗门（Jacques Solomen）的拥护。

今天，几乎每个认真思考量子引力问题的人都会赞同布隆斯坦，可已经过了漫长的 70 年。原因之一是，即使像布隆斯坦和所罗门那样聪明的头脑也没能逃脱时代的疯狂和愚昧的厄运。布隆斯坦在写了那篇论文一年后，就被苏联内务人民委员会（NKVD）逮捕了，1938 年 2

---

1. M. P. Bronstein, " Quantization of gravitational waves. " *Zh. Eksp. Teor. Fix.* 6 (1936) 195． 关于 Bronstein 的 详 细 情 况， 见 Stachel in *Conceptual Foundations*, and also G. Gorelik, " Matvei Bronstein and Quantum Gravity: 70 th Anniversary of the Unsolved Problem, " *Physics-Uspekhi*, 48:10 (2005)。

月18日被处死。所罗门是法国抵抗组织的成员，1942年5月23日被德国人杀害。他们的思想被历史遗忘了。我一直在研究量子引力，但写完本书才了解他们。

布隆斯坦的工作被遗忘了，多数物理学家回头去研究量子场论。我在第4章说过，QED直到20世纪40年代末才发展起来。这一成功激发了一些人重新担负起统一引力和量子论的挑战。于是立刻形成两个对立的阵营。一个随布隆斯坦，重视广义相对论的背景独立性；另一个忽略背景独立性，走海森伯和泡利的路线，将量子论用于固定背景下运动的引力波。

因为背景独立性是广义相对论的一个原理，将它融入与量子论的统一应该是合理的。但结果表明，事情并不那么简单。有些人——如英国物理学家狄拉克（P. A. M. Dirac）和德国人贝格曼（Peter Bergman，曾在普林斯顿做爱因斯坦的助手，从而开始了学术生涯）——确实尝试过构造一个背景独立的量子引力理论。他们发现那真是一项艰巨的任务。直到20世纪80年代中期，这些努力才有了一点成果。不过那时以来，以背景独立观点来认识量子引力已经有了很大进步。多数量子引力的理论家在以不同的背景独立方法进行研究。这些事情我们后面还要讲，因为它们是弦理论的最重要替代者。

但是，当人们在20世纪50年代开始走上量子引力路线时，这些前景还没显露一丝迹象。与QED的大踏步前进比起来，背景独立方法取得的有限进展就显得微不足道了。于是，20世纪80年代末以前，多数人都选择了别的路线，试图将QED方法用于广义相对论。这大概是可以理解的。QED建立之后，人们对背景相关的量子理论有了很多认识，但没人知道背景独立的量子理论（假如有的话）像什么样子。

这是引向弦理论的路线，所以我们需要认真追溯。因为该理论在20世纪30年代就被人遗忘了，所以还要重新发现。后来，引力子理论在德维特（Bryce De Witt）的博士论文里重新出现了，20世纪40年代他是施温格在哈佛的学生。因为德维特的这个成果和许多其他发现，我们认为他是量子引力理论的奠基者之一。

可我们前面讲过，引力子理论还不够。如果引力子仅仅在空间运动，引力子理论是很好的。但如果引力子真的只是那样，就没有引力了，当然也就没有动力学的或弯曲的几何。所以，这不是广义相对论或引力与量子理论的统一。20世纪50年代初，当人们又开始研究它们的相互作用时，引力子理论的问题再次出现。从此以后直到20世纪80年代，人们为了消除与量子理论原理的矛盾，在引力子的自作用问题上做了大量工作。结果没有一个成功的。

也许我们应该停下来，想想这在我们的生活中会意味着什么。我们谈了30多年的艰苦劳作，进行了大量复杂的计算。想象一下，假如你整天计算自己的个人所得税，算了一个星期，还不能得到正确的结果，那一定是哪儿出了问题，只是你没发现它。假如你这样过了一个月，你还会让它延续一年吗？那么，假如过了20年呢？再假如周围好几十个人，有朋友，也有对手，都这样过日子，情况会怎样？他们都有自己的生活策略，每个策略到头来都失败了。但是，尝试一个略微不同的方法，或者将两种方法结合起来，也许你能成功。你每年参加一两个国际会议，你把新策略告诉其他疑惑的人。这就是1984年前的量子引力领域的状况。

费曼是第一个攻击这种引力子理论的人。当然应该攻击。他在QED做过那么好的工作，为什么不把同样的方法用于量子引力呢？20世纪60年代初，他离开了粒子物理学，花了几个月的时间来看自己是否能把引力量子化。为了让大家真切感受量子引力那时是怎样的一潭死水，我们来看费曼1962年给妻子的一封信，谈的是在华沙举行的一次会议，他在会上还做了报告：

> 我没从会上得到任何东西，什么也没学到。因为这个领域没有实验，一点儿也不活跃，几乎没有最优秀人物做那些事情。结果来了一大群笨蛋……这对我的血压没好处。记得提醒我，以后不要参加任何引力会议！[1]

不过，费曼还是取得了很好的进展，澄清了与概率（0和1之间的数）有关的一个技术问题。任何肯定发生的事件，我们说它有概率1。所以，任何所有事件发生的概率为1。在费曼之前，没人能使量子引力的各种事件发生的概率总和为1。实际上，费曼只是在1阶近似下计算了概率之和；几年后，德维特指出了如何将其推广到任意阶的情形。大约1年后，两个俄罗斯人，法德耶夫（Ludwig Dmitrievich Faddeev）和波波夫（Victor Nicolaevich Popov）也发现了这一点。他们不可能知道德维特的工作，因为杂志把他的文章寄给了一个专家评审，而审稿

---

1. Richard P. Feynman, *What Do You Care What Other People Think?* (New York: W. W. Norton, 1988), p. 91.

人用了一年多的时间才看完。就这样，人们在一点点地解决问题 ——
但即使概率总和等于1，引力子理论在总体上还是不能运行。

这项工作带来一些副产品。同样的方法可以用于标准模型赖以建
立的杨－米尔斯理论。于是，当温伯格和萨拉姆用这些理论来统一弱
力和电磁力时，计算的技术已经具备了。结果比量子引力的好。荷兰
理论家特胡夫特（Gerard＇t Hooft）最终在1971年证明，杨－米尔斯
理论作为量子理论是恰到好处的。实际上，特胡夫特和以前的人一样，
是为量子引力热身而研究杨－米尔斯理论的。所以，30年的量子引力
研究也不完全是浪费，它至少能使我们更聪明地做粒子物理学。

但没有谁能救量子引力。人们尝试过所有的近似方法。因为粒子
物理学的标准模型是有效的，许多方法就是为了探究其不同特征才发
展起来的。这些方法一个个都用到量子引力问题，但每一个都失败了。
不管怎样组织引力波的量子理论，只要考虑了它们相互作用的事实，
就会产生无穷大的量。不管怎么处理，那些无穷大都不会消除。尽管
又经过了多年，发表了更多的文章，出现了更多的博士，举行了更多
的学术会议，情况依然如故。到1974年，人们终于明白了，用背景相
关方法来结合广义相对论与量子理论是没有意义的。

然而，背景相关方法确实可以做一件事情。原先是为了认识量子
理论对引力波的影响而将引力量子化，现在我们可以把问题反过来，
看引力对量子现象会有什么影响。为此，我们可以研究量子粒子在引
力作用下的时空（如黑洞或膨胀的宇宙）中的运动。自20世纪60年代
以来，这方面取得了很大进展。这是一个重要方向，因为有的发现引

出了后来的方法（如弦理论）需要解决的疑问。

　　第一个成功是预言了在引力场迅速变化时会生成基本粒子。这个思想可以用于迅速膨胀的早期宇宙，引出了我们今天熟悉的关于早期宇宙的预言。

　　这些计算的成功激发了个别物理学家去尝试研究更难的问题，即黑洞对量子粒子和场的影响。这儿的问题在于，虽然黑洞占据着一个急剧演化的时空区域，那个区域却隐藏在视界后面。所谓视界是光线静止的一个页面，它标志着在那个界线内部的所有光线都会被拉向黑洞的中心。于是，没有光线能从视界背后跑出来。从视界外面看，黑洞是静止的，但一旦进入视界，那个区域的事物就被拉向越来越强大的引力场。它们终结于一个奇点，那里的事物都是无穷，那里的时间停止了。

　　联系量子论与黑洞的第一个关键结果是贝肯斯坦（Jacob Bekenstein）在1973年发现的，这个以色列小伙子是惠勒（John Archibald Wheeler）在普林斯顿的研究生。他惊讶地发现黑洞有熵。熵是无序的度量，有个著名的定律（热力学第二定律）说，封闭系统的熵永远不会减小。贝肯斯坦担心的是，假如他拿一个充满热气体的盒子——它会有很高的熵，因为气体分子的运动是随机和无序的——将它扔进黑洞，则气体再也回不来了，于是宇宙的熵将减小。为了挽救第二定律，贝肯斯坦假定，黑洞本身应该有熵，当气体盒子扔进去时，它的熵会增大，这样整个宇宙的熵才不会减小。他通过几个简单的例子就发现了黑洞的熵必然正比于包围它的视界的面积。

这引出一个问题。熵是随机性的度量，而随机运动是热的。难道说黑洞也有温度？一年后，1974 年，霍金才证明黑洞实际上肯定是有温度的。他还确立了黑洞视界面积与熵之间的精确比例关系。

霍金还预言了黑洞温度的另一方面特征，对我们后面的讨论很重要，即黑洞温度与其质量成反比。这意味着黑洞行为和普通物体不同。对大多数事物来说，为了将其加热，需要输入能量，"为火焰添加燃料"。黑洞行为正好相反，给它添加能量或质量，可以使它更大，但也使它变冷了。[1]

从此，引力的量子论的每一次努力都要面对这个奇妙的挑战：如何根据第一原理解释黑洞的熵和温度？贝肯斯坦和霍金把黑洞看作量子粒子在其中运动的经典的固定背景，然后基于与已知定律的一致性而进行论证。他们没有把黑洞描述成一个量子力学体系，因为那只有在时空的量子理论下才能做到。因此，任何引力的量子理论的问题就是要让我们对贝肯斯坦熵和霍金温度有更深刻的认识。

第二年，霍金发现那些结论还有一点疑惑。因为黑洞有温度就会像任何热体一样产生辐射。但辐射会从黑洞带走能量。只要有足够的时间，黑洞的所有物质都将转化为辐射。当黑洞失去能量时，质量会减小。而根据刚才描述的性质，它失去质量会加热，所以黑洞会辐射得越来越快。到过程的最后，黑洞收缩到普朗克质量，因而需要引力的量子理论来预言它的最终命运。

---

1. 其实这是引力束缚系统（诸如恒星和星系）的一般性质。那些系统在输入能量时会发生冷却。引力系统与非引力系统的这个根本区别正是很多统一物理学的尝试所遭遇的巨大绊脚石。

但不管最终命运如何，关于信息的命运似乎都是一个难题。在黑洞的一生中，会吸收大量的携带着大量内在信息的物质。可最后留下的只不过是一个小黑洞和大量的随机而不带任何信息的热辐射。难道信息就这样消失了吗？

这是一个量子引力问题，因为量子力学中有个定律说信息不会丢失。世界的量子描述被认为是精确的，这隐含着一个结论：当所有细节都考虑时，没有信息可以丢失。霍金做了很强的论证，说明蒸发的黑洞会丢失信息。这看来与量子理论矛盾，所以他说自己的论证是黑洞信息悖论。任何可能的引力的量子理论都需要解决它。

20世纪70年代的这些发现是通向引力的量子理论的里程碑。从那时起，我们要度量一个量子引力方法的成功，就看它在多大程度上回答了黑洞熵、温度和信息丢失等疑难问题。

大约这时候，人们终于提出一个有用（至少用过一时）的量子引力思想。它涉及将超对称的思想用于引力，结果就是超引力。

我听过这个新理论的一次早期讲座。那是1975年在辛辛那提召开的一个广义相对论的会议。那时我还只是汉普郡学院的大学生，但还是去了，就想看看人们在想些什么。我还记得芝加哥大学格罗赫（Robert Geroch）的几个精彩演讲，他当时是这个领域的一颗明星，专门研究无限空间的数学。他那美妙的论证赢得了满堂喝彩。接着，会议结束时，一个叫彼德·范·纽文惠增（Peter van Nieuwenhuizen）的年轻博士后做了演讲。他开始就说要介绍一个崭新的引力理论，吸引了我的全部注意力。

　　彼德说他的新理论以超对称（当时是统一玻色子与费米子的一种新思想）为基础。从引力波的量子化我们得到叫引力子的粒子，它们就是一种玻色子。但是对具有超对称的系统来说，它必须既是玻色子也是费米子。广义相对论没有费米子，新的费米子必须假定为引力子的超伙伴。"超引力子"不好听，所以改称它们为"引力微子"。

　　彼德说，由于从未见过引力微子，我们可以自由设计它所满足的定律。为了让理论在超对称下对称，在以引力子代替引力微子时，力不能改变。这就给定律强加了很多约束，寻求那些约束的解需要很艰辛的计算。有两个研究小组差不多同时完成了那些计算。彼德是其中一个小组的成员；另一组中有我未来在哈佛的导师德赛（Stanley Deser），他当时正和超对称的创立者之一朱米诺一起工作。

　　彼德还讲了这个理论的另一种思想方法。首先考虑空间和时间的对称。普通空间没有特殊的方向，因此其性质在旋转下保持不变。如果我们从一个地方移动到另一个地方，它们也不会改变，因为空间几何是均匀的。于是，空间具有平移和旋转对称性。回想一下我在第4章解释过的规范原理，即在某些条件下对称性可以指示力所服从的定律。我们可以将这一原理用于空间和时间对称性。结果正是爱因斯坦的广义相对论。爱因斯坦当然不是这样建立他的理论的，但如果他还活着，很可能会以这种方式建立广义相对论。

　　彼德解释说，超对称性可以看作空间对称性的深化。这源于一个深刻而美妙的性质：假如把所有费米子转化为玻色子然后又转回来，那么世界还是从前的样子，只是每样事物都在空间移动了一点距离。我不能在这儿解释为什么会这样，但它告诉我们超对称性与空间几何有着某种根本的联系。由此，当我们将规范原理用于超对称时，就会得到一个引力理论 —— 超引力。从这个角度看，超引力是广义相对论的深化。

我是这个领域的新人，偶然走进了会场。我没有一个认识的人，也不知道彼德的听众对他所说的有什么想法，但我还是留下了深刻的印象。我回家想，那个小伙子如此朝气勃发，实在太好了。如果他说的是对的，那可真的很重要。

在研究生院的第一年，我选了德赛的课，听他讲新的超引力理论。我产生了兴趣，开始思考，但也感到困惑。它到底是什么意思？它想告诉我们什么？我在那儿结识了一个新朋友，我的同班同学马丁·罗瑟克（Martin Rocek），他也同样感到兴奋。他很快就跟当时在石溪的彼德取得了联系，并且开始与他和他的学生合作。石溪不远，马丁带我去过一次。故事全面展开了，他想给我一个机会，在其中占个好位置。

那就像得到微软或谷歌的职位。罗瑟克、彼德和我遇到的很多人都在超对称和超引力中有过出色的表现。我相信，在他们看来，我的表现就像一个傻子，放过了好机会。

对我（我相信对别人也一样）来说，超对称性与空间、时间理论的融合产生了深刻的问题。我原来从爱因斯坦的著作里学习过广义相对论，如果说我理解了什么，那就是将引力与空间、时间的几何结合起来的方法。那个思想成了我的主心骨。这时我听说自然的另一面也把空间与时间统一起来了 —— 那就是存在费米子与玻色子。我朋友这样说，方程也这样说。可不论朋友还是方程都没告诉我它有什么意思。我不懂那个思想，不明白它的概念。作为这个统一的结果，我也许应该更深入地理解空间、时间和引力，理解费米子和玻色子意味着什么。那不应只是数学 —— 我的自然概念需要改变了。

但事情不是这样的。当我和彼德的学生们在一起时，才发现他们是一群技术娴熟的年轻人，着迷似地做着计算，夜以继日而不知疲惫。他们做的就是构造不同形式的超引力。每一种形式都有比从前更多的对称性，统一着更多的粒子家族。他们在走向一个终极的理论，将把所有粒子与时间、空间统一起来。这个理论只有一个学名：$N=8$ 理论，这儿 N 是混合费米子与玻色子的不同方式的数量。第一个这样的理论 —— 也就是彼德和德赛向我介绍的那个 —— 是最简单的，$N=1$。欧洲有人做了 $N=2$。我在石溪的一个星期里，那儿的人正向 $N=4$ 前进，还想达到 $N=8$。

他们日夜不停、废寝忘食地工作，忍受着工作的单调和沉闷，确信他们正在了解某些将给世界带来变化的新生事物。有人告诉我，他正在加紧工作，因为他相信，如果人人都知道构造新理论原来是那么容易，他的领地就将泛滥了。其实，假如我没记错，那群人真的得到了 $N=4$，但在 $N=8$ 时遇到了陷阱。

他们做的事情在我看来一点儿都不容易。计算枯燥乏味，令人思想麻木，而且，计算还必须完全精确：假如某处丢失一个因子2，那么几个星期的气力都白费了。计算的每一行都有几十项，为了能把一行行计算写下来，他们需要越来越大的本子，很快就用所能找到的最大的绘画本来写了。每页纸都密密麻麻写满了小字，每个本子代表几个月的工作。这令我想起"苦行僧"。我害怕了，待了一个星期就溜走了。

在后来的几十年里，我与彼德、马丁等人的关系相当紧张。他们大概把我当成了失败者，辜负了他们给我的与他们一起共创超引力的机会。如果我加入他们，也许会成为弦理论的领头人之一。而我做的却是走自己的方向，最终使我发现了量子引力的不同路线。那让事情变得更糟：我不是放弃真理的失败者，而是要成为一个对手的失败者。

当我回顾30年来我所熟悉的那些人的科学生涯时，越发感到科学生涯的抉择依赖于人的个性。有些人乐于跨越下一步，把一切都献给它，从而为飞速发展的领域做出重要贡献。另一些人可没那么急躁。有些人容易犯糊涂，所以做什么都要反复思量，这要费很长的时间。你大概以为我们比这些人高明，可别忘了爱因斯坦也是属于他们的。根据我的经验，真正令人震撼的新思想方法往往来自这样的人群。还有一些人——我属于这第三类——只顾走自己的路，他们特立独行，只是因为不愿意像有的人那样为了站在赢家的一边而加入某个领域。所以，当我与别人的做法相左时，也不再感到烦恼，因为我发现一个人的性情几乎完全决定了他做什么样的科学。幸运的是，科学需要来自不同类型的人的贡献。我逐渐认识到，那些能把科学做好的人是因为他们选择了适合自己的问题。

　　不管怎么说，我脱离了石溪的超引力小组，但没有失去对超引力的兴趣。相反，我比过去更有兴趣了。我相信他们认识了某些东西，但他们走的路线不是我要走的。我理解爱因斯坦的广义相对论，这意味着我知道怎样以简洁的一页或更少的文字来说明它的每一个基本性质。在我看来，如果你真的理解一个理论，就用不着花几个星期的时间来为检验其基本性质而计算。

　　我和另一个研究生结伴——他是我在汉普郡学院的朋友约翰·德尔（John Dell），在马里兰大学工作。我们想更深入地了解超对称如何成为时空几何的一部分。他找到了几篇数学家科斯坦特（Bertram Kostant）写的关于一种新几何的文章，它们推广了爱因斯坦的方法，加入了一些看起来有点像费米子的新性质。我们在那种新背景下写出广义相对论的方程，超引力的方程就冒出来了。我们就这样有了第一篇科学论文。

　　大约同时，别人也发展了不同的超引力几何的方法，叫超几何。那时我觉得他们的工具比我们的笨拙（现在也这么看）。它非常复杂，但对某些问题很有成效。它在一定程度上简化了计算，那当然是令人欣喜的。所以超几何流行了，而我们的工作被遗忘了。约翰和我并不在意，因为两种方法都没能给出我们在找的东西。虽然数学是成功的，但没有带来任何概念的进步。直到今天，我也不认为有谁真的理解了超对称意味着什么，它对自然说了些什么——假如它正确的话。

多年过去了，我想我终于可以明白地说那时到底是什么驱使我脱离超引力的。我读爱因斯坦的原著学物理，对渗透到革命性的新物理学统一的那种思想有一种特别的体验。我希望的新统一应该从一个深层的原理出发，就像惯性原理或等效原理。从这一点看问题，我们能获得深刻而令人惊奇的洞察，发现原来不相干的两个事物在根本上是同一样东西。能量就是质量，运动与静止不可区分，加速度与引力是一样的。

超引力做的可不是这些。尽管它确实是一种新的统一构想，却只能靠令人心力交瘁的计算来表达和检验。我能做那些数学，但那不是我从爱因斯坦和其他大师的著作里学会的做科学的方法。

我那时结识的另一个朋友是斯特尔（Kellog Stelle），他比我大几岁，也是德赛的学生。他们在一起研究超引力是否比广义相对论更容易与量子理论结合。由于背景独立方法还没有什么进展，他们也和别人一样用背景相关方法，虽然那方法在用于广义相对论时已经遭遇了惨重的失败。他们很快发现，它对超引力是很有成效的。他们检查了量子广义相对论首先出现无穷大的地方，看到了有限的结果。

这是好消息：超对称真的扭转了局面！可高兴没能长久。德赛和斯特尔只用几个月的时间就向自己证明了，超引力里的无穷大是随处可见的。实际的计算太难，几个月也算不好。但他们找到了一个办法，可以检验最终结果是有限还是无限。原来，所有的结果 —— 比他们能直接检验的那个有限结果精确得多 —— 都是无穷的。

　　然而事情还没完呢，因为还有其他形式的超引力等着检验。也许其中的某个能最终给出一个和谐的量子理论。每个形式都逐一经过了研究，都多少是有限的，因此还需要进一步延伸近似的序列，直到检验失败。虽然计算很难，但也没有理由认为有什么答案在经过了那个序列后就一定是有限的。一点渺茫的希望寄托在著名的 $N=8$ 理论，它也许与众不同。那最终是在巴黎构建起来的。但它也失败了 —— 尽管还有人对它抱有希望。

　　超引力过去是、现在仍然是一个神奇的理论，但单凭它还不足以解决量子引力的问题。

　　于是，直到20世纪80年代初，构建量子引力理论的工作还没有丝毫进步。人们所有的努力（包括超引力）都失败了。规范理论胜利了，而量子引力的领域却停滞不前。我们还在为量子引力担心的少数几个人，感觉就像高中都没念完的学生，被请去参加妹妹在哈佛的毕业典礼，眼睁睁看着她同时获得医学、神经学和古印度舞蹈史的学位。

　　如果说超引力没能引出一个好的量子引力理论令我们沮丧，但也解放了我们。所有容易的事情都做过了。几十年来，我们通过推广费曼和他朋友的方法来构造理论。现在只有两件事情要做：放弃以固定背景几何为基础的方法，或者放弃认为在背景几何下运动的东西是点粒子的观点。两种方法后来都经过了探索，也都在通向量子引力的道路上 —— 第一次 —— 产生了巨大的成功。

2

弦论简史

第 7 章
孕育革命

　　当我们遭遇一个不能仅仅以理解它的方式来解决的问题时，科学前进的步伐就会停下来。那是因为我们遗失了一样根本的东西，一种不同的技巧。不论我们多么勤奋，总不能找到答案，直到有人突然发现了那失去的链条。

　　人类第一次面对的这种事情大概是日食。经历过天空突然黑下来的一幕之后，天文学家们要做的第一件事情肯定是寻求一种方法来预言这种可怕的事件。人们在几千年前就开始了日食观测，同时还记录太阳、月亮和行星的运动。不久他们就明白了太阳和月亮的运动是周期性的，我们有证据证明人类在洞穴时代就知道那些事实了。不过日食要困难一些。

　　早期的天文学家对几件事情是很清楚的。太阳和月亮在空间沿不同的路线运行，日食发生在它们相遇的时刻。它们的路线在两处相交。只有当日月在那两处之一相遇时，才可能发生日食。因此，为了预言日食，必须跟踪太阳在一年的路径和月亮在一月的路径。只要跟踪两条路径，关注两个天体什么时候相遇，就可以预言了。其意义在于，必然存在一种在29天半的时间间隔内不断重复的模式，那就是月亮的周期。

但这个简单的思想是不对的：日食并不服从月亮周期所决定的模式。我们很容易理解前辈天文学家们的作为，他们想协调两大天体的运动，然而失败了。那对他们来说，也许和我们今天协调广义相对论与量子论是一样的疑惑。

我们不知道是谁发现有元素丢失了，但不管是谁，我们都要感谢他。我们可以想象，一个天文学家，也许在巴比伦或古埃及，突然意识到原来需要考虑的周期运动不是两个，而是三个。他也许是一个智者，经过几十年研究之后，就把数据都铭记在心了。他也许是一个年轻的叛逆，不囿于一定要用看得见的东西来解释看见的东西。不管情形怎样，他从数据中解开了神秘的第三个周期运动，它不是一年或一月发生一次，而是十八又三分之二年发生一次。结果发现，两个路径在天空的交点不是固定的：交点也在转动，需要十八年多的时间才转一圈。

第三个运动的发现 —— 那丢失的元素 —— 肯定算是抽象思维的一个最古老的成功例子。我们看到两个物体，太阳和月亮，很早就知道它们每个都有周期。而要"看到"还有一样东西也在运动，就需要想象了：它们的路径也在转动。这是深远的一步，因为它需要我们认识到在观测的运动背后还存在另一种运动，而那只能演绎推理才能发现。那时以来，科学通过发现那种丢失的环节取得进步的例子，只有寥寥几个。

另一个这样的例子是人们发现基本粒子不是点粒子而是弦的振动。这对几个物理学大问题提供了合理的回答。如果它是对的，那么它与古人的圆周轨道本身也在运动的发现，是同等重要的认识。

弦理论的出现被称为科学革命，但它已经酝酿很长时间了。和有些政治革命一样 —— 但不像过去的科学革命 —— 有几个先驱者早就预言了弦理论革命的到来，他们在相对隔离的环境下奋斗了多年。他们从20世纪60年代开始研究强相互作用粒子 —— 即夸克构成的粒子，如质子和中子，因而受强核力的作用 —— 在散射时会发生什么。这不属于那五大问题，因为现在，至少在原则上，我们可以用标准模型来解释。但在标准模型之前，这是基本粒子物理学家的核心问题之一。

除了质子和中子，还有很多由夸克组成的其他粒子，它们是不稳定的，是在加速器中打碎高能质子流而产生的。从20世纪30年代到60年代，我们积累了大量关于不同强相互作用粒子及其碰撞现象的数据。

1968年，年轻的意大利物理学家维尼齐亚诺（Gabriele Veneziano）从数据中发现了一种有趣的模式。他找到一个公式来描述这种模式，公式表达的是两个粒子相互散射时在不同角度出现的概率。维尼齐亚诺的公式惊人地符合一些实验数据。[1]

公式激发了他在欧美的一些同事的兴趣，他们都对它感到疑惑。

---

1. G. Veneziano, "Construction of a Crossing-Symmetric Regge-Behaved Amplitude for Linearly Rising Regge Trajectories. " *Nuovo Cim.*, 57 A: 190 ~ 197 (1968).

到1970年，有几个人已经可以用物理图像来解释公式了。根据那种图像，粒子不能看作点（它们以前总是被看作点的）；相反，它们更像"弦"，只存在于一维，可以像橡皮筋那样拉伸。它们获得能量时伸展，失去能量时收缩——也和橡皮筋一样。而且，它们也和橡皮筋一样振动。

维尼齐亚诺的公式就这样成了通向新奇世界的一道门，那个世界的强相互作用粒子都是橡皮筋，在运动中振动，彼此碰撞并交换能量。振动的不同状态对应着在质子破碎实验中产生的不同类型的粒子。

维尼齐亚诺公式的解释是芝加哥大学的南部阳一郎（Yoichiro Nambu）、玻尔研究所的尼尔森（Holger Nielsen）和斯坦福大学的苏斯金（Leonard Susskind）独立发现的。每个人都认为他做了一件迷人的事情，但发现他们的工作却没多大意思。苏斯金的文章被《物理学评论通讯》拒绝了，说他的见解还达不到发表的要求。后来，他在一次访谈中说："嘭！我就像被垃圾桶打中了脑袋，感到非常非常憋屈。"[1]

但还是有几个人接受了它，并开始做研究。也许应该更准确地称后来的思想为皮筋论。可那个名字有失尊严，所以诞生的是弦论。

作为强相互作用粒子的理论，弦理论后来曾一度被标准模型取代。但这并不意味着弦理论家错了；实际上，强相互作用粒子确实很像弦。我们在第4章讨论过，夸克之间的力现在由规范场描述，其基本定律

---

1. http://www.edge.org/3rd_culture/susskind03/susskind_index.html.

由量子色动力学（QCD）确定，那是标准模型的组成部分。但在某些情形下，结果也可以描述为夸克之间连着橡皮筋。这是因为强核力与电磁力截然不同。电磁力随着距离增大而衰减，而夸克之间的力则在夸克分开时趋于常数，然后不论距离分开多远都保持那个常数。正因为这一点，我们在加速器实验中看不到自由夸克，而只能看到夸克组成的粒子。然而，当夸克靠近时，它们之间的力会减弱。这一点很重要。只有当夸克相距足够远时，才能满足弦（或皮筋）的图景。

最早的弦理论家们缺乏这个基本认识。他们想象了一个由橡皮筋周期性地连接的夸克世界——就是说，他们想让弦论成为一个基础理论，而不是任何更深层理论的近似。当他们想通过弦来理解弦时，麻烦就来了。问题来自他们为理论加的两个合理要求：首先，弦论应该与爱因斯坦的狭义相对论一致——就是说，它应该满足运动的相对性和光速的不变性。第二，它应该与量子理论一致。

经过几年的研究，人们发现弦论作为一个基础理论，只有在满足几个条件时才能与狭义相对论和量子论一致。第一，世界必须有25个空间维。第二，应该存在比光还快的粒子——*快子*。第三，应该存在不能静止的粒子。我们称这些粒子为*无质量粒子*，因为质量是静止粒子的能量的度量。

世界似乎没有25个空间维，为什么那理论没有被抛弃，这成了科学的一大疑问。我们能肯定的一点是，由于弦理论对额外空间维的依赖，在1984年前，很多人都没把它当真。很多人在观望，看到底谁是对的——是那些在1984年前拒绝多维的人还是那些在后来相信存在多维的人？

快子也引出了问题。人们从未见过它们；更糟糕的是，它们的存在意味着理论是不稳定的，而且很可能存在矛盾。而且，在这种情形下，没有一个强相互作用粒子是零质量的，因此它不能作为强相互作用粒子的理论。

还有第四个问题。弦论包含着粒子，但不是所有自然存在的粒子。它没有费米子 —— 也就没有夸克。这对想成为强相互作用的理论来说简直是一个巨大的难题！

四个问题中的三个是同步解决的。1970年，理论家拉蒙德（Pierre Ramond）改写了描述弦的方程，使它有了费米子。[1]他发现理论只有在具有新对称的情形下才是和谐的。那种对称将混合新旧粒子 —— 就是说，混合玻色子与费米子。拉蒙德就这样发现了超对称性，于是，不论弦论的命运如何，它是发现超对称的一条路线，也是孕育新思想的温床，已经硕果累累了。

新的超对称弦论还解决了两个其他问题。它没有快子，清除了人们接受它的一个主要障碍；它也没有25维，只有9个。虽然9维不是3维，但接近了很多。加上时间维，新的超对称弦（简称*超弦*）居于一个10维的世界。它比11少1，而奇怪的是，11是能写出超引力理论的最大维数。

---

1. P. Ramond, " Dual theory for free fermions." *Phys. Rev.* D, 3(10): 2415 ~ 2418 (1971).

大约同时，纳维（Andrei Neveu）和施瓦兹（John Schwarz）提出将费米子引入弦的第二种方法。和拉蒙德的理论一样，他们的理论也没有快子，也居于9个空间维的世界。纳维和施瓦兹还发现，他们可以让超弦发生相互作用，从而得到了与量子力学和狭义相对论一致的公式。

于是，只剩下一个疑问了。假如新的超对称理论包含零质量粒子，那它如何成为强相互作用的理论呢？但事实上真的存在没有质量的玻色子。光子就是一个。光子永远不会静止，只能以光速运动。所以它有能量但没有质量。假想的与引力波相伴随的引力子也是这样的。1972年，纳维和另一个法国物理学家谢尔克（Joel Scherk）发现，超弦具有对应于规范玻色子（包括光子）的振动状态。这是朝正确方向迈出的第一步。[1]

两年后，谢尔克和施瓦兹迈出了更大的一步。他们发现，理论所预言的某些零质量粒子其实就是引力子。[2]［日本物理学家民秋米谷（Tamiaki Yoneya）也独立发现了同样的思想。][3]

弦论包含规范玻色子和引力子的事实，令一切都改变了。谢尔克和施瓦兹马上就提出，弦论不是强相互作用的理论，而是一个基本理论——统一引力与其他力的理论。为了说明这是多么美妙而简单的

---

1. 另一篇特别重要的论文是 "Quantum Dynamics of a Massless Relativistic String." by P. Goddard, J. Goldstone, C. Rebbi, and C. Thorn, *Nucl. Phys.*, 56:109 ~ 135 (1973).
2. J. Scherk and J. H. Schwarz, "Dual Models for Non-Hadrons." *Nuc. Phys.* B, 81 (1):118 ~ 144 (1974).
3. T. Yoneya, "Connection of Dual Models to Electrodynamics and Gravidynamics." *Prog. Theor. Phys.*. 51 (6): 1907 ~ 1920 (1974).

思想，我们来看光子和引力子是如何从弦产生出来的。弦可以是闭的，也可以是开的。闭弦是一个圈，开弦是一根线，有端点。可能是光子的零质量粒子，既来自开弦的振动，也来自闭弦的振动。引力子则只能来自闭弦（圈）的振动。

开弦的端点可以视为带荷的粒子。例如，一端可以是带负荷的电子，另一端可以是带相反电荷的正电子。端点之间的弦的无质量振动描述了在两个粒子之间传递电力的光子。于是，我们可以用相同的方式从开弦得到粒子和力。如果理论设计足够巧妙，它还可以生成标准模型里的所有力和粒子。

如果只有开弦，就没有引力子，这就把引力排除在外了。但人们发现还必须考虑闭弦，原因是大自然在粒子和反粒子之间产生碰撞，碰撞生成或湮灭光子。从弦的观点看，这可以描述为弦的两个端点靠近并结合在一起。端点消失了，留下一根闭弦。

实际上，为了让理论与相对论一致，粒子-反粒子湮灭与弦的靠近是必需的，这意味着理论要求具有闭弦和开弦。但这说明它必须包括引力，而用开弦与闭弦的差别可以自然地解释引力与其他力的差别。这样，引力第一次在力的统一中扮演了中心角色。

这难道不美吗？它那么令人信服地把引力包括进来，任何有理性和知识的人 —— 特别是那些在统一力的道路上追寻了多年而一无所获的人 —— 大概仅凭这一点就会相信它，而不在乎它是否有具体的实验证据。

　　可它是怎么产生的呢？有什么定律要求弦的端点靠近并结合吗？这儿藏着理论最美妙的特征，运动与力达成了某种统一。

　　在多数理论中，粒子运动与基本力是两个不相干的事情。运动定律讲的是粒子在没有外力情形下的运动。从逻辑上讲，运动定律与力的定律没有关系。

　　在弦论中，情形就大不相同了。运动定律规定着力的定律。这是因为弦论中的所有力都有同样简单的起源 —— 来自弦的分离与结合。一旦描述了弦如何自由运动，为了加入力的作用，我们只需要添加一根弦分裂为两根弦的概率。让这个过程时间反演，我们就能重新把弦结合起来（图7-1）。为了与狭义相对论和量子理论一致，弦的分裂与结合的法则终归是要预先严格规定的。力与运动就这样以一种奇特的方式统一了，这在点粒子理论中是不可想象的。

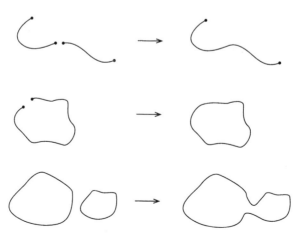

图7-1　上：两根开弦在端点结合；中：开弦的两个端点结合形成闭弦；下：两根闭弦结合成一根闭弦

力与运动的这种统一有一个简单的结果。在粒子理论中，可以自由加入所有类型的力，所以描述力的行为的常数可以无限增多。但在弦论中，只能有两个基本常数。一个叫弦张力，描述单位长的弦包含了多少能量。另一个叫弦耦合常数，描述一根弦分裂为两根弦 —— 从而生成一个力 —— 的概率；因为是概率，所以是一个数，没有单位。物理学的所有其他常数都必须与这两个数发生联系。例如，牛顿的引力常数原来是这两个数的乘积。

实际上，弦耦合常数不是自由常数，而是一个物理自由度。它的数值依赖于理论的解，所以不是决定定律的参数，而是标志解的参数。我们可以说一根弦分裂与结合的概率不是理论决定的，而是弦的环境决定的 —— 就是说，是由它所在的多维世界决定的。（常数从理论的性质转移为环境的性质，这是弦论的一个重要方面，我们在下一章再讲。）除了这些之外，弦论满足的另一个定律既美妙也简单。想象吹肥皂泡，它会膨胀为一个完美的球形。下次你洗澡的时候可以留心看看那些肥皂泡。它们的形状体现了一个简单定律，我们称它为肥皂泡定律。定律说，在一定的力和约束作用下，气泡的表面具有尽可能小的面积。

结果表明，这个原理同样适用于弦论。当一维弦在时间中运动，它就在时空中形成一个二维曲面（图7-2）。这个曲面有一定的面积，大致定义为弦长与其持续时间的乘积。

弦运动使它在时空的面积最小，这就是全部的定律。它解释了弦的运动，而且，在弦能分裂或结合时，也解释了所有的力的存在。它

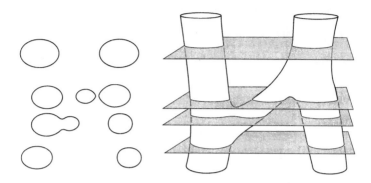

图7-2　弦的传播和相互作用取决于相同的定律，使其在时空中的表面积最小。在右边我们看到，两根闭弦在时空中运动，通过交换第三根闭弦发生相互作用。在左边，我们看到时空中的系列构形，是从右边的时空图中截取的碎片。我们先看到两根闭弦，然后看到第三根闭弦分裂出来，在运动中与另一根结合

用粒子的描述统一了我们知道的所有的力。它比它所统一的任何事物的定律都更简单。

弦论还达成了另一个统一。19世纪初，法拉第凭力线 —— 磁极或正负电荷之间的线 —— 想象电磁场的状态。对法拉第来说，这些力线是真实的，它们携带着磁极或电荷间的力。

在麦克斯韦理论中，场线成为场的次要特征，但也不一定非得如此。我们可以想象场线确实存在，粒子之间的力就是在它们之间延伸的场线。这在经典理论中不可能实现，但在量子论中却可以。

在超导体（即电阻很小或没有电阻的材料）中，磁场的场线成为离散的。每根线携带着某个极小量的磁流。我们可以将这些场线视为磁场的某种原子。20世纪70年代初，三个幻想家提出QCD的力线也

是这样的，它们类似于电磁场的电力线。丹麦物理学家尼尔森就因为这个成为弦论的发明者之一——他将弦视为电流的量子化线。康奈尔的威尔逊（Kenneth Wilson）进一步发展了这幅图景，从此这种量子化的电场线被称作威尔逊线。第三个幻想家是俄罗斯物理学家波利亚柯夫（Alexander Polyakov），也许是思考规范理论与弦理论关系的最深刻的思想家。我读研究生时，听过他的一个发人深省的讲座，他宣布了他的一个宏愿，要把QCD重新表述为一个弦理论——而弦正好就是量子化的电流。

根据这些幻想家们的思想，规范理论中的基本对象是场线。场线满足简单的定律，定律规定了场线如何在电荷之间延伸。场本身是作为另一种描述而出现的。这种思维方式自然适合弦论，因为场线可以看作弦。

这意味着描述的对偶性：我们可以将场线视为基本的对象，而将定律视为对场线延伸和运动的描述；或者，我们可以将场视为基本对象，而将场线视为描述场的一种简便方式。在量子理论中，两种描述都是有效的。这引出一个原理，我们称它为弦和场的对偶性。不论哪种描述都行，都可以认为是基本的。

1976年，拉蒙德失去了在耶鲁的职位，而几年前他才解决了弦论的几个中心问题。看来，提出把费米子纳入弦论的方法、发现超对称、清除快子——哪怕是一鼓作气完成的——都不足以征服他的同事们，为他在常春藤盟校赢得一个教授的位置。

　　而施瓦兹在1972年就失去了普林斯顿的职位，尽管他对弦论有过他的基本的贡献。后来他到了加州理工学院，在经常变动的临时基金的资助下做了12年研究助理。只要愿意，他可以不讲课——可他也没有固定的职位。他发现了第一个能统一引力与其他力的好思想，但学院显然不相信他能进入正式员工的行列。

　　无疑，弦论的创立者们为他们的先驱性发现付出了很大的代价。为了认识这是怎样的一群人物，读者需要真正了解他们工作的意义。当年一起读研究生的朋友已经是永久的正教授了，他们有很高的薪水，工作有保障，一家人衣食无忧。他们在著名的大学里有显赫的地位。而你呢，一无所有。你在内心深处知道他们走了捷径，而你做的可能是有着更大意义的事情，它们需要更多的创造力和更大的勇气。他们随波逐流，而你发现了崭新的理论。但你还是一个博士后，研究助理，或者毫无资历的教授。你没有长期的研究保障，前景渺茫。而你作为一个科学家，还是比别人更积极——发表更多的文章，带更多的学生——远远超过了那些做低风险研究却更有保障的人们。

　　那么，读者们，问问你自己，在这样的状况下，你想做什么？

　　施瓦兹坚持做弦论，继续寻找证据证明它可以是物理学的一个统一理论。尽管他还不能证明理论在数学上是和谐的，[1]但他确信他已经把握了一些东西。当第一代弦理论家们面临着难以逾越的障碍时，他们还在激励自己，假如基本粒子是弦的振动，那么所有的疑问都将得

---

1. 一个理论在数学上和谐，指的是它不会给出自相矛盾的结果。一个相关的要求是，理论描述的所有物理学量都应该是有限的。

到解决。他们列出了一张令人兴奋的清单：

　　1.弦论为我们自动统一了所有的基本粒子，也统一了所有的力。它们都源自一种基本物体的振动。

　　2.弦论自动产生了规范场，它们决定着电磁力和核力。这些都自然源于开弦的振动。

　　3.弦论自动产生了引力子，它源自闭弦的振动；弦的任何量子理论都必须包含闭弦。结果，我们自然得到了引力与其他力的统一。

　　4.超对称弦论统一了玻色子与费米子，两者都是弦的振动，因而所有的力与粒子也统一起来了。

　　而且，即使弦论不对，超对称性也仍然可以是对的。弦论比普通的量子理论更适合作为超对称性的依托。虽然超对称形式的标准模型丑陋而复杂，超对称的弦论却是美妙的珍玩。

　　最重要的是，弦论不费气力就实现了运动定律与力的定律的自然统一。

　　于是，弦论似乎达成了我们的一个梦想。整个标准模型，连同它的12种夸克和轻子，还有三种力外加引力，都能统一起来了，因为所有这些现象源自在时空延展的弦的振动，满足最简单的定律：弦运动时经过的表面积最小。标准模型的所有常数都可以归结为牛顿引力常数和一个代表弦分裂或结合的概率的简单数字的组合。即使那个概率的数不是基本的常数，却代表了环境的性质。

　　弦论承诺了那么多，难怪施瓦兹和他的几个合作者相信它一定
是正确的。就统一问题而言，没有别的理论能在一个简单思想的基础
上实现那么多东西。面对这样的前景，就只剩下两个问题了：它有效
吗？需要什么代价？

　　1983 年，我还是普林斯顿高等研究院的博士后，施瓦兹应邀来普
林斯顿大学做了两个弦论的演讲。我以前没听过多少弦理论的东西，
对他的演讲我只记得听众们紧张而不安的反应，一半是兴趣，一半
是怀疑。威藤（Edward Witten）那时已经是基本粒子物理学的大人物，
经常打断施瓦兹的演讲，问了他一连串长久的难题。我原以为这是怀
疑的表现。后来我才逐渐明白，那是强烈兴趣的流露。施瓦兹很自信，
但也有一点儿倔犟。我的印象是，他花了很多年去感染别人对弦论发
生兴趣。他的讲话使我相信他是一个勇敢的科学家，但没能说服我做
弦论的研究。那时，我认识的每个人都在做着自己的项目，而对那个
新理论漠不关心。几乎没人意识到我们正生活在我们常说的物理学的
末日。

第 8 章
第一次超弦革命

第一次超弦革命发生在 1984 年秋。称它为革命似乎有点儿自命不凡，但也名副其实。6 个月前，只有少数大胆的物理学家在做弦论，除了个别同事，别人并不在意他们。正如施瓦兹说的，他和新合作伙伴、英国物理学家格林（Michael Green）"发表了好几篇论文，每次我都对结果感到激动 …… 每次我们都觉得大家这回该对它发生兴趣了，因为他们可以看到这个学科是多么令人振奋。但还是无人喝彩"。[1] 6 个月后，几个最坚决的批评者也开始做弦论了。在新的氛围下，不丢弃自己正在做的事情而去追随他们，是需要勇气的。

事情的转折在于施瓦兹和格林的一个计算，它强有力地证明了弦论是一个有限而和谐的理论。更准确地说，他们终于成功地证明了，在超对称弦论（至少在 10 维时空）中，困惑许多统一理论的某些危险的方法（即所谓的"反常"）没有了。[2] 我还记得对那篇论文的反应是既震惊又欢欣：震惊是因为有人怀疑弦论能在任何水平与量子论和谐一致；欢欣是因为格林和施瓦兹打消了怀疑，让人们期待统一物理学

1. J. H. Schwarz, interviewed by Sara Lippincott, July 21 and 26, 2000, http: //-oralhistories.library. caltech.edu / 116 / 01 / Schwarz_OHO. pdf.
2. M. B. Green and J. H. Schwarz, " Anomaly Cancellations in Supersymmetric D= 10 Gauge Theory and Superstring Theory, " *Phys. Lett.* B, 149 (1 ~ 3): 117 ~ 122 (1984).

的最终理论已经握在我们手上了。

再也找不出更快的变化了。正如施瓦兹回忆的，

> 就在我们要写完的时候，我们接到威藤的电话，说他听说……我们已经有了清除反常的结果。他想看看我们的工作。于是我们写了一个草稿，通过 FedEx 寄给他。那时没有 email，它还没出现呢；但有了 FedEx。所以我们寄给了他，他第二天就收到了。我们听说，普林斯顿大学和高等研究院的每一个人，所有的理论物理学家，都在做了，人数不少呢……于是，它在一夜之间就成了热门话题［笑］，至少在普林斯顿——很快就影响了世界其他地方。这是很奇怪的事情，因为这么多年来我们发表了很多结果，却没人关心。可现在人们一下子变得兴奋起来。它从一个极端走到了另一个极端：从无人喝彩到万众欢呼……[1]

弦理论承担了其他理论没有的使命——它自诩为一个引力的量子理论，也是真正的力与物质的统一。它大胆而美妙的一击，似乎至少解决了那五个理论物理学问题中的三个。就这样，经过多年的失败之后，我们仿佛突然找到了黄金。（有趣的是，施瓦兹也马上从加州理工学院的高级研究助理提升为正教授。）

库恩（Thomas Kuhn）在他的名著《科学革命的结构》中为我们认

---

1. 施瓦兹访谈。

为的科学历史上的革命性事件提出了一种新的认识路线。根据他的观点，科学革命发生之前往往出现大量的实验反常。结果，人们开始质疑现有的理论，还会有少数人另立新的理论。革命的高潮是实验结果有利于某个新理论而不利于旧理论。[1] 库恩对科学的描述可能存在争议，我在本书的最后也会提出一些意见。但它描述了某些情况下发生的事件，还是有助于我们进行比较。

1984年的事情并不满足库恩的结构。现有的理论没有一个能解决弦论能解决的问题，也没有实验反常，粒子物理学的标准模型和广义相对论足以解释那时的所有实验结果。即使如此，我们在一夜之间就有了一个可能的终极理论，能解释宇宙和我们在宇宙中的地位，又怎能不称其为革命呢？

1984年超弦革命四五年后，又有了许多进展，人们对弦论的兴趣也很快高涨起来。它成了最火爆的游戏。一头钻进来的人们都满怀着雄心和骄傲。有很多新技术等着他们去学，需要投入几个月甚至一年的时间才可能做弦论，这对一个理论物理学家来说是很漫长的时间。认真做的人看不起不做或不能做的人（总会有这种想法的）。很快就形成了差不多和宗教派别一样的团体，你要么是弦理论家，要么不是。我们几个人还想坚持走普通路线：有了好想法，我会做下去，而同时也会走别的路线。很难一条路走到头，因为站在潮头的那些人不大愿意搭理我们这些没有加入新潮的人。

---

1. Thomas S. Kuhn, *The Structure of Scientiac Revolutions* (Chicago: Univ. of Chicago Press, 1962).

　　为了适应新领域，很快就有了弦论的学术会议。那些会议仿佛都在欢呼胜利，好像已经真的发现了什么理论，而别的一切都无所谓，都不值得考虑。弦论的讲习班开始在主要的大学和研究机构流行。在哈佛，弦论讲习班被称为"后现代物理班"。

　　这个名称没有讽刺的意味。弦论的讲习班和学术会很少讨论的一个课题是，如何用实验来检验理论？虽然有几个人为此忧虑，其他人却认为那是不必要的。他们感觉只可能有一个能统一所有物理学的和谐的理论，而弦论看来做到了这一点，所以它一定是对的。检验我们的理论不再需要实验了，这是伽利略的精神。数学已经足以探索自然定律。我们走进了后现代物理学时代。

　　很快，物理学家意识到弦论不是唯一的。我们很快发现，在10维时空里有5个和谐的超弦理论，而不是只有一个。这引出一个难题，大约10年后才得到解决。不过，这还不算坏消息。我们还记得卡鲁扎-克莱因理论有一个致命问题：它描述的宇宙太对称了，不符合实际，因为从镜像看到的自然是不一样的。5个超弦理论能避免这个难题，它们描述的世界和我们真实的世界一样不那么对称。进一步的发展证明弦论是有限的（就是说，它关于任何实验结果的预言都是有限的数值）。在玻色弦而没有费米弦的情形下，很容易证明没有类似于引力子理论中的那些无穷表达，但当概率计算达到某个更高的精度时，无穷大还是会出现，它与快子的不稳定性有关。因为超弦没有快子，于是理论可能没有无穷大。

　　在低阶近似下，这是很容易证明的。除此之外，直觉也告诉我们

理论在每阶近似下都应该是有限的。我想起一个杰出的弦理论家说过,
弦论的有限性实在太明显了,即使有那样的证明,他也不想去研究。
但还是有人在努力证明弦论在最低阶的有限性。最后,1992年,伯克
利的一个德高望重的数学家曼德尔斯塔姆(Stanley Mandelstam)发表
了一篇论文,人们相信它证明了超弦理论在一定近似策略下的每一阶
都是有限的。[1]

难怪大家那么乐观。弦论的前景大大超越了从前的任何一个统
一理论。同时我们可以看到,为了实现那些蓝图,还有漫长的路要走。
例如,考虑标准模型常数的解释问题。正如上一章讲的,弦论只有一
个常数需要人工调节。如果弦论是正确的,标准模型的20个常数必须
用那一个常数来解释。假如这些常数在弦论中都能作为一个常数的函
数进行计算,那将是无法用语言来形容的一个奇迹 —— 是科学史上
最伟大的胜利。但我们还没走到那一步。

此外还有一个问题 —— 我们以前讨论过的,任何统一理论都存
在那个问题。如何解释那些统一的粒子之间的显著差别呢?弦论统一
了所有的粒子和力,意味着它必然也能解释它们为什么不同。

于是,理论要落实到细节上来了。它真的有效吗?还有令那奇迹
失色的模糊的东西吗?假如它有效,那么简单的理论究竟如何解释那
么多东西呢?如果弦论是对的,我们对自然该相信什么呢?在这个过
程中我们有失去的东西吗?失去的是什么呢?

---

1. S. Mandelstam, "The N-loop String Amplitude — Explicit Formulas, Finiteness and Absence of Ambiguities." *Phys. Lett.* B, 277 (1～2): 82～88 (1992).

　　随着我对弦论的更多了解，我开始认为它所提出的挑战很像我们在买汽车时面临的难题。你带着一堆条件去车行，经销商很乐意把满足那些条件的车卖给你。他拿出几个模型，你突然意识到每辆车都有某些你不需要的功能。你想要铁锁刹车和好音质的CD播放机。具有那些功能的汽车还配备着阳篷、特制的铬合金保险杠、钛钢的轮毂盖、8个杯座、特制的赛车条纹。

　　这就是大家熟悉的打包式的销售。事实证明，你不可能买到只有你需要的功能的汽车。你会得到一揽子的东西，包括你不想要的和不需要的。这些额外的东西提高了价格，但你别无选择。假如你想要铁锁刹车和CD机，你就必须把整套东西都拿走。

　　弦论似乎也只能做打包的买卖。你大概只想要一个统一所有粒子和力的理论，但你得到的还有额外的东西，至少有两样是不能讨价还价的。

　　第一个是超对称性。有的弦理论不具备超对称性，但已经知道它们都是不稳定的，因为存在讨厌的快子。超对称性似乎消除了快子，但也带来了麻烦。超对称弦论只有在具有9个空间维的宇宙中才可能是和谐的。在3维空间里不可能有那样的理论。假如你想要其他性质，你就必须接受那额外的6维。这一点引出了很多麻烦。如果不能立刻排除这个理论，就必须想办法把多余的维隐藏起来。这似乎别无选择，只能将它们卷起来，小到不能察觉的程度。于是我们不得不让旧的统一理论的主要思想重新复活。

这提供了好机会，也提出了大问题。我们看到，过去人们用高维来统一物理学的努力都失败了，因为问题的解太多；高维的引进产生了唯一性的大难题。它还引出了不稳定性问题，因为存在不同的过程，在有的过程中，额外的维会张开而变得很大，而在另一些过程中它们会坍缩而形成奇点。弦论要想成功，就必须解决这些问题。

弦理论家很快意识到唯一性问题是弦论的基本特征。现在有6个额外维需要卷曲，而且有很多卷曲方式。每种方式都涉及复杂的6维空间，都产生不同形式的弦理论。因为弦论是背景相关的理论，从技术角度说，我们对它的理解是它描述了在固定背景几何下运动的弦。通过选择不同的背景几何，我们得到技术上不同的理论。它们源自相同的思想，相同的定律适用于每一个情形。但严格说来，每一个都是不同的理论。

这不仅是鸡毛蒜皮的事情。不同理论给出的物理预言也是不同的。多数的6维空间由一系列常数来描述，它们可以自由确定。这些常数标志着不同的几何特征，如额外维的体积等。一个典型的弦理论可以有几百个常数，它们是描述弦传播和相互作用的一部分。

考虑一个二维曲面的物体（如球面）。因为它是完全球形的，只需要一个参数（圆周长）来描述。现在考虑更复杂的曲面（如面包圈，图8-1）。这个曲面由两个参数描述。面包圈有两个圆周，沿不同的方向环绕它。两个圆周可以有不同的周长。

我们可以考虑更复杂的带有多个孔的曲面。它们需要更多的数来

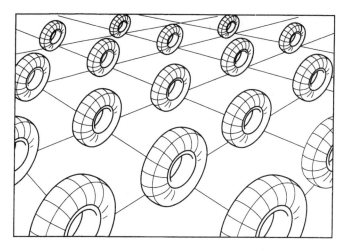

图8-1　隐藏的维可以有不同的拓扑。在这个例子中，有两个隐藏的空间维，它们具有和面包圈（环）一样的拓扑

描述。但没有谁（至少我不知道）能直接把6维空间的形象画出来。

　　然而，我们还是有描述它们的办法，就是类比面包圈或其他二维曲面可能出现多少个孔洞。我们不用弦来缠绕孔洞，而是用高维空间来缠绕它。在每种情形下，缠绕的空间具有一定的体积，那将是描述那种几何的一个常数。当我们明白了弦如何在额外维中运动，所有常数都会出现。所以，我们不再只有一个常数，而是有很多常数。

　　弦论就这样克服了物理学的统一所面临的困境。即使一切都来自一个简单原理，我们也必须解释为什么会出现那么多不同的粒子和力。最简单的可能情形是，空间有9维，弦论很简单；所有相同类型的粒子都是一样的。但当弦可以在6个额外维空间的复杂几何中运动时，就将产生许多不同类型的粒子，伴随着在每个额外维的不同运动和振动方式。

于是我们为粒子之间的显著差别找到了自然的解释，这是统一理论必须做的事情。但这也付出了代价，即理论远不是唯一的。结果是常数发生了交换：标志粒子质量和力的强度的常数与刻画额外维几何的常数相互交换了。所以，找到能解释标准模型的常数也就不足为奇了。

即使如此，倘若这个图景能为标准模型的常数给出唯一的预言，它仍然是很吸引人的。如果我们通过将标准模型的常数转化为额外维几何的常数而发现了标准模型常数的某些新东西，如果这些发现与自然一致，那么这些证据将强有力地证明弦论是正确的。

但事实不是这样的。在标准模型里自由变化的常数转化为弦论中可以自由变化的几何。没有约束，也没有简化。因为额外维的几何有很多选择，自由常数的数目不是减少了，而是增多了。

而且，标准模型也没有完全重现。我们确实能导出它的一般特征，如费米子和规范场的存在，但不能从方程得到自然出现的复合现象。

事情从此越发恶劣了。所有弦理论都预言了额外的粒子 —— 没有在自然看到的粒子。伴随它们的还有额外的力。有些力来自额外维几何的变化。考虑在空间的每一点加一个球面，如图8-2。球的半径可以随我们在空间的运动而变化。

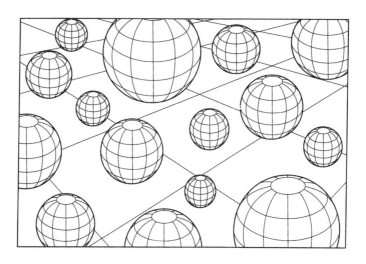

图8-2　隐藏维的几何可以在时空中变化。在这个例子中，球半径是变化的

因此，每个球的半径可以作为它所在的点的一个性质。就是说，它像一个场。正如电磁场一样，这种场也在空间和时间中传播，生成额外的力。这一点很清楚，但这些额外的力很可能不会与我们的观测一致。

我们一直在谈一般性，但世界只有一个。如果弦论是成功的，它不但应该是所有可能世界的模型，还必须解释我们的世界。于是，关键的问题是：有什么办法卷曲额外的6维，从而完全再现粒子物理学的标准模型？

有一种方法是找一个超对称的世界。因为弦论具有超对称性，于是，对称性在我们三维世界的具体表现将依赖于额外维的几何。我们可以想办法让超对称在我们的世界破缺。或者也可能是另一种情形，即现实的理论容不下许多的超对称性。

这就产生了一个有趣的问题：是否可以选择某个额外6维的几何，使其正好满足超对称性的数量？是否可以构造某个几何，使我们的三维世界具有超对称形式的标准模型所描述的某个粒子物理学？

这个问题在1985年的一篇非常重要的论文中得到了解决。文章的作者是四个弦理论家：坎德拉斯（Philip Candelas）、霍洛维茨（Gary Horowitz）、斯特罗明戈（Andrew Strominger）和威藤。[1]他们很幸运，因为数学家卡拉比（Eugenio Calabi）和丘成桐（Shing-Tung Yau）已经解决了一个给他们带来答案的数学问题。两个数学家发现并研究了一种特别优美的6维几何形式，即现在所谓的卡丘空间。四个弦理论家证明，弦论实现某个超对称标准模型的条件也就是确定卡丘空间的条件。接着他们提出，描述大自然的弦论选择了卡丘空间作为额外6维的几何。这清除了许多其他的可能性，给理论赋予了更多的结构。例如，他们具体说明了如何将标准模型中的常数（如决定不同粒子质量的常数）转换为描述卡丘空间几何的常数。

这是一大进步，但也同样存在一大问题。假如只有一种卡丘空间，具有固定常数，那么我们就得到了渴望已久的唯一的统一理论。遗憾的是，竟然有很多卡丘空间，没人知道有多少。丘本人说至少有10万个。每个空间都产生不同形式的粒子物理；每个空间都伴随着一连串决定空间形状和大小的自由常数。所以没有唯一性，没有新预言，也

---

1. P. Candelas et al., " Vacuum Conagurations for Superstrings. " *Nuc. Phys.* B, 258 (1):46 ~ 74 (1985).

没解释任何东西。

　　另外，涉及卡丘空间的理论还有很多额外的力。结果表明，只要弦理论是超对称的，许多力都将具有无限的作用范围。这是很不幸的，因为任何作用范围无限的力（而不仅是引力和电磁力）的存在，都有严格的实验限制。

　　还有一个问题。决定额外维几何的常数可以连续变化。这可能引出像旧的卡鲁扎-克莱因理论那样的不稳定性。除非有什么神秘的机制能固定额外维的几何，这些不稳定性将导致灾难，例如额外维的坍缩会产生奇点。

　　另外，即使我们的世界由一种卡丘空间的几何描述，也不能解释它是如何成为那样的。除了卡丘空间外，弦理论也有多种形式。在有的形式中，卷曲维的数目从0一直变到9。我们称那些没有卷曲维的几何叫平直的，它们确定了我们这些大生物经历的世界。（在考察它们对粒子物理学的意义时，我们可以忽略引力和宇宙学，在那种情形下，非卷曲维具有狭义相对论所描述的几何。）

　　10万个卡丘流形不过是冰山的一角。1986年，斯特罗明戈发现了一个方法，能构造大量其他形式的超对称弦理论。他在描述他的构造方法的论文的结论部分写了一段话，我们应该好好记在心里：

　　　　这类超对称的超弦紧化空间大大地增加了……这些
　　解似乎……不能在可见的将来得到分类。这些解的约束相对较弱，也许可能找到大量在现象上可以接受的解……虽然这令人充满了信心，但从某种意义上说，生命也变得太简单了。**所有的预言能力似乎都消失了。**（我强调的）

　　所有这些都表明我们当前最最需要的是找一个动力学原理来决定［哪个理论描述了自然］，现在它比以往任何时候都更加急迫。[1]

于是，弦论在采用过去的高维理论的策略时，也给自己带来了问题。有很多解，有些解大概能描述真实的世界，但大多数解却不能。还有很多不稳定性，表现为大量额外的粒子和力。

这注定会引发争议，而且争议确实来了。很少有人能否定它有很多好的令人满意的特征。粒子是弦的振动的思想，也的确像是丢失了的那个环节，能解决很多未解的问题。但代价也很高昂。我们被迫接受的那些打包的特征也损害了理论原先的美——至少对我们几个人来说。在其他人看来，额外维的几何是弦论最美妙的东西。难怪理论家们泾渭分明地成了两派。

相信弦论的人往往也相信它的整个一揽子的特征。我认识的许多理论家都确信超对称和额外维是存在的，只等着我们去发现。我也认识很多在这一点上脱离弦论的人，因为它意味着要接受太多没有实验基础的东西。

---

1. A. Strominger," Superstrings with Torsion."*Nuclear Physics* B, 274 (2): 253 ~ 284 (1986).

　　费曼是个典型的看不起弦论的人，他曾解释过为什么不愿赶他们的潮流：

> 我不喜欢他们不做任何计算，我不喜欢他们不检验自己的思想，我不喜欢他们为任何不符合实验的东西虚构解释——一句自我安慰的话就是，"啊，它仍然可能是对的。"例如，理论需要10维。好啊，也许有办法把多余的6维卷起来。是的，那在数学上是可能的，可为什么不是7呢？当他们写方程时，方程就应该决定多少东西卷曲了，而不是为了迎合实验才要求那样。换句话说，在超弦理论中没有任何理由能说明为什么卷曲的不是10维中的8维而只剩下2维，那当然完全不符合我们的经验。所以，即使它可能与经验不符也无关紧要，其实它什么结果也没有，它只能浪费时间。它看起来就不对。[1]

　　很多老一辈的粒子物理学家都带有这种情绪，他们知道粒子物理学的成功总是需要与实验物理学进行不断的交流。另一个反对者是因为标准模型而获诺贝尔奖的格拉肖：

> 但超弦物理学家还没证明他们的理论确实有效。他们不能证明标准模型是弦理论的逻辑结果。他们甚至不能肯定他们的体系包括了诸如质子和电子的描述。他们连一丁点儿的实验预言也没拿出来。最糟糕的是，超弦理论不是

1. In P.C.W. Davies and Julian Brown, eds., *Superstrings: A Theory of Everything* (Cambridge Univ. Press, 1988), pp. 194~195.

根据一组迷人的关于自然的假定而得到的逻辑结论。你大概要问，为什么弦理论家坚持空间是9维的？只因为弦理论在其他任何空间都没有意义……[1]

然而，争议之外还需要更好地认识理论。一个理论以那么多不同的面目出现，就不像是一个单独的理论了。如果说这些理论还算什么东西的话，它们似乎是另外某个未知理论的不同的解。

我们习惯了一个理论有多个不同的解的观念。牛顿定律描述粒子如何在外力作用下运动。如果我们把力固定——例如，我们想描述在地球重力场中抛出的球，牛顿方程具有无限多个解，对应于球的无限多个可能的路径：它可高可低，可快可慢。每种抛球的方法都产生一个不同的路径，每个路径都是牛顿方程的一个解。

广义相对论也有无限多个不同的解，每个解都是一个时空——也就是宇宙的一个可能的历史。因为时空几何是动力学实体，它可以存在无限多种不同的构形，演化成无限多个不同的宇宙。

弦理论的每个背景都定义为爱因斯坦方程或其某种推广形式的解。于是，在人们看来，名目越来越多的弦理论意味着我们并不是真的在研究一个基础理论。我们只不过在研究某个更深层理论——一个我们还不知道的理论——的解。我们也许可以称那个理论为元理

1. Sheldon L. Glashow and Ben Bova, *Interactions: A Journey Through the Mind of a Particle Physicist* (New York: Warner Books, 1988), p. 25.

论（meta-theory），因为它的每个解都是一个理论。那个元理论才是真正的基本定律。它的每个解都将生成一个弦理论。

这样看来，更引人入胜的是，我们不去考虑无限多个弦理论，而是考虑从某个基础理论产生的无限多个解。

回想一下，每个弦理论都是背景相关的理论，它们描述在特殊的背景时空下运动的弦。因为不同的近似的弦理论处于不同的时空背景，一个理论若要统一它们，就一定不能处于任何时空背景。为了统一它们，我们需要一个单一的背景独立的理论。该怎么做，也就很清楚了：构造一个本身是背景独立的元理论，然后从那个元理论导出所有背景相关的弦理论。

于是我们有两个理由寻求背景独立的引力的量子理论。我们已经知道，我们必须融合爱因斯坦广义相对论所给出的几何的动力学特征。现在我们要用它来统一所有不同的弦理论。这需要新的思想，但至少现在我们还没有。

元理论要做的一件事情就是帮助我们选择哪种形式的弦理论能在物理上实现。因为大家都相信弦论是唯一的统一理论，许多理论家料想大多数形式的理论是不稳定的，而那个真正稳定的理论将唯一解释标准模型的常数。

20 世纪 80 年代后期的某个时候，我突然想起还有另一种可能性。也许所有弦理论都是同样有效的。这将意味着我们对物理学的期待要彻底改变，即基本粒子的所有性质都将成为偶然的 —— 不是基本定律决定的，而是基本理论的无限多个解中的某一个决定的。已经有证据表明这种偶然性可以伴随自发对称破缺而在理论中发生，但众多形式的弦理论让我们看到了新的可能 —— 即从本质上说，偶然性也适用于基本粒子和力的所有性质。

这意味着基本粒子的性质是环境决定的，可以随时间而变化。如果是那样，它将意味着物理学更像生物学，即基本粒子的性质会依赖于我们宇宙的历史。弦论将不是一个理论，而是一幅由理论构成的图景 —— 就像进化生物学家研究的适应性景观。甚至可能存在某种像自然选择那样的过程，选择出适合我们宇宙的理论形式。（这些思想导致了1992年的一篇文章，题目为《宇宙进化吗？》[1]，还有1997年的一本书，题目为《宇宙的一生》。我们以后还要回来谈这些思想。）

每当我与弦理论家们讨论这种进化原理时，他们总会说："别担心，会有唯一形式的弦理论的，它将由某个我们至今尚未认识的原理来决定。当我们发现它时，这个原理将正确解释标准模型的所有参数，并对未来实验提出唯一的预言。"

不管怎么说，弦论的步伐慢下来了，到20世纪90年代初，弦理论家们也泄气了。弦理论没有完整的形式，我们有的只是一张罗列着几十万个不同理论的清单，而每个理论都有许多自由常数。这么多的理论中，哪些对应于现实，我们没有一点明确的概念。尽管技术进步

---

1. L. Smolin, " Did the Universe Evolve, " *Class. Quantum Grav.*, 9 (1):173 ~ 191 (1992).

了很多，但没有一个证据能告诉我们弦理论是对还是错。最糟糕的是，它没有提出一个具体的能用目前实验来证明或证伪的预言。

弦论令人泄气还有别的原因。20世纪80年代末是整个领域的黄金时期。1984年革命刚过，弦论的创立者（如施瓦兹）们就收到了很多来自顶尖大学的诱人邀请。几年里，年轻的弦理论家成长起来了。但到90年代初，一切都过去了，有才能的人还是找不到工作。

有些人（不论老的还是年轻的）就在这个关头离开了弦论。幸运的是，弦论的工作是很好的智力训练，从前的弦理论家如今活跃在其他领域，如固体物理学、生物学、神经科学、计算机和金融业。

还有些人仍然坚守弦论的阵地。尽管有那么多泄气的理由，许多弦理论家还是念念不忘弦论构建了未来的物理学。如果说有什么问题，那是当然，统一基本粒子的其他方法也没有哪个成功的呀。还有少数人在做量子引力，不过多数弦理论家都假装不知道。在他们许多人看来，弦论才是唯一的选择。纵然长路漫漫，比他们想象的艰辛得多，但没有其他任何理论有望能在一个有限而和谐的框架下统一所有的粒子和力并解决量子引力。

不幸的结果是，信奉者和怀疑者分裂更远了。每一派都在加强自己的阵地，似乎都为坚守各自立场找到了好理由。如果不出现戏剧性的进步，极大地改变我们对弦论的态度，这样的局面还会僵持很长时间。

第9章
第二次革命

弦论最初提出来，是为了统一自然的所有粒子和力。但经过1984年革命以来的10年研究，发生了意想不到的事情。这个本以为统一的理论分裂成了许多不同的理论：10维空间里的5个和谐的超弦理论，外加不同卷曲维下的几百万个不同形式的理论。十几年过去了，我们现在明白了弦论本身正需要统一。

第二次超弦革命发生在1995年，它正是那样的一场统一运动。革命的起因通常认为是那年3月威藤在洛杉矶弦论会议上的一个讲话，他提出了一个统一它们的设想。其实他并没有拿出一个新统一的超弦理论，而只是说存在那样的理论，它会有哪些特征。威藤的建议是基于最近的系列发现，它们揭示了弦论的一些新面目，极大地增进了我们的理解。那些发现还揭示了规范理论和广义相对论之间更多的共性和联系，进而用它们统一了弦理论。这些进步（其中有的是现代理论物理学史上前所未有的）最终赢得了很多怀疑者，也包括我。起初，5个和谐的理论似乎描述了不同的世界，但到20世纪90年代中期，我们开始明白它们并不像表面那么不同。

如果出现了两种不同的方式来看同一个现象，我们就说它们有对偶性。分别让一对夫妻给你讲他们的故事，他们的说法会不同，但每个重要事件都能相互得到印证。和他们谈话多了，你就能指出两人说的故事有什么不同和联系。例如，丈夫觉得妻子过于自信，这正好印证了妻子抱怨丈夫太懦弱。我们可以说，两个人的话是互为对偶的。

弦理论家在寻找 5 个理论的相互关系时，开始运用不同类型的对偶性。有些对偶性是精确的：两个理论不是真的不同，只是描述同一现象的两种不同方式。其他对偶性是近似的，在这些情形下，两个理论确实不同，但一个理论的现象类似于另一个理论的现象，这样就可以通过研究一个理论的某些特征来近似地了解另一个理论。

5 个超弦理论中最简单的对偶性叫 T 对偶。"T"代表"拓扑的"，因为这种对偶性与空间的拓扑有关。[1]当某个紧化的空间维是圆时，就出现这种对偶。这时，弦可以缠绕在圆周上。实际上，它可以缠绕很多圈（图9-1）。弦缠绕圆周的圈数叫缠绕数。

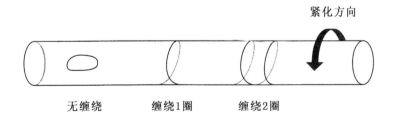

紧化方向

无缠绕　　　缠绕1圈　　　缠绕2圈

图9-1　弦可以缠绕一个隐藏维。在这里的情形，空间是1维的，隐藏维是个小圆。图中的弦分别缠绕0圈、1圈和0圈

1. 更通常的说法是，T代表 target space（"靶空间"）。—— 译者

另一个数度量弦如何振动。这种弦和钢琴或吉他的弦一样，也有泛音，可以用自然数标记不同振动的音阶。T对偶就是两个缠绕着圆的弦理论之间的关系。两个圆的半径不同，但相互关联；一个等于另一个的倒数（以弦长为单位）。在这种情形下，一个弦理论的缠绕数完全表现为另一个弦理论的振动音阶。这种对偶性出现在5个弦理论的某些对之间。它们看似从不同的理论出发，但把它们的弦缠绕在圆圈上时，就成为同一个理论了。

还有第二类对偶，人们也猜想它是精确的，尽管还没有证明。我们在第7章讲过，每个弦理论都有一个数决定弦分裂或结合的概率。这是弦的耦合常数，约定以字母g标记。当g很小时，弦分裂或结合的概率就小，我们就说相互作用弱。当g很大时，弦随时都在分裂或结合，我们就说相互作用强。

于是，两个理论又可能以下面的方式发生联系：每个理论都有耦合常数g。但是，当一个理论的g等于另一个理论的$1/g$时，两个理论的表现就会是一样的。这叫S对偶（S代表*strong-weak*，强弱）。如果g小，意味着弦相互作用弱，而$1/g$大，所以另一个理论中的弦相互作用强。

耦合常数不同的两个弦理论怎么可能有相同的行为呢？难道我们连弦分裂或结合的概率是大还是小都说不准了吗？只要知道了弦是什么，我们是能说清楚的。但事实是，在S对偶的情形下，我们相信两个理论拥有的弦比我们想象的更多。

弦的增生是一种常见但少有人认识的所谓"突现"现象的一个例子，"突现"一词所描述的是从巨大的复杂系统中生出新的性质。我们也许知道基本粒子满足的定律，但许多粒子束缚在一起时，各种新现象就会涌现出来。质子束、中子束和电子束可以结合生成新的金属；同样数目的其他东西可以结合生成生命的细胞。不论金属还是细胞，都不过是质子、中子和电子的集合体。那么，我们该如何来描述是什么让金属成为金属，细胞成为细胞的呢？区别二者的性质就叫突现性质。

看一个例子：金属最简单的行为大概就是振动；如果你敲击金属棒的一端，就会有声波从它穿过。金属振动的频率就是一种突现性质，声波在金属内传播的速度当然也是。想想量子力学中的波粒对偶，意思是每个波都伴随着一个粒子。反过来也是对的：每个粒子都伴随着一个波，也包括伴随着在金属中传播的声波的粒子，它叫声子。

声子不是基本粒子，当然也不是构成金属的粒子，因为它只能凭借构成金属的大量粒子的集合运动才能存在。但声子仍然还是粒子。它具有粒子的一切性质。它有质量，有动量，也携带能量。它的行为和量子力学规定的任何粒子应有的行为是一样的。我们说声子是突现粒子。

我们相信，弦也会发生这样的事情。当相互作用强时，有许许多多弦在分裂、结合，因而很难分辨哪根弦发生了什么。于是我们寻求大量弦的集合的某些简单的突现性质——通过那些性质来认识发生了什么。结果真的出现了有趣的事情。正如一束粒子的振动可以表现得像一个简单的粒子（声子），从大量弦的集合运动中也生出一根新弦，我们称它为**突现弦**。

突现弦的行为与普通的弦（我们不妨称其为**基本弦**）恰好相反。相互作用的基本弦越多，突现弦就越少。说得更准确一点儿：假如两根基本弦相互作用的概率正比于弦耦合常数 g，那么在某些情形下，突现弦发生相互作用的概率就正比于 $1/g$。

怎么区分基本弦与突现弦呢？事实证明区分不了——至少在某些情形是这样的。实际上，我们可以转换图像，把突现弦看作基本弦。那是强弱对偶性的一个奇异技巧。那就像我们在考虑金属时，把声子（声波的量子）看成基本的，而把构成金属的所有质子、中子和电子看成由声子构成的突现粒子。

和 T 对偶一样，这种强弱对偶也关联着 5 个弦理论中的某些对。唯一的问题是，这种关系仅适用于理论的某些状态抑或有着更深层的意义？这之所以成为问题，是因为我们必须研究某些理论对的状态——特定的对称性约束下的状态，才可能揭示那种关系。否则，我们就不能充分控制计算而得出好的结果。

接着，理论家们面临着两条可能的路线。乐观的一派——那时多数弦理论家都很乐观——走得很远，他们在证明结果的基础上，进而猜想他们在理论对中检验的特殊对称状态之间的关系，可以扩展到所有 5 个理论。就是说，他们假定即使没有特殊对称性，也总会存在突现弦，而那些突现弦也总是表现为其他理论中的基本弦。这意味着 S 对偶不仅联系着理论的某些方面,而且证明了它们的完全等价。

另一方面,少数悲观者担心5个弦理论也许真的彼此不同。在他们看来,哪怕只有在很少的情形下,一个理论的突现弦能像其他理论的基本弦,也是相当了不起的了。但他们意识到,这种事情即使在所有理论都不同的时候也可能是真的。

很多人曾观望(现在仍然在观望)乐观派与悲观派的对错。如果乐观派对了,那么原来的所有5个超弦理论都不过是同一个理论的不同描述形式。如果悲观派对了,那么它们真是不同的理论,因而没有唯一性,没有基本理论。只要我们不知道强弱对偶是近似的还是精确的,我们就不能知道弦理论是不是唯一的。

支持乐观派观点的一个证据是,相似的对偶性也存在于比弦理论更简单也更容易理解的理论中。有一种形式的杨-米尔斯理论,所谓“$N=4$超杨-米尔斯理论”,就是那样一个例子,它有着尽可能多的超对称性。为简单起见,我们将称它为最大超理论。有很好的证据表明这个理论具有某种形式的S对偶。它的行为大致是这样的:理论有大量带电荷的粒子,也有某些带磁荷的突现粒子。在通常情况下没有磁荷而只有磁极。每个磁体有两个磁极,分别叫南极和北极。但在特殊情况下,可以有彼此独立运动的磁极 —— 它们就是著名的*磁单极*。最大超理论发生的情况是,存在某种电荷与磁单极交换的对称性。当两者交换时,如果将电荷值改变为原来数值的倒数,则理论描述的物理不会有任何改变。最大超理论是一个非同寻常的理论,我们很快就会看到,它将在第二次超弦革命中发挥巨大作用。不过,既然我们对不同的对偶性已经有了一点认识，我可以来解释威藤在洛杉矶的著名讲话中讨论的那个猜想了。

我说过，威藤讲话的关键思想是5个和谐的超弦理论其实是同一个理论。但那个单独的理论本来是什么呢？威藤没说，不过他确实描述了一个大胆的猜想，认为那个统一5个超弦理论的理论需要再多一维，这样空间就有10维，而时空是11维。[1]

这个特别的猜想首先是两个英国物理学家赫尔（Christopher Hull）和汤森（Paul Townsend）在一年前提出的。[2] 人们已经发现，对偶性不仅存在于那5个理论中，也存在于任何弦理论以及11维的理论中，威藤在此基础上为猜想找到了大量的证据。

为什么弦理论的统一需要多1维呢？额外维的性质 —— 卡鲁扎-克莱因理论中的圆半径 —— 可以解释为在其他维上变化的场。威藤根据这个类比提出，弦理论的某个场其实就是在第11维延展的那个圆周的半径。

引进1个额外的空间维有什么用呢？毕竟，在11维时空里没有一个和谐的超对称弦理论。但在11维时空里还真有那么一个超对称的引力理论。你大概还记得，第7章说过那是所有超引力理论中维数最高的一个，是超引力的真正的珠穆朗玛峰。所以，威藤猜想那个11维的

---

1. E. Witten, "String Theory Dynamics in Various Dimensions." hepth / 9503124 ; *Nucl. Phys.* B, 443 : 85 ~ 126 (1995).
2. C. M. Hull and P. K. Townsend, "Unity of Superstring Dualities." hepth/ 9410167; *Nucl. Phys.* B, 438 : 109 ~ 137 (1994).

世界（额外的场指示了它的存在），在没有量子理论的情形下，可以用
11维超引力来描述。

　　而且，尽管11维里没有弦理论，但关于在11维时空中运动的2维曲
面，却自有它的理论。那个理论至少在经典水平上是很美妙的。它是
20世纪80年代初出现的，有个富有想象的名字，叫11维超膜理论。

　　在威藤之前，多数弦理论家因为很好的理由忽略了这个超膜理论。
他们不知道是否能使这个理论与量子力学相容。有人尝试将它与量子
论结合，但失败了。当第一次超弦革命在1984年发生时，基于10维理
论的迷人性质，多数理论家抛弃了这些11维理论。

　　可是现在，弦理论家在威藤的带领下，想起要复活11维的膜理论。
他们这么做是因为他们发现了几个令人惊奇的事实。首先，如果我们
将11维之一看作圆，就能将膜的一个缠绕在那个圆上（图9-2）。这样，
膜的另一维可以在其余9个空间维里自由运动。那就成了在9维空间
里运动的1维物体。它看起来就是一根弦！

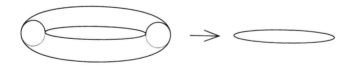

图9-2　左边是一个2维膜，我们可以想象它绕在一个隐藏维的小圆上。从远距离
看（右图），它就像缠绕在大空间维的一根弦

　　威藤发现，将膜的一个维以不同方式缠绕在圆上，就可以得到那
5个和谐的超弦理论，而且只能得到那5个理论，没有别的。

事情还不仅如此。我们说过，当弦缠绕圆时，有一种叫T对偶的变换。这些对偶和其他的对偶不同，它们是精确的。当膜的一维缠绕圆时，我们也看到了这种对偶变换。如果用从缠绕的膜得到的弦理论来解释这些变换，它们恰好就是联系那些弦理论的强弱对偶。你大概还记得，那种特别的对偶原来除了某些特殊情形外都是猜想的，还没有证明。而现在我们认识了它们来自11维理论的变换。这个美妙的结果令人不得不相信11维统一理论的存在。我们剩下的唯一问题就是怎么去把它找出来。

那年下半年，威藤为那个未知的理论起了一个名字。起名字是很了不起的艺术：他干脆就称它为M理论。他不想解释M代表什么，因为理论还没有呢。我们的责任是构建那个理论来填补那个名字的空白。

威藤的讲话提出了很多问题。假如他是对的，就有很多东西等着我们去发现。听讲的人中有个叫波尔琴斯基（Joseph Polchinski）的，是圣塔巴巴拉的弦理论家。他告诉我们："艾迪讲话过后，为更好地理解它，我为自己列出了20个家庭作业问题。"[1]那些作业领着他做出了一个对第二次超弦革命起着关键作用的大发现 —— 弦理论并不仅仅是关于弦的理论，10维时空里还有别的东西存在。

不熟悉水族馆的人认为那儿的东西都是鱼。但水族爱好者知道，鱼不过是吸引你第一眼的东西。健康的水族馆都养着植物。如果你只养鱼，它是不会好起来的，很快就会成为一个死鱼塘。现在看来，在

1.私下交流。

第一次超弦革命期间，从1984年到1995年，我们就像只知道养鱼的业余爱好者，遗漏了很多系统必需的东西，直到波尔金斯基才发现了那些遗失的要素。

1995年秋，波尔金斯基证明，弦理论为了和谐一致，不但需要弦，还需要在背景空间中运动的高维曲面。[1]这些曲面也是动力学对象。它们和弦一样，在空间自由运动。如果说一维的弦是基本的，那么二维的曲面为什么不能也是基本的呢？在高维下，空间更大了，为什么不能有三维、四维，甚至五维的曲面呢？波尔金斯基发现，除非有了这些高维的东西，否则弦理论间的对偶性不可能和谐出现。他称那些东西为*D*膜。（膜是二维的东西，*D*代表的专业意思我不想在这儿解释。）膜在弦的历程中起着重要作用：它们是开弦的端点所在的地方。通常情况下，开弦的端点在空间自由运动，但有时弦的端点可能被约束在膜的曲面上（图9-3）。这是因为膜可以携带电荷和磁荷。

从弦的观点看，膜是背景几何的额外特征。它们的存在带来了更多可能的背景几何，从而极大地丰富了弦理论。我们除了可以缠绕某个复杂几何中的额外的维，还可以将膜缠绕在那个几何的圆和曲面上。你想要多少膜就有多少膜，它们可以任意多圈地缠绕紧化的维。这样，我们就为弦理论制造了无限多个背景几何。波尔金斯基的这幅图景将产生巨大的影响。

---

1. J. Polchinski, "Dirichlet Branes and Ramond-Ramond Charges."*Phys. Rev. Lett.*, 75(26):4724～4727(1995).

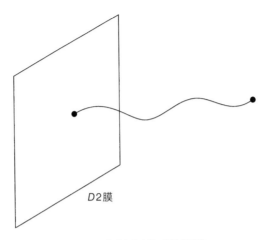

图9-3　一个二维膜上约束着一根弦的端点

　　膜也深化了我们对规范理论与弦理论之间的关系的认识。事情是这样的：几张膜叠加在一起，使弦理论以一种新的方式产生对称。正如我刚才讲的，开弦可以终结在膜上。但如果几张膜在同一个位置，那么弦终结在哪张膜就无关紧要了。这意味着某种对称性在起作用，而我们在第4章说过，对称性可以产生规范理论。于是，我们就这样发现了弦理论与规范理论的新联系。但膜的作用还不止这一点。例如，我们将在下一章看到，它们还会引出更多可能的统一理论。

　　膜还为我们开辟了一条崭新的思路，去思考我们的三维世界如何能与弦理论的多个空间维相联系。波尔金斯基发现的有些膜是三维的。将三维膜叠在一起，可以得到一个漂浮在多维空间里的具有任意对称性的三维世界。我们的三维宇宙会不会就是高维空间里的那样一个曲面呢？这是一个伟大的思想，有可能关联着一个叫膜世界的研究领域，在那儿，我们的宇宙就被看作漂浮在高维空间里的一个曲面。

膜实现了这一切，膜还做了更多的事情。因为它们，才可能在弦理论中描述某些特殊的黑洞。这是斯特罗明戈和维法（Cumrum Vafa）在1996年发现的，那也许是第二次超弦革命的最大成就。

膜与黑洞的关系是间接的，然而也是牢固的。事情是这样的：我们先将引力去掉（可以令弦耦合常数为零）。以这种方式描述黑洞似乎很荒唐，因为黑洞什么也没有，唯独只有引力。不过我们接着往下看。没有了引力，我们可以考虑膜缠绕额外维的几何。现在我们利用膜携带电荷和磁荷的事实，结果发现，膜携带多少荷是有极限的，与膜的质量有关。具有最大可能荷的构形很特别，我们称它为极端构形。它们构成我们以前讲过的一种特殊情形，存在能使我们进行更精确计算的额外的对称性。特别是，那些情形的特征在于具有联系费米子和玻色子的几种不同的超对称性。

黑洞能携带多少电荷或磁荷而依然保持稳定，也存在一个极大上限。那样的黑洞叫极端黑洞，广义相对论专家已经研究过多年了。如果研究在这些背景下运动的粒子，你也会发现几种不同的超对称性。

令人惊奇的是，尽管引力消除了，极端膜系统却保留着极端黑洞的某些性质。特别是，两个系统的热力学性质是相同的。于是，通过研究缠绕额外维的极端膜的热力学，我们可以重现极端黑洞的热力学性质。

黑洞物理学的一个挑战是解释贝肯斯坦和霍金关于黑洞熵和温度的发现（第6章）。根据弦论的新观点——至少在极端黑洞的情形下——通过研究类似的缠绕额外维的极端膜系统，我们能取得进步。实际上，两个系统的许多性质都可以对应起来。之所以出现这种几乎奇迹般的巧合，是因为两种情形都存在几种不同的联系费米子和玻色子的超对称变换。结果，我们可以构造强有力的数学类比，迫使两个系统的热力学完全等价。

但事情不仅如此。我们还可以研究几乎极端的黑洞，即它们携带的荷比最大可能的数略小。对膜来说，我们也可以研究具有比最大荷略小的膜的集合。那么膜与黑洞的对应还存在吗？答案是肯定的，而且确实存在。只要离极端情形很近，两个系统的性质也几乎可以对等。这是对应的更严格验证。不论在哪个系统，温度与其他量（如能量、熵和荷）之间都存在复杂而精确的关系。两种情形非常一致。

1996年，我听了年轻的阿根廷博士后马尔德希纳（Juan Maldacena）就这些结果发表的演讲，那是在意大利的里雅斯特（我常在那儿避暑）的一次会议上。我被征服了。膜的行为与黑洞的物理学在那么高的精度上对应，立刻令我心动，决定挤出一些时间重新回到弦理论上来。我请马尔德希纳共进晚餐，来到一家俯瞰亚德里亚海的比萨店。我发现他是我遇到的最聪明、最敏锐的年轻弦理论家之一。那天晚上，我们喝着酒，吃着比萨，讨论的一个问题是，膜系统应该不仅仅只是黑洞模型吧？它们是不是为黑洞的熵和温度提供了真正的解释呢？

我们不能回答那个问题，它现在仍然没有答案。答案要看那些结果到底有多重要。我们在这儿遇到的情形，我在其他场合已经说过了，即额外的对称性引出重大的发现。这里还是存在两种观点。悲观的观点认为两个系统的关系可能是它们同样具有很多额外对称性的偶然结果。对悲观者来说，计算的优美并不意味着它们带来了黑洞的一般认识。相反，悲观者担心，计算之所以优美是因为它们依赖于非常特殊的条件，而那些条件不能推广到典型的黑洞。

然而，乐观者相信，所有黑洞都可以用同样的思想来理解，特殊情形下表现的额外对称性只不过使我们把计算做得更精确。和强弱对偶的情况一样，我们还是不能确定悲观者和乐观者谁对谁错。这里，我们还有一点忧虑，即膜的叠加不是黑洞，因为引力已经被清除了。人们猜想，当引力慢慢恢复时，那些膜可以变成黑洞。实际上，可以想象这种事情会在弦论中发生，因为引力的强度正比于某个在空间和时间中变化的场。但问题在于这样的过程 —— 其中引力场随时间变化 —— 总是很难用弦理论进行具体描述。

马尔德希纳的黑洞研究很精彩，那才是他的开始。1997年秋，他发表了一篇惊人的论文，提出了一类新的对偶性。[1] 我们前面讲的那些对偶性都发生在同类理论之间，处于相同维数的时空。马尔德希纳的革命性思想是，弦理论可以有一个规范理论的对偶描述。这是令人惊讶的，因为弦理论是引力的理论，而规范理论却在固定背景的时空里描述没有引力的世界。而且，弦理论描述的世界比代表它的规范理论有着更多的空间维。

1. J. Maldacena, "The Large N Limit of Superconformal Field Theories and Supergravity." hep-th/9711200; *Adv. Theor. Math. Phys.*, 2:231～252 (1998); *Int.J. Theor. Phys.*, 38:1113～1133 (1999).

为了理解马尔德希纳的建议，我们回想一下第7章讨论过的思想，其中，弦理论可以从电场的流线产生出来。在那儿，电场的流线成了理论的基本对象。因为流线是一维的，看起来就像弦。你可以说线变成了突现的弦。在多数情况下，来自规范理论的突现弦并不像弦理论讨论的弦。特别是，它们似乎与引力毫无关系，而且没有提供力的统一。

然而，波利亚柯夫早就提出，在某些情形下，伴随规范理论的突现弦可能像基本弦。但规范理论弦并不存在于我们的世界；相反，波利亚柯夫凭着弦论历史上最惊人的想象力，猜想那些弦可能会在高一维的空间中运动。[1]

波利亚柯夫是怎么成功猜想到他的弦要在多一维的空间里运动呢？他发现，如果用量子力学方法处理从规范理论生成的弦，则它们具有一种突现性质，而那种性质竟然可以用弦上每一点的一个数字来描述。那个数字还可以理解为距离。在这种情形下，波利亚柯夫提出，弦的每一点所赋予的数字，应该认为确定了那一点在额外维的位置。

考虑这种突现性质后，就会很自然地将电场的流线看成是高一维空间里的东西。于是，波利亚柯夫顺着这个思路提出了三个空间维的世界里的规范场与四个空间维的世界里的弦理论之间的对偶性。

如果说波利亚柯夫提出了一般性的思想，那么马尔德希纳将那思

1. A. M. Polyakov, " A Few Projects in String Theory. " hep-th / 9304146.

想具体化了。在他研究的世界里，我们的三个空间维包容着最大超理论——即具有最多超对称性的规范理论。他研究了可能成为规范理论的对偶描述的突现弦。通过推广波利亚柯夫的论证，他发现描述那些突现弦的弦理论实际上就是一个10维超对称弦理论。在弦所在的9个空间维中，有4个就像波利亚柯夫猜想的样子。这样就还剩下5个空间维，就是卡鲁扎和克莱因描述的额外维（见第3章）。将这些额外的维设计成一个球面，这样的空间有时被称作鞍形空间（图9-4）。它们对应于具有暗能量的宇宙，但那儿的暗能量是负的。

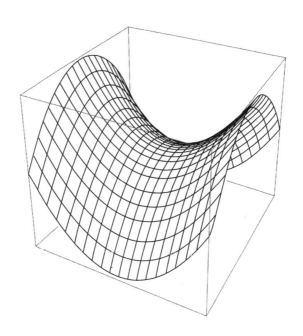

图9-4 鞍形曲面，代表具有负能量密度的宇宙的空间几何

马尔德希纳的猜想比波利亚柯夫最初的设想要大胆得多，它引起了巨大的反响，也成了后来千百篇论文的主题。虽然猜想至今尚未证

明，但大量证据表明，在弦理论与规范理论之间至少存在一种近似的对应。

这里有着很大的风险——过去有，现在也有。如果马尔德希纳的对偶猜想是正确的，两个理论是等价的，那么我们将有一个量子弦理论的精确的量子描述。我们想问的关于超弦理论的任何问题都可以转换为一个关于最大超理论——它是规范理论——的问题。从原则上讲，这比我们在其他情形得到的东西要多得多——在那些情形下，弦理论只不过是通过一系列的近似在背景相关的水平上定义的。

然而，还有几点警告。即使那种对偶性是真的，猜想也只有在对偶的一方能精确定义时才有用。要为在10维空间运动的弦定义一个和谐的理论，却面临着巨大的障碍。于是，人们将希望寄托在相反的方向，根据猜想，用最大超理论来定义弦理论。可是，虽然我们对最大超理论知道很多，那个理论却也还没精确定义。看来，我们有希望做得更好，但还存在很多技术难题。

如果马尔德希纳的猜想错了，那么最大超理论和弦理论不会等价。然而，即使如此，也有显著的证据表明，两者在某些近似的水平上存在有用的关联。这些近似也许还不足以用一个理论来定义另一个，但它们仍然有可能计算一些喜欢关联的性质。人们沿着这条路线做了大量富有成果的工作。

例如，在最低的近似水平上，10维理论只是广义相对论在10维的一种拥有超对称性的推广形式。它没有量子力学，但有很好的定义。

很容易在这个理论中做一些计算，如研究10维时空几何中不同类型的波的传播。值得注意的是，即使马尔德希纳的猜想只在最低近似下成立，也能使我们计算某些与我们三维世界的规范理论相对应的性质。

反过来，这也使我们更好地认识了其他规范理论的物理学。其结果是，至少在最低近似水平上，有很好的证据表明弦理论和规范理论确实像马尔德希纳猜想的那样相互关联。不论马尔德希纳猜想的强形式是对还是错 —— 哪怕弦理论本身错了 —— 我们都为理解超对称规范理论找到了强有力的工具。

经过了几年的紧张工作，这些问题仍然混乱不清。关键在于弦理论与最大超理论之间的关系到底是什么。多数证据是用弱形式的马尔德希纳猜想解释的，它只要求一个理论的某些量可以用另一个理论的方法在一定的近似水平上进行计算。正如我说过的，这已经算是很好的结果了，有着重要的应用。但多数弦理论家相信强形式的猜想，即两个理论是等价的。

这种状况令人想起强弱对偶猜想，因为它使我们有可能在一个非常特殊的、具有很多额外对称性的状态子空间上说明强结果。与强弱对偶的情形一样，悲观者担心额外对称性会强迫理论以不容选择的方式达到一致，而乐观者相信额外对称性能帮助我们揭示在更一般情形下也正确的关系。

最后，究竟哪种形式的马尔德希纳猜想正确，有着多方面的影响。一个方面在于黑洞的描述。黑洞可以在具有负暗能量的宇宙中产生，所以我们可以用马尔德希纳猜想来研究如何解决霍金提出的黑洞信息疑问。两个理论是精确对应还是近似对应，将给疑问带来不同的解决方法。

假定黑洞内部的引力理论与规范理论只有部分的对应，那么在这种情形下，正如有些理论家（如惠勒和德维特）在很久以前设想的，黑洞可以永久保存信息 —— 甚至将信息传递到从黑洞中心奇点生成的新宇宙。这样，信息总算没有丢失，因为它存在于新的宇宙；但对在黑洞边界的观察者来说，信息永远地丢失了。如果边界处的规范理论只包含内部的部分信息，那么这种信息丢失是可能发生的。但是，如果假定两个理论的对应是精确的，那么规范理论既无视界也无奇点，信息也就无处可丢。如果它正好对应于黑洞的时空，也就没有信息能在那儿丢失。在第一种情形下，观察者失去了所有信息；在第二种情形下，他保住了信息。直到我写这些话时，问题还没解决。

我们已经不止一次地看到，超对称在弦理论中扮演着一个基本角色。没有超对称性而构建的弦理论是不稳定的，不仅如此，它们还会通过一个永不停歇的过程发射越来越多的快子，直到理论崩溃。这可一点儿也不像我们的世界。超对称性清除了这些行为，使理论稳定下来。但在某些方面它又做得太过了。因为超对称性意味着有一种时间的对称，结果，超对称理论就不能建立在随时间演化的时空里。于是，使理论稳定的方面却使我们很难研究我们最希望用引力的量子理论回答的问题，如大爆炸后宇宙发生了什么？黑洞视界内部的深处发生了什么？在这些情形下，几何都是在时间中瞬息变化的。

这就是我们在第二次超弦革命中认识的弦理论。随着一系列前所

未有的激动人心的结果，我们的认识极大地扩展了。它们为我们带来
了一些诱人的真理的线索 —— 如果能透过曾经的帷幕看到真实的东
西，那该多好啊！可是，尽管我们努力了，我们想做的很多计算还是可
望而不可即。为了得到一个结果，我们不得不选择特殊的例子和条件。
在很多情形下，我们甚至不知道我们能做的计算是否能真的指引我们
通向一般的情形。

我个人觉得这种状况是非常令人沮丧的。也许我们在向着一个万
物的理论大踏步前进，也许我们盲目地夸大了结果，过分乐观地解读
了我们能做的计算，在迷失的方向上越走越远。20世纪90年代中期，
当我向弦理论的一些领头人物抱怨时，他们叫我别担心，说那只是因
为理论比我们聪明。他们告诉我，我们不能直接向理论提问并要它回
答。任何想直接解决大问题的努力是注定要失败的。相反，我们应该
相信理论，跟着它走，心安理得地用我们不完美的计算方法去探索它
愿意向我们袒露的部分。

只有一个陷阱。真正的量子形式的M理论应该是背景独立的，同
样，任何引力的量子理论也必须是背景独立的。但除了我前面说的那
些原因之外，M理论之所以必须是背景独立的，还因为5个超弦理论
连同它们的所有流形和几何，都应该是M理论的组成部分。这包括那
些几何在从1维到10维的空间里的所有不同的卷曲方式。它们都为弦
和膜的运动提供背景。但如果它们是一个统一理论的部分，那个理论
就不能建立在任何一个背景上，因为它必须囊括所有背景。

于是，M理论的关键问题就在于寻找一种能与量子理论和背景独

立性相容的形式。这是很重要的问题，也许还是弦理论未解问题中最重要的一个。遗憾的是，这方面几乎没有什么进展。有一些迷人的线索，但我们还不知道M理论是什么，甚至不知道是否存在任何配得上那个名字的理论。

量子力学的M理论有一定的进步，但仍然限于特殊的背景。早在20世纪80年代，这就是构造11维膜理论的量子理论的一种尝试。三个欧洲物理学家德维特（Bernad de Wit）、霍普（Jens Hoppe）和尼科莱（Hermann Nicolai）发现，可以通过一种技巧来做到这一点，即将膜表示为数学家所谓的矩阵——即一个二维的数表或数组。他们的公式需要9个这样的数表，由此得到一个逼近膜行为的理论。[1]

德维特和他的同事们发现，可以使他们的矩阵理论与量子理论相容。唯一的麻烦在于，为了描述膜，必须将矩阵扩张到无限，而量子理论只有在矩阵有限的时候才会有意义。所以，我们留下一个猜想：假如量子理论能和谐地向无限的数组扩张，那么它将生成一个膜的量子理论。

1996年，四个美国弦理论家复活了这个思想，不过有点儿费解。邦克斯（Thomas Banks）、费歇尔（Willy Fischler）、申克尔（Stephen Shenker）和苏斯金提出，在11维平直时空背景下，同样的矩阵理论不仅给出了11维膜理论，还给出了整个M理论。[2]这个矩阵理论并没有完

1. B. de Wit, J. Hoppe, and H. Nicolai, " On the Quantum-Mechanics of Supermembranes. " *Nuc. Phys.* B, 05（4）:545～581（1988）.

2.T. Banks, W. Fischler, S. Shenker, and L. Susskind, " M-Theory as a Matrix Model: A Conjecture. " *Phys. Rev.* D, 55（8）:5112～5128（1997）.

全回答 M 理论是什么，因为它处于特殊背景之下。它只能在其他几种背景下有效，但当四个以上的空间维卷曲时，它就给不出合理的答案。如果 M 理论是对的，我们的世界应该有 7 个卷曲的空间维，所以它还不够好。而且，我们还不知道它在矩阵变得无限的时候，是不是能导出一个和谐的量子理论。

遗憾的是，M 理论仍然只是一个诱人的猜想。它吸引着人们相信它；同时，在它真正建立起来之前，它的确不是一个理论 —— 而是一个关于我们向往的理论的猜想。

当我在那些年思考和弦理论的关系时，想起我的一个艺术收藏家朋友。我们见面时，他说他还是我崇拜的一个年轻作家的朋友；我们可以叫她"M"。几个星期后，朋友来电话说："我几天前和 M 谈过话，你知道，她对科学非常感兴趣。你们什么时候见见面怎么样？"我当然有点儿受宠若惊，高兴地答应了。丰盛的晚餐刚吃到一半，收藏家的手机响了。"是 M 的，"他说，"她就在附近，想顺便过来看看你。行吗？"可她没来。饭后吃点心时，我和收藏家朋友畅谈艺术与科学的关系。后来，我不禁暴露了对 M 的好奇，真渴望见见她，样子很窘迫，于是告辞回家了。

几个星期以后，他打来电话，说了一大堆抱歉的话，然后又请我去吃饭见她。我当然去了。首先是因为他只在最好的饭店吃饭；看来这些画廊的经纪人的吃喝钱比科学家的薪水还高。不过，那次和后来几次，也都发生了同样的事情。她会来电话，一两个小时或几个小时过后，他的电话又会响起。"哦，我知道了。你感觉不舒服。"或者，

"出租车司机不知道剧场在哪儿吗？把你带到布鲁克林了？这城市怎么了？好的，我知道，很快……"两年后，我才相信那个年轻女子在书的封面上的照片是假的。一天晚上，我告诉他我终于明白了：他就是M。他只是笑了笑，说："哦，是的……不过，她真的很高兴见你。"

弦理论的故事也许会像我和M的约会一样，永远拖延下去。虽然你知道那不是真的，却仍然为它工作，因为它距离你所能达到的目标最近。同时，伙伴很迷人，吃的东西也好。你一次次听说真正的理论就要揭开了，但从来没有发生。过后，你开始自己去找它。这样的感觉很好，可永远没有结果。最后，你得到的还是从前的那样东西：一本你不可能打开的书的封面上的一张美丽的图片。

第 10 章
万物之理

在两次弦的革命中，观察几乎不起任何作用。随着众多弦理论的成长，多数弦理论家仍然一如既往地相信他们原来的幻想：有一个能带来唯一实验预言的唯一理论，但没有如愿的结果；而少数理论家则一直担心唯一的理论永远不会出现。同时，乐观者坚持认为我们必须相信理论，跟着理论走下去。一个统一理论需要做的事情，弦论似乎已经做得够多了，仿佛其余的东西到时候会自己冒出来。

然而在最近几年里，弦理论家的思想方法完全颠倒了。长久以来抱有的对唯一理论的希望破灭了，他们多数人现在相信弦理论应该看作一派广袤的理论景观，不同的理论描绘着一个多重世界的不同景象。

他们的期待因为什么而转变呢？是与事实的矛盾。但那并不是我们希望的事实 —— 而是出乎我们多数人意料的事实。

好的理论应该令我们惊奇。它意味着不论谁创立了它，都算有了进步。但是，当观察令我们惊奇时，理论家就担心了。过去 30 年里，最令人困惑的观察莫过于 1998 年的暗能量的发现。我们说能量是暗的，意思是它看起来不同于我们以前知道的任何形式的能量和物质，即它不与任何粒子或波相联系。它就是它。

我们不知道暗能量是什么，我们知道它只是因为我们能观测它对宇宙膨胀的影响。它就像一个均匀遍布在整个空间的引力源。因为分布均匀，处处相同，所以没有东西向它落下。它唯一的效应是对星系分离的平均速度的影响。1998年，人们对遥远星系的超新星观测表明宇宙膨胀在加速，而其加速方式最好用暗能量的存在来解释。[1]

暗能量也许是所谓的*宇宙学常数*。这个名词指的是具有某种显著特征的能量形式：这种能量的性质（诸如密度）在所有观测者看来都是一样的，而不论他们在时间和空间的什么地方，也不论他们是否在运动。这是很不寻常的。通常情况下，能量伴随着物质，而且存在一个与物质一起运动的特殊观察者。宇宙学常数就不同了。它之所以叫*常数*，是因为不论你什么时候在什么地方以什么方式观测，它的值都是一样的。又因为不能从空间运动的粒子或波寻求它的起源和解释，所以叫*宇宙的*——就是说，它是整个宇宙的特征，而不是其中任何具体事物的特征。（我要说明，我们还不能确定暗能量是否真的具有宇宙学常数的形式；虽然我们目前的所有证据都指向它，但在未来的几年，我们将更好地认识它的能量密度在时空中是否真的保持不变。）

弦理论没有预言暗能量。更坏的是，弦理论很难调和探测的数值。于是，暗能量的发现预示着弦论领域的危机。为看清这一点，我们必须回过头来讲讲宇宙学常数的奇异而悲凉的故事。

---

1. 超新星观测是Saul Perlmutter和他在劳伦斯伯克利实验室的合作者以及Robert Kirschner和他的"大红移超新星搜寻"小组完成的。

　　故事要从1916年说起，起因是爱因斯坦拒绝相信他新创的广义相对论的最大胆预言。他原本就倡导了广义相对论的一大理念，即时间和空间的几何是动力学演化的。所以，当人们用他的新理论去摹写宇宙时，发现那宇宙也随时间而动力学演化，他是不应该感到惊奇的。人们研究的模型宇宙膨胀也收缩，甚至有起点和终点。

　　但爱因斯坦还是被结果惊呆了 —— 也惊慌了。自亚里士多德以来，宇宙总被认为是静态的。它也许是上帝创造的，但如果真是那样，那它就从未改变过。爱因斯坦是200年来最富创造力也最为成功的理论物理学家，可就是这样一个人物，也不能想象宇宙竟然不是永恒不变的。我们不禁要说，假如爱因斯坦真是天才，它大概会更相信他的理论而不是偏见，从而预言宇宙的膨胀。而我们得到的更深刻的教训是，即使最冒险的思想家，要让他们抛弃延续了几千年的信仰，也是多么艰难啊！

　　我们这些已经习惯了宇宙演化思想的人，对于人们接受宇宙可能有起点的观点到底有多难，也只能在心里揣度了。不管怎么说，在相当长的一段时间里，并没有宇宙随时间变化或演进的证据，所以爱因斯坦把宇宙膨胀的预言看成他的理论存在缺陷的信号，并开始想办法让它与永恒宇宙的概念相容。

　　他发现，他的引力方程还有一种可能性，即真空的能量密度可能不等于零。而且，这个普适的能量密度对所有观察者来说都是一样的，而不管他们什么时候在什么地方进行观察，也不管他们在如何运动。所以他称它为宇宙学常数。他发现，常数的效应依赖于它的符号。当它是正数时，将引起宇宙膨胀 —— 不仅膨胀，而且加速膨胀。这不同于普通物质的影响，它们总是使宇宙收缩，因为它们总是相互吸引的。于是，爱因斯坦意识到，他可以利用这种新的膨胀趋势来平衡引力产生的收缩，从而达到一个静态而永恒的宇宙。

爱因斯坦后来说宇宙学常数是他一生最大的失误。实际上，那是一个双重的失误。首先，它没有什么成效，并没有阻止宇宙的收缩。你可以平衡物质引起的收缩与宇宙学常数引起的膨胀，但那只是暂时的。平衡根本就是不稳定的。稍微扰动一下，宇宙就会开始收缩或膨胀。不过真正的失误在于静态宇宙的思想一开始就是错的。10年后，一个叫哈勃（Edwin Hubble）的天文学家开始寻找宇宙膨胀的证据。自20世纪20年代以来，宇宙学常数就成了人们想摆脱的烫手的山芋。可是，随着时间的流逝，它变得越来越难摆脱了，至少在理论上是那样。我们不能只是规定它为零，然后忽略它。它就像角落里的大象，你可以视而不见，但它确实在那儿。

人们不久就开始认识到量子理论能对宇宙学常数有所解释。遗憾的是，它和我们想听的话正好相反。量子理论，特别是不确定性原理，似乎需要一个巨大的宇宙学常数。如果某个东西是完全静止的，那么它有确定的位置和动量，而这跟不确定性原理相矛盾，因为原理告诉我们，不可能同时知道粒子的这两样东西。结果，即使温度为零，事物也在不停地运动。任何粒子和任何自由度，即使在温度等于零的时候，也都伴随着一定的剩余能量。这叫真空能量或基态能量。当量子力学用于场（如电磁场）时，场振动的每个模式都有真空能量。但场振动的模式很多，所以量子力学预言的真空能量很大。在爱因斯坦广义相对论的背景下，这隐含着巨大的宇宙学常数。我们知道这是错误的，因为那意味着宇宙膨胀很快，从而不可能形成任何结构。星系的存在为宇宙学常数的大小强加了一些限制，那些极限大约比量子力学预言的小 120 个数量级。这大概是科学理论最拙劣的一个预言了。

出现大问题了。理智的人会认为我们还需要崭新的思想，在引力与量子理论的偏离得到解释之前，两者的统一是不会有什么进步的。几个最敏锐的人也有同感。其中一个是德国理论物理学家德雷耶（Olaf Dreyer），他猜想，只有当我们抛弃空间是基本的观念，才可能消解量子理论与广义相对论的不相容。他提出，空间本身是从某种迥然不同的更基本的描述中涌现出来的。几个在凝聚态物理学领域做过重要工作的理论家，如诺贝尔奖得主劳克林（Robert Laughlin）和俄罗斯物理学家沃洛维克（Grigori Volowik），也讨论过这个观点。但我们大多数做基础物理学工作的人都不在乎这个问题，而是继续走我们不同的路线，哪怕到头来一事无成。

直到不久以前，我们还一直有一点安慰：至少宇宙学常数的观测值为零——就是说，没有宇宙加速膨胀的证据。这令人满意，因为我们可以指望找一个新原理来清除方程中的所有令人不安的东西，并使宇宙学常数严格等于零。假如观测值是某个非零的小数，问题就严峻多了，因为要一个新原理将数值减小但不等于零，是更难想象的事情。于是，几十年来，我们都对各路神灵满怀感激，至少我们没有遭遇那个问题。

宇宙学常数给所有物理学家提出了一个问题，不过弦论的情况似乎更好一点儿。弦论不能解释为什么宇宙学常数等于零，但它至少解释了它为什么不是正数。我们能从弦论得到的仅有的几个结论之一就是宇宙学常数只能为零或负数。我不知道有哪个弦理论家预言过宇宙学常数不能是正数，但一般都认为那就是弦论的一个结论。其中的道理太专业了，不能在这儿评说。

其实，负宇宙学常数的弦理论早就研究过了。例如，著名的马尔德希纳猜想就涉及一个具有负宇宙学常数的时空。困难还很多，直到今天也没人具体写出弦理论在负宇宙学常数世界里的细节。但人们相信，没写出具体的东西，只是一个技术问题——而不是原则问题。还没有什么理由说它在原则上就应该是不可能的。

于是你可以想象，当1998年的超新星观测表明宇宙在膨胀加速，意味着宇宙学常数必须是正数的时候，人们是多么惊奇。这是真正的危机，因为弦理论的预言与观测之间显然出现了矛盾。实际上，有定理表明，具有正宇宙学常数的宇宙——至少在忽略量子效应时——不可能是弦理论的解。

威藤不是悲观主义者，但他在2001年还是坦率承认："我不知道有什么好办法能从弦理论或M理论得到德西特空间［具有正宇宙学常数的宇宙］。"[1]

---

1. E. Witten,"Quantum Gravity in de Sitter Space."hep-th/0106109. 威藤接着说："考虑到经典的止步定理，最后这个陈述并不十分令人惊奇。因为，从稳定模的通常问题来看，鉴于德西特空间不会经典地产生，也很难在量子水平上以可靠的方式得到它。"（所谓经典的止步定理，指 Sidney Coleman and Jeffrey Mandula 在1967年提出的 no-go 定理，说一个和谐的4维量子场论的对称群只能是内禀对称群与 Poincare 群的直积，而"不可能以任何非平凡的方式混合时空和内在对称性"。它在超对称性的推广即 Haag-Lopuszanski-Sohnius 定理。——译者）

科学哲学家和科学史家，如拉卡托斯（Imre Lakatos）、费耶阿本德（Paul Feyerabend）和库恩，曾经指出，一个实验反常不足以否定一个理论。如果一个理论深得众多专家的信任，他们会用更极端的方式来挽救它。这对科学来说并非总是坏事，甚至还可能是好事。有时，理论的捍卫者会成功，而他们的成功往往伴随着意外的重大发现。但有时他们也会失败，大量的时间和精力都在科学家们的一步步努力中浪费了。最近几年发生的弦论的故事，应验了拉卡托斯和费耶阿本德的观点，因为它表现的是一大群专家在尽力挽救一个他们珍爱的然而却面对着矛盾数据的理论。

如果说弦论真的得救了，那么拯救它的是一个完全不同的问题的解：如何使高维稳定？回想一下，在高维理论中，额外维的卷曲产生了很多解。那些能再现我们观察的世界的解是很特殊的，其高维空间几何的某些方面必须冻结起来。否则，一旦几何开始演化，就可能一直继续下去，要么生成奇点，要么迅速膨胀，张开卷曲的维，使我们能看到它们。

弦理论家称它为模的稳定性问题。"模"是刻画额外维性质的常数的一般名字。这是弦理论必须解决的问题，但长期以来还不清楚应该怎么做。和其他情形一样，悲观者很忧虑，而乐观者相信我们迟早会找到答案的。

这回是乐观者说对了。进步从 20 世纪 90 年代开始，加州的几个理论家认识到问题的关键在于用膜来稳定高维。为明白这一点，我们必须认识问题的一个特征，即高维几何在为弦理论提供良好背景的同时可以连续变化。换句话说,你可以改变高维的形状或体积,并通过这种方式经历不同的弦理论空间。这意味着没有什么能阻止额外维的几何随时间演化。为避免这种演化,我们必须找一族弦理论,而不可能连续游移其间。为实现这一点,我们需要寻求那样的弦理论,其每一步变化都是离散的 —— 就是说,你不能连续地从一个理论走到另一个,而只能突然地大踏步跳跃。

波尔金斯基告诉我们,弦论中确实有离散的东西 —— 膜。回想一下,存在那样的弦背景,其中膜是缠绕在额外维曲面上的。膜以离散的形式出现。你可以有1,2,17或2 040 197个膜,却不能有1.003个膜。因为膜携带电荷与磁荷,这就生成了电磁流的离散单位。

于是,20世纪90年代末,波尔金斯基和一个叫波索(Raphael Bousso)的博士后一起,开始研究额外维环绕着大量电流的弦理论。他们得到一个理论,其中的一些参数不再连续变化了。

但你能以这种方式冻结所有的常数吗?这需要很多复杂的构造,但结果有一个额外的好处。它达成了具有正宇宙学常数的弦理论。

关键的突破发生在2003年,主人翁是一群来自斯坦福的科学家,包括卡洛什(Renata Kallosh,超引力和弦理论的先驱之一)、林德(Andrei Linde,宇宙暴胀的发现者之一)和两个优秀的年轻理论家卡齐鲁(Shamit Kachru)和特里维迪(Sandip Trivedi)。[1]即使从弦论

---

1. S. Kachru, R. Kallosh, A. Linde, and S. Trivedi, " De Sitter Vacua in String Theory. " hep-th / 0301240.(这篇论文被广泛引用,简称KKLT。——译者)

的标准看，他们的工作也太复杂了。他们的斯坦福同事苏斯金说它是"用庖丁杀鸡的技艺"。但它的影响很大，因为它不但稳定了额外维，还协调了弦理论与暗能量的观测结果。

斯坦福小组的工作可以简单说明一下。他们的出发点是一种经过了认真研究的弦理论——在每一点带有6维小几何的平直的四维时空。他们选择的6维卷曲的几何是卡丘空间（见第8章）。我们已经看到，至少有十万个那样的空间，而我们只需要选一个其几何依赖于很多常数的典型代表。

接着，他们让大量电磁流（通量）卷曲在每一点的6维空间周围。因为只能卷曲离散单位的电磁流，这就可能会清除不稳定性。为了进一步稳定这种几何，还必须借助某些量子效应，虽然我们不知道它们如何直接从弦理论产生，但在超对称规范理论中对它们已经有了一定的认识，因此它们有可能起一定的作用。将这些效应与流、膜的效应结合起来，就能得到所有模都稳定的几何。

通过这一点，也可能在四维时空出现负的宇宙学常数。原来，我们希望的宇宙学常数越小，需要卷曲的流就越多，所以我们卷曲大量的流得到的宇宙学常数虽然小却是负的。（前面说过，我们还不清楚如何在这样的背景下具体写出弦理论，但也没有理由相信它不存在。）但问题的关键在于得到正宇宙学常数，以满足宇宙膨胀速率的新观测结果。于是，下一步就是以不同方式卷曲其他的膜，这样可以增大宇宙学常数的值。正如有反粒子，也有反膜，而斯坦福小组在这儿就用了反膜。通过卷曲反膜，可以增加能量，从而使宇宙学常数成为小的正数。同时也抑制了弦理论相互游移的趋势，因为任何改变都必须是离散的跳跃。这样，一举解决了两个问题：清除了不稳定性，宇宙学常数成了正的小数。

斯坦福小组本可以将弦理论从宇宙学常数引发的危机中解救出来，至少暂时可以，但他们的方法产生的结果太奇怪，也太出人意料，反倒使弦论的阵营四分五裂。在此之前，弦理论家们是步调一致的。20世纪90年代参加弦理论会议就像20世纪80年代初去中国，几乎每一个和你谈话的人都抱有同样的观点。不管是好还是坏，斯坦福小组破坏了团结。

记住，我们现在讨论的特殊的弦理论，是从紧化空间周围的卷曲流产生的。为了得到小的宇宙学常数，必须卷曲很多流。但流的卷曲方式不止一种，实际上有很多种。那么到底有多少呢？

回答这个问题之前，我必须强调，我们并不知道通过卷曲在隐藏维周围的流所生成的理论中，是否有哪个能给出优美而和谐的量子弦理论。用我们现有的方法很难回答这个问题。所以，我们要做的事情是求助检验，它能说明一个好的弦理论的必要但不充分的条件。我们的检验要求弦理论（如果存在的话）具有相互作用很弱的弦。这意味着如果能在这些弦理论中进行计算，那么结果应该非常接近我们所能进行的近似计算的预言。

我们能回答的问题是，这样有着在6个隐藏维周围的卷曲流的弦理论中，有多少通过了考验？答案依赖于我们想要多大的宇宙学常数。

如果我们想要一个负的或零的宇宙学常数，那么就有无限多个不同的理论。如果我们希望理论有一个正的宇宙学常数以满足观测结果，那么理论的数量就是有限的。目前证据表明大概有10^{500}个。

这当然是一个巨大的数目，而且，每个弦理论都是不同的。每一个都将为基本粒子物理学给出不同的预言，也都将为标准模型的参数值给出不同的预言。

我们说弦论不是一个理论，而是一个由众多可能理论构成的景观，这个观点在20世纪80年代末和90年代初就已经提出，但被多数弦理论家拒绝了。前面说过，斯特罗明戈在1986年发现有许多看起来很和谐的弦理论，虽然很多弦理论家仍然相信会出现确定唯一一个正确理论的条件，还是有少数人一直担心会失去预言能力。但波索、波尔金斯基和斯坦福小组的工作最终打破了平衡。他们也和斯特罗明戈一样，带来了大量新的弦理论，不过真正新奇的地方在于这些数量的需要是为了解决两个大问题：让弦理论与正真空能的观测结果一致；将理论固定下来。也许因为这些原因，理论的景观最后就不能看作是可以忽略的奇异结果，而是让弦理论免遭否决的补救方法。

景观论的另一个原因倒非常简单，那就是理论家们泄气了。他们费了很长时间寻找能替他们选出唯一弦理论的原理，但一直没有发现那样的原理。随着第二次革命的进行，我们现在对弦论的理解好多了。特别因为对偶性的出现，就更难说多数弦理论都是不稳定的。于是，弦理论家开始接受所有可能理论所形成的景观。驱动这个领域的问题不再是如何寻找唯一的理论，而是如何做有那么多理论的物理。

一种响应是说那是不可能的。即使我们只限于与观测一致的理论，似乎也还有太多那样的理论，总有几个几乎肯定能给出我们想要的结果。那么为什么不把这种情形看作 *reductio ad absurdum*（"归谬"）呢？那个词在拉丁文里很好听，不过在英文里更实在，还是直说吧：本来是想构造一个唯一的自然理论，努力的结果却引出了10^{500}个理论，那方法岂不是归于荒谬了吗？

这对那些把多年甚至几十年的生命都奉献给了弦理论的人来说，确实是很痛苦的。我也曾为它付出过一定时间和精力，如果说我也感到痛苦，那不过是想象我那些把整个生涯都寄托在弦论的朋友们会有什么样的感觉。不过，尽管令人痛苦不堪，对这样的局面，理智和诚实的态度还是应该承认它"归谬"了。这样的态度，只是我认识的少数几个人坚持的，而多数弦理论家没有选择它。

还有一种理性的态度：否认存在大量弦理论的说法。关于具有正宇宙学常数的新理论的论证是基于强烈的近似，它们也许会使理论家们相信数学上并不存在的理论，更不必说什么物理了。

实际上，我们说存在大量具有正宇宙学常数的弦理论，其证据来自非常间接的论证。我们不知道如何真实地描述在那些背景下运动的弦。而且，我们可以规定某些弦理论存在的必要条件，但我们不知道这些条件对理论的存在是否也是充分的。于是，我们并没有证明在那些条件下确实存在某个弦理论。所以，理智的人大概会说，也许它们不存在。的确，最近，霍洛维茨（卡丘空间的发现者之一）和两个年轻同事赫尔托（Thomas Hertog）和梅达（Kengo Maeda）发现的结果，就引出了这样的问题：这些理论中是否有哪个描述了稳定的世界？[1]
对这些证据，我们可以重视，也可以像许多弦理论家那样满不在乎。
赫尔托和他的同事们发现的可能的稳定性不仅损害了斯坦福小组发现
的新理论景观，而且破坏了涉及6维卡丘空间的所有解。如果这些解
确实都不稳定，那么它意味着旨在联系弦理论与现实世界的多数工作
都不得不被抛弃。当前人们也在争论斯坦福小组的某些假定是否真的
成立。

第一次超弦革命开始的时候，弦理论的存在是一个奇迹。而最终
存在5个弦理论的事实更令人惊奇。那几乎是不可能的，就更增强了
我们对计划的信心。起初不大可能，而后来却成立了——那么它当然
是奇迹。今天弦理论家乐意接受众多理论构成的景观，而20年前我们
相信存在一个单一的理论，不过都一样没有什么证据。

所以，最后的界线就是，"我需要你用20年前估价那5个理论的
标准来说服我相信那些理论是存在的"。如果你坚持这些标准，那么你
就不会相信大量的新理论，因为当前景观的任何一个理论的证据，在
旧标准下都是微不足道的。这是我本人多数时间倾向的观点。在我看
来，这似乎是对证据的最理性的解读。

---

1. 例如，参见 T. Hertog, G. T. Horowitz, and K. Maeda," Negative Energy Density in Calabi-Yau Compactificati-
ons. " hep-th / 0304199, Jour. High Energy Pgys., 0305:60 (2003)。

第 11 章
人类的选择

　　我认识的很多物理学家降低了他们的希望，不再指望弦论是自然的基本理论 —— 但不是所有的人都那样。近年流行的争论是，问题不在于弦论，而在于我们对物理学理论的期待。这个论题是苏斯金几年前在一篇题为"人类选择的弦论景观"中引出的：

　　　　根据大量学者最近的工作，那一派景观似乎广袤无垠而且千姿百态。不管我们是不是喜欢，这种状况又为人存原理增加了几分信心……这些 [斯坦福小组的景观中的理论] 一点儿也不简单。它们是临时的庖丁杀鸡的技艺，几乎不可能有什么重要的意义。但在人择的理论中是不考虑简单和优美的。选择真空的唯一原则就是实用，即它是否具有生命必需的元素，如星系的形成和复杂的化学等。我们需要的就是这些东西外加一个那样的宇宙学 —— 它保证至少有一大块空间能以很高的概率形成那个真空结构。[1]

　　苏斯金说的人存原理，是宇宙学家们自1970年以来提出并探讨

---

1. L. Susskind," The Anthropic Landscape of String Theory. "hep-th / 0302219.

的一个老思想。当时他们面对着这样一个事实：生命只能出现在所有
可能物理学参数的一个极端狭小的范围内，尽管奇怪，我们还是出现
了，仿佛宇宙就是为了包容我们而设计的（所以才说"人存"）。苏斯
金的特殊说法代表着一种宇宙图景，即林德前些年提出的所谓"永恒
暴胀"。根据这幅图景，宇宙早期的迅速暴胀阶段生成的不仅仅是一
个宇宙，而且是一个无限的宇宙群。你可以想象宇宙的原初状态处于
没有终止的指数式扩张。接着，气泡出现了，在那些地方膨胀急剧慢
了下来。我们的世界就是其中的一个气泡，而另外还有无限多个。在
这个图景下，苏斯金增加了一点：当气泡形成时，某个自然律就从众
多弦理论中选出一个来主宰那个宇宙。结果是一大群宇宙，每一个都
由一个随机选出的弦理论负责。那个景观里的每个可能的理论都能在
所谓多重宇宙中找到自己的地方。

苏斯金等人鼓吹人存原理，我看是很不幸的，因为我们已经认识
到了它对科学来说是一个脆弱的基础。由于每个可能的理论都决定着
多重宇宙的某个部分，我们就做不出多少预言了。原因很简单。

如果一个理论假定了一大群由随机选择的定律决定的宇宙，那么，
为了做出预言，我们首先必须写出所有关于我们宇宙的事实。这些事
实也同样适用于很多别的宇宙，我们把所有满足这些事实的宇宙的集
合称作可能真实的宇宙。

我们只知道我们的宇宙是可能宇宙中的一个。如果说一群宇宙是
通过基本自然定律的随机分布产生的，那么我们就不可能知道别的什
么了。只有当每个（或几乎每个）可能真实的宇宙都有某个在我们自

己的宇宙中没有发现过的性质，才可能做出新的预言。

例如，假定在几乎每个可能真实的宇宙中，最高共振频率是低音C，那么从所有可能真实的宇宙中随机选择出来的宇宙很可能以低音C的频率振动。因为我们除了知道自己的宇宙是一个可能真实的之外对它一无所知，所以我们很可能预言我们的宇宙也是唱低音C的。

问题是，理论在所有宇宙的分布是随机的，很少有这样的性质。最可能的是，一旦我们确定了我们在自己宇宙中观测的性质，那么任何宇宙可能具有的其余性质将随机分布在其他可能真实的宇宙中。于是我们无法做出预言。

我所讲的是宇宙学家们所谓的*弱人存原理*。正如名字所说，关于我们的宇宙，我们知道一件事情，那就是它支持智慧生命的存在；于是，每个可能真实的宇宙都必须是智慧生命能够生存的地方。苏斯金等人指出，这个原理一点儿也不新鲜。例如，我们如何解释我们处于这样一颗行星 —— 其温度恰好使水处于液态？如果我们相信宇宙中只有一颗这样的行星，就会发现这是很令人疑惑的事情。我们不禁要相信一定存在一个智能的设计者。但一旦我们知道有大量的恒星和众多的行星，我们就会明白只是出于偶然，才会有很多适宜生命的行星。那么，我们出现在其中一颗也就不足为怪了。

然而，行星类比和宇宙学情形还是有很大的区别，那就是除了自己的宇宙，我们不知道别的任何宇宙。存在一族宇宙的假设，是不能通过直接观察来证明的，因而不可能用来做任何解释。的确，假如真的存在一族有着随机定律的宇宙，我们就不会惊奇自己生活在我们能够生活的一个宇宙中。但我们生活在适宜于生命的宇宙这个事实，不能用来证明存在一族宇宙的理论。

还有一个相反的论证，我们可以用行星的例子来说明。假定不可能看到任何其他行星，那么，当我们根据这一点推断只存在一颗行星时，我们将不得不相信一件非常不可能的事情，即那颗存在的唯一行星是适于生命的。另一方面，如果假定存在很多有着随机性质的行星，即使我们不可能看到它们，其中多半会有几个适宜于生命——实际上，那几乎是肯定的。于是我们可以说，存在众多行星的可能性比只有一颗行星的可能性要大得多。

但这个看似强硬的论证却是错误的。[1]为看清这一点，我们将它与另一个根据相同证据进行的论证进行比较。相信智能设计的人会说，假如只有一颗行星而且适宜生命，那么很可能有一个智能设计者在发生作用。如果我们在两种情形下进行选择：①那颗唯一的行星只是因为运气才适宜生命；②有一个智能的设计者，他制造了那颗行星并使它适宜生命。那么，同样的逻辑使我们觉得第二个选择更有道理。

多宇宙图景与智能设计图景起着同样的逻辑作用。二者都提出了不能检验的假设，如果假设对了，它将使不可能的事情成为可能。

---

1. 原来，在这儿用了一个错误的原理：假定我们观测 O 并考虑两个可能的解释。在给定解释 A 的情况下，O 的概率很低，但在给定解释 B 的情况下，O 的概率很高。由此很容易得出结论说 B 的概率比 A 的概率高，但没有一个逻辑或概率原理允许这样的推论。

这些论证之所以错了，部分原因在于它们依赖于一个没有明说的假定 —— 我们把握了所有可能的情形。回到行星的类比，我们不能排除未来某个时候也许会出现一个真正的解释，解释我们的行星为什么适宜生命。两个论证的错误在于它们都拿一个可能（但未经检验）的解释来对比一个不可能有解释的命题。当然，在只有这两个选择的情况下，一个解释会比任何未经解释的不可能性显得更为合理。

几百年来，我们都有很好的理由相信存在大量行星，因为存在很多恒星 —— 最近我们直接证明了存在太阳系外的行星。所以我们认同用多行星来解释我们行星的生命特征。但当问题涉及我们的宇宙为什么有生命时，我们至少有三种可能：

1. 我们的宇宙是大量有着随机定律的宇宙的集合。

2. 存在智能设计者。

3. 存在我们迄今未知的机制，既能解释我们宇宙为什么适宜生命，也能做出可以证明它或证伪它的可检验的预言。

前两种可能在原则上是不牢固的，最合理的是主张第三种情形。实际上，那是我们作为科学家需要考虑的唯一可能，因为接受前面的任何一种都意味着我们学科的终结。

有的物理学家声称必须严肃对待弱人存原理，因为它在过去指引我们做出了真正的预言。我这儿说的是我最仰慕的一些物理学家 —— 除了苏斯金，还有温伯格，你大概还记得，第4章说过他和萨拉姆一起统一了电磁力和弱核力。于是，我很痛苦地拿出我的结论：在我考察的所有情形中，他们的主张都是错误的。

例如，我们根据英国天体物理学家霍伊尔（Fred Hoyle）在20世纪50年代的考察，考虑下面有关碳核性质的论证。人们通常拿这个论证来说明真正的物理学预言可以建立在人存原理的基础上。论证从一个观察事实开始：生命的存在需要碳。实际上，碳很丰富。我们知道它不可能从大爆炸产生出来，所以我们知道它必然是在恒星中制造的。霍伊尔发现，只有当存在碳核的某个共振态时，才能形成碳。他把预言告诉了一群实验家，他们找到了。

霍伊尔预言的成功有时成了人存原理的支持。但前面一段从生命出发的论证与那段的其余部分没有逻辑关系。霍伊尔其实是从宇宙充满了碳的事实得出一个结论，而他的基础是假定必然存在某个碳的生成过程。我们和其他生命由碳组成的事实，并不是论证所必需的。

经常引用的另一个支持人存原理的例子是温伯格1987年在一篇著名论文里对宇宙学常数的预言。在那篇论文里，温伯格指出，宇宙学常数必然小于某个值，否则宇宙将急速膨胀下去，不可能形成星系。[1]因为我们看到的宇宙充满了星系，所以宇宙学常数必须小于那个值。确实如此，也必须如此。这是很漂亮的科学。但温伯格将它有效的科学论证推得更远。他说，假定存在一个多重宇宙，假定宇宙常数值随机分布在它们中间，那么在可能真实的宇宙中，宇宙常数的典型值将

1. S. Weinberg, "Anthropic Bound on the Cosmological Constant." *Phys. Rev.Lett.*, 59(22):2607～2610(1987).

具有与星系形成相应的最大数量级。于是，假如多重宇宙的图景是对的，那么宇宙学常数就具有可能的最大值，而同时允许星系的形成。

温伯格发表这个预言时，人们还普遍相信宇宙学常数等于零。因此，当他的预言大约在10％的精度内正确时，确实令人惊讶。然而，当新的结果要求对他的结论进行更仔细的验证时，问题就来了。温伯格原来考虑的一族宇宙，只有宇宙学常数是随机分布的，而其他参数都是固定的。其实，他本该在容许星系形成的所有宇宙中平均，允许所有参数变化。如果这样进行预言，宇宙学常数值就将差得很远。

这说明了这类推理的一贯问题。如果我们的图景需要随机分布的参数，而我们只能观测其中的一组，那么我们可以得到很大范围的预言，就看我们对未知和不可见的那些参数做什么样的假定。例如，我们每个人都属于很多群体，在有些群体中我们也许是代表性成员，但在其他许多群体中我们是非代表性的。例如，在为本书写的作者小传中，我写的都是有代表性的东西。你能从中了解我多少呢？

还有许多其他情形，也许验证了某个弱形式的人存原理。在基本粒子物理学的标准模型中，有些常数如果真是通过在一族宇宙中的随机分布进行选择的，就完全不会有我们预期的数值。我们预期夸克和轻子的质量除了第一代之外应该是随机分布的，但我们发现了它们之间的关系。我们预期基本粒子的某些对称性会被强核力打破更多，我们预期质子衰变比现在实验所限制的更快。实际上，我不知道哪个成功预言是从具有随机的定律的多重宇宙推导出来的。

但第三种情形又如何呢？它是以可以检验的假设为基础来解释我们宇宙的生命特征的。1992年，我公开提出了这样的设想。为了从多重宇宙得到可以检验的预言，宇宙族一定不能是随机的。它必须具有复杂的结构，从而存在所有或多数宇宙都具有的与我们的存在无关的性质。这样我们才能预言我们的宇宙具有哪些性质。

得到这种理论的一个方法是向生物学的自然选择方式学习。我构造这个图景是在20世纪80年代末，那时已经清楚弦理论将以大量不同形式出现。从进化论生物学家道金斯（Richard Dawkins）和马古利斯（Lynn Margulis）的书中，我了解到生物学家已经有基于可能的显型空间（他们称之为适应性景观）的进化模型。我借用这个思想和名词，设想了一幅宇宙从黑洞内部生成的图景。在《宇宙的一生》（1997）中，我仔细考察了整个思想的意义，这里就不多说了；我只想说，那个所谓的宇宙自然选择的理论，做出了真正的预言。1992年，我发表了其中的两个，它们也就从此确立起来了，尽管可能被后来的许多观察证明是错误的。两个预言是：①没有质量大于1.6个太阳质量的中子星；②暴胀生成的——也许就是在宇宙微波背景中看到的——涨落谱，应该与可能的最简单形式的暴胀一致，只有一个参数和一个暴胀子场。[1]

苏斯金、林德和其他研究者批评过宇宙自然选择的思想，因为他们声称永恒暴胀生成的宇宙数目将远远超过从黑洞生成的宇宙数目。为说明他们的反对，需要了解暴胀的预言有多大的可靠性。有时候，

---

1. L. Smolin," Did the Universe Evolve ？ "*Class. Quantum Grav.*, 9 (1):173～191(1992).

这种情形变成了没有永恒暴胀就很难有暴胀，而它的证据是，暴胀宇宙学的某些预言得到了证实。然而，从暴胀到永恒暴胀的转变，假定了在我们目前宇宙尺度成立的结论可以毫无阻碍地推广到更广大的尺度。这里存在两个问题：第一，从当前尺度向更大尺度外推，在某些暴胀模型中也隐含着向更早、更小的尺度外推。（我这里不做解释，但它对几个暴胀模型是对的。）这意味着为了得到一个比我们当前宇宙大得多的暴胀宇宙，我们必须将早期宇宙的描述推广到比普朗克尺度小得多的时间，而在那之前，量子引力效应主导着宇宙的演化。这是有疑问的，因为暴胀的通常描述假定时空是经典的，没有量子引力效应；而且，几个量子引力理论都预言不存在比普朗克时间更小的时间间隔。第二，有证据表明，暴胀的预言在我们当前能观测到的最大尺度上没有得到满足（见第13章）。于是，从暴胀外推到永恒暴胀，既有理论困难也有观测困难，所以它对宇宙自然选择并不构成强有力的反驳。

　　虽然人存原理没有、也不太可能引出任何真正的预言，苏斯金、温伯格和其他一流物理学家却很欢迎它，认为它不但标志着物理学的进步，也标志着我们对什么是物理学理论的认识的进步。温伯格在最近的一篇文章中说：

　　　　科学史上的多数进步都是以关于自然的发现为标志的，但在某些转折点，我们发现的是科学本身……现在我们也许站在一个新的转折点，我们作为物理学理论的合法基础将发生剧烈的变化……弦景观展示的参数的可能值越多，它就越可能使人存原理成为物理学理论的新的合

法基础：任何研究自然的科学家都必然生活在那景观的一
角，那里的物理学参数的取值正好适合生命出现并进化为
科学家。[1]

温伯格正是以标准模型的贡献闻名的，他的著作总是洋溢着动人而清醒的理性。不过，简单地说，当你也像这样推理时，你就不能让你的理论经受某些检验 —— 而科学史反复证明，必须经过这些检验才可能区分哪些理论是正确的，哪些理论是优美却是错误的。为此，理论必须做出能被证实或否定的具体而精确的预言。如果预言有很高的被否定的风险，那么证实的意义就十分重大了。如果既不会被证实，也不会被否定，那就没办法继续做科学了。

科学怎么会遭遇一片广袤的弦景观呢？这个问题的争论在我看来有三种可能：

1. 弦理论是对的，随机多重宇宙也是对的，为了包容它们，我们必须改变科学研究的法则，因为根据通常的科学规范，如果理论没有做出可以证明或证伪它的独特预言，我们就不应该相信它。

2. 我们最终会找到一个方法，从弦理论导出真正的可以检验的预言。为了实现这一点，我们可以通过证明确实存在一个独特的理论，或者通过一个不同的能产生真正可检验预言的非随机的多重宇宙理论。

---

1. Weinberg,“ Living in the Multiverse.”hep-th/0511037.

3．弦理论不是自然的正确理论。自然也许最好是由别的某个尚未发现或接受的理论来描述，它能带来真正的最终能被实验证实的预言。

我觉得令人深思的是多数著名科学家似乎都不能容忍弦理论或多重宇宙的假设是错误的。下面是他们的一些言论：

"根据人存原理的推理与理论物理学的历史目标是那么背道而驰，即使在认识到它可能是必需的之后，我很长时间仍然反对它，不过现在好了。"

——波尔金斯基

"不喜欢人存原理的人简直就是睁眼瞎。"

——林德

"一派广袤的风光可能出现在我们面前，这是理论物理学激动人心的进步，迫使我们重新思考我们的许多假设。我从内心感到它也可能是正确的。"

——阿卡尼–哈姆德（NimaArkani-Hamed，哈佛大学）

"我想那景观很可能是真的。"

——特格马克（Max Tegmark，麻省理工学院）

威藤似乎很困惑："我没有什么深刻的话好说了。我希望我们能学会更多。"[1]

说这些话的人没有一个不是我所敬仰的。然而，在我看来，任何公正的没有盲目崇信弦理论的人都会把这种状况看得很清楚。理论没能做出任何可以检验的预言，而它的某些支持者不是承认这一点，而是寻求改变规则，使他们的理论不必经历科学通常需要经历的考验。

看来，我们有理由拒绝这种要求，坚持不应仅仅为了挽救一个没能实现我们初衷的理论而改变规则。如果弦理论没有为实验做出独特的预言，如果它除了说我们必须生活在我们能生存的宇宙，而对基本粒子的标准模型没解释任何以前认为神秘的东西，那么它就不大可能成为一个很好的理论。科学史上有过许多起初很有希望而最终失败了的理论。弦理论难道不会是又一个例子吗？

我们很遗憾得出这样的结论：弦论没有做出新的精确的可以证伪的预言。弦论有一些惊人的关于世界的论断。有什么实验或观测能在未来的哪一天找到其中的某个惊人特征的证据吗？就算没有明确的能肯定或否定理论的预言 —— 我们能看到弦的自然观的某个关键特征的证据吗？

弦理论最明显的新奇在于弦本身。如果我们能探测弦的尺度，而弦理论又是正确的，那么无疑我们能找到大量弦理论的证据。我们会看到很多迹象说明基本对象是一维的而不是点状的。但我们在任

---

1. 引自 *Seed Magazine* 最近对人存原理与弦理论泛滥之间的关系的考察，见 http://www.seedmagazine.com/news/2005/12/surveying_the_landscape。

何地方都做不了接近所需能量的加速器实验。有什么别的办法能让弦理论自己暴露吗？也许弦会以某种方式变得越来越大，从而我们能看见它们？

最近，科普兰（Edmund Copeland）、迈耶（Robert Myer）和波尔金斯基提出了这样一个图像。在非常特殊的宇宙学假定下，某些很长的弦也许真的是在早期宇宙生成的，而且今天还存在。[1] 宇宙的膨胀现在已经将它们拉伸到了几百万光年那么长。

这种现象并不限于弦论。有段时间，一个流行的星系形成理论也提出它们源于大爆炸留下的电磁流的巨弦。这些所谓的宇宙弦与弦论无关，它们是规范理论结构的结果。它们类似于超导中的量子化的磁流线，可以作为宇宙冷却相变的结果而在宇宙早期形成。我们现在有了来自宇宙观测的确定证据，说明这种弦不是形成宇宙结构的主要成分，但仍然可能存在一些大爆炸留下的宇宙弦。天文学家通过它们对遥远星系的光线的影响来寻找它们。如果宇宙弦来到我们的视线与遥远星系之间，弦的引力场将起着透镜的作用，以特有的方式重复星系的图像。其他事物，如暗物质或别的星系也可以产生类似效应，但天文学家知道如何区分它们产生的像与宇宙弦产生的像。最近有报告说，这种透镜效应可能已经探测到了。它被乐观地标记为CSL-1（宇宙弦透镜1），但从哈勃太空望远镜看，那原来不过是两个靠得很近的星系。[2]

---

1. E. J. Copeland, R. C. Myers, and J. Polchinski," Cosmic F- and D-Strings. "*Jour. High Energy Phys.*, Art. no. 013, June 2004.

2. M. Sazhin et al.," CSL-1: Chance Projection Effect or Serendipitous Discovery of a Gravitational Lens Induced by a Cosmic String? "*Mon. Not. R. Astron. Soc.*, 343:353～359 (2003). 2.

　　科普兰和他的同事们发现的是，在某些特殊条件下，一根被宇宙膨胀拉得很长的基本弦就像宇宙弦，因此有可能通过透镜效应来观测。这样的基本宇宙弦也可能是引力波的巨大发射体，可以用 LIGO（激光干涉仪引力波天文台）看到。

　　这种预言为我们带来一点希望，也许弦理论将在某一天被观测所证实。然而宇宙弦的发现本身还不能证明弦理论，因为其他几个理论也预言了这种弦的存在。当然，找不到那根弦也不能否定弦理论，因为那种宇宙弦存在的条件是经过特殊选择的，没有理由认为它们就在我们的宇宙中。

　　除了弦的存在之外，弦世界还有三个一般性特征：所有合理的弦理论都认同存在额外维，所有的力都统一在一个力，存在超对称。所以，即使我们没有具体的预言，也能发现实验是否能检验这些假定。因为它们独立于弦理论，对其中任何一个的证据都不能证明弦理论是正确的。但反过来就不同了：假如我们知道不存在超对称性、不存在高维或者不存在所有力的统一，那么弦理论就是错的。

　　我们从额外维说起。也许我们看不见它们，但我们肯定可以寻找它们的效应。方法之一是寻找所有高维理论都预言过的额外力。这些力由构成额外维几何的场传递，这些场肯定是存在的，因为你不可能只让额外维产生我们看到的那些场和力。

　　我们预计来自那些场的力大致和引力一样强，但在一个或多个方面有别于引力：它们可能具有有限的力程，而且可能不会同等地与所有形式的能量发生相互作用。有些现代实验对这种假想的力很敏感。大约10年前，有个实验发现了这种力的初步证据，被称作*第五种力*。进一步的实验不支持这个结论，所以那些力到现在也没有证据。

弦理论通常假定额外维很小，但几个大胆的物理学家在20世纪90年代意识到，并非一定如此——额外维可以很大，甚至无穷大。这在膜世界的图景中是有可能的。在那样的图景中，我们的三维空间其实是一张膜——就是说，像一张实在的膜，但有三个维——悬浮在有四个或更多空间维的世界里。标准模型的粒子和力——电子、夸克、质子和它们相互作用的力——局限在形成我们世界的三维膜中。所以，仅凭这些力还不能看到额外维的证据。唯一的例外是引力。因为引力无处不在，它能穿越所有的空间维。

这幅图景最先是SLAC（斯坦福线性加速器中心）的三个物理学家阿坎尼-哈姆德（Nima Arkani-Hamed）、达瓦里（Gia Dvali）和迪莫普罗斯（Savas Dimopoulos）描绘的。他们惊奇地发现额外维可以很大而不与已知实验矛盾。如果存在一个或两个额外维，那么它们可以有毫米级的截面。[1]

加入这种大额外维的主要效应是，在四维或五维世界的引力将比在三维膜中强大得多，所以，量子引力效应出现的尺度要比人们在其他情形下所预期的长得多。在量子理论中，更长的尺度意味着更小的能量。让额外维达到毫米的长度，就可以降低量子引力效应的能量尺

---

1. N. Arkani-Hamed, G. Dvali, and S. Dimopoulos," The Hierarchy Problem and New Dimensions at a Millimeter."*Phys. Lett. B.*, 429:263～272 (1998).

度 —— 从普朗克能量 10^{19} GeV 降到 1000 GeV。这将解决标准模型参数的一个难题：为什么普朗克能量比质子质量大那么多个数量级？但真正令人兴奋的是它把量子引力现象带进了巨型重子对撞机（LHC）即将在 2007 年揭示的范围。在这些效应中，有可能从基本粒子的碰撞产生量子黑洞。这将是激动人心的发现。

另一幅膜世界的图景是哈佛的兰多尔（Lisa Randall）和约翰霍普金斯大学的桑德鲁姆（Raman Sundrum）描绘的。他们发现，只要更高维世界存在负宇宙学常数，额外维就可以无限大。[1] 值得注意的是，这也符合迄今为止的所有观测，它甚至还预言了新的观测。

这些思想都很大胆，也很有趣，我真佩服它们的创造者。尽管那么说，膜世界的图景却令我困惑。它们也都无奈地面临着以前的高维统一所遭遇过的致命难题。只有当我们特别假定了额外维的几何，特别假定了作为我们世界的三维空间在多维空间的状态，膜世界才可能发生作用。除了旧的卡鲁扎－克莱因理论遭遇的那些问题之外，还有新的问题。如果说有一张漂浮在高维空间的膜，难道不会有很多的膜吗？如果存在其他的膜，那它们碰撞的机会有多少呢？实际上，有人提出大爆炸就是从膜世界的碰撞中产生的。但如果大爆炸能发生一次，为什么后来没发生了呢？已经过去大约 140 亿年了。也许膜太少了，这样的话，我们又要依赖于精心调节的条件；也许是膜彼此平行而且没有大的运动，在这种情形下，我们仍然是精心调整了条件。

---

1. L. Randall and R. Sundrum, "An Alternative to Compactiacation." hep-th/9906064; *Phys. Rev. Lett.*, 83: 4690 ~ 4693 (1999).

除了这些问题，我的怀疑还在于那些膜图景依赖于特殊的背景几何的选择，而这有悖于爱因斯坦的主要发现，即他在广义相对论中确立的思想：时空几何是动力学的，物理学必须以背景独立的方式来表达。不过，它们终归还算是科学的：思想尽管大胆，但可以用实验来检验。我们还是说得更清楚些吧。如果膜世界的某个预言实现了，它也不足以作为弦理论的证明。膜世界理论是独立存在的，它们不需要弦理论。在弦理论的框架下也不存在完全实现的膜世界的模型。反过来说，如果膜世界没有一个预言实现，这也不能否定弦理论。膜世界只是弦理论的额外维的一种可能表现形式。

弦论的第二个一般性预言是世界是超对称的。这方面仍然没有可以检验的预言，因为我们知道，如果说超对称性真的描述了我们看到的世界，那么它必然是破缺的。我们在第5章说过，超对称可以在LHC中看到。这是可能的，但即使超对称是真的，我们也没有一点儿把握。

幸运的是，还有其他检验超对称的方法。有一种可能的方法涉及暗物质。在许多标准模型的超对称推广中，最轻的新粒子是稳定的，而且不带电荷。这种新的稳定粒子可能就是暗物质。它只能通过引力和弱核力与普通粒子相互作用。我们称这种粒子为WIMP，即大质量弱相互作用粒子。已经有几个实验在探测它们了。这些探测器利用了暗物质通过弱核力与普通粒子发生相互作用的思想。这使那些粒子很像大质量状态的中微子，因为中微子也只通过引力和弱力与物质相互作用。

　　不幸的是，超对称理论有着太多的自由参数，没能具体预言那些 WIMP 的质量应该是多少，它们的作用大概有多强。但如果它们确实构成了暗物质，假定它们在星系形成中起着我们设想的那种作用，那么我们就可以推测它可能的质量范围。预言的范围令人满意地落在理论和实验估计的最轻超伙伴的质量范围内。

　　实验家们像寻找来自太阳和遥远超新星的中微子那样寻找 WIMP，尽管经过了广泛的搜寻，但至今一个也没找到。当然这不是最后的结果 —— 它只不过说明如果它们存在，其相互作用也太微弱，不能引起探测器的反应。我们可以说，假如它们像中微子那样与物质相互作用，我们早就看到了。不管怎么说，只要用任何方法发现了超对称，都将是物理学的辉煌胜利。

　　我们需要记住的是，即使弦理论要求世界在一定尺度上是超对称的，它也没说那个尺度是多大。因此，如果超对称没有在 LHC 看到，也不能证明弦理论是错的，因为它所在的尺度是完全可以调节的。另一方面，如果超对称找到了，也不能证明弦理论是对的。有些普通理论也需要超对称，如标准模型的最小超对称扩张。即使在引力的量子理论中，超对称也不是弦理论独有的。例如，量子引力的另一种方法，所谓圈量子引力，也与超对称完全相容。

　　我们现在来看弦理论的第三个一般性预言：所有的基本力都在某个尺度达到统一。和其他情形一样，这也是一个比弦理论更大的思想，所以它的证明不能证明弦理论是对的；实际上，弦理论允许几种不同形式的统一。但多数物理学家认为，没有一种形式代表了大统一。我们在第3章讨论过，大统一有一个迄今尚未证明的一般性预言，即质子是不稳定的，将以某个时间尺度衰变。很多实验做过质子衰变，都失败了。这些结果（或者说没有结果）排除了某些大统一理论，但没有否定一般的思想。然而，衰变的失败却为可能的理论（包括超对称理论）强加了一种约束。

众多理论家相信这三个一般性预言都将被证明。于是实验家们花了大量精力去寻找可能支持它们的证据。可以毫不夸张地说，在最近30年，成百上千的人和数以亿计的钱都耗费在了寻找大统一、超对称和更高维的迹象。尽管努力了，这些假说的证据一个也没出现。任何思想的证明，即使不能作为弦理论的直接证据，也将第一次暗示我们，在弦理论要求的那一揽子东西中，至少有某个部分使我们与实在的距离更近了，而不是更远了。

第 12 章
弦理论解释了什么

　　我们今天对弦论的异趣都理解了什么呢？第一次超弦革命已经发生20多年了，在这段时期里，弦论吸引了全世界理论物理学的关注和资源——世界上1000多个最有素养、最有才华的科学家在为它工作。虽然有人对理论前景心存疑虑，但科学迟早能获得证据，使我们对某个理论的真实性达成共识。考虑到未来什么事情都可能发生，我想在结束这个部分时，对作为科学理论的一个计划的弦理论做一点评价。

　　还是说得更明白些吧。首先，我不评价工作的质量。许多弦理论家都是才华横溢而且经验丰富的，他们的工作都是高质量的。其次，我要区分两个问题：弦理论是否是令人信服的物理学理论的候选者？弦理论的研究为数学或其他物理学问题带来了什么有用的认识吗？没人怀疑弦理论引出了很多好数学，我们也深化了某些规范理论的认识。但弦理论带给数学或其他物理学领域的副产品，并不是支持或反驳弦理论作为正确科学理论的证据。

　　我要评说的是弦论在多大程度上实现了（或将要实现）它最初的允诺：统一量子理论、引力论和基本粒子物理学。弦论或许是爱因斯坦1905年以来的科学革命的顶点。这种评价不可能基于尚未实现的假设或尚未证实的猜想甚至理论追随者们的心愿。这是科学，而一个理论的真实性只能以它在科学文献发表的结果为基础进行评价，因此我们必须谨慎地区分猜想、证据和证明。

也许有人会问，现在做如此评论是否为时尚早。但弦论已经持续发展了35年，而且在20多年里吸引了全世界许多最聪明的数学家。正如我以前强调的，至少从18世纪末以来，科学史上从来不曾有过一个重要理论，经过了10多年而既没衰落也没获得实验和理论的支持。要说实验难做，也不能令人信服，原因有两点：首先，弦论要解释的多数数据已经存在于宇宙学和基本粒子物理学的标准模型的常数中了。其次，虽然弦确实小到不能直接看见，但以前的理论几乎总能很快引出新的实验 —— 没人想到要做的实验。

另外，在进行评价的过程中，我们需要考虑许多证据。做弦论的人为我们带来了大量需要思考的东西。猜想与假设，虽然经过广泛深入的研究仍然悬而未决，也有着同样的意义。多数未解的关键猜想至少经过10年了，但今天仍然没有能很快解决它们的迹象。

最后，弦论作为第10章讲述的新发现的巨大景观中的一点，正处于危机之中，令许多科学家重新考虑它的前景。于是，尽管我们不会忘记新的发展可能改变这幅图景，现在似乎也该把弦论作为一个科学理论来进行评价了。

任何理论评价的第一步是拿它与实验和观测进行比较。这在第11章已经讨论了。我们看到，即使弦理论经过了那么多的研究，似乎也不可能用当前可行的实验来证明或否定它的某个独特的预言。

有些科学家会认为这个理由足以抛弃弦理论了，但弦理论是为了解决某些理论难题而创建的。即使没有实验检验，我们也会支持一个能为大问题带来满意解的理论。在第 1 章里，我描述了理论物理学面临的五个重大问题。能终结爱因斯坦革命的理论应该解决所有这些问题。所以，要公正评价弦理论，应该问它在这方面做得怎么样。

先简要说说我们所知道的弦理论的东西。

首先，它没有完整的形式。弦理论的基本原理是什么？理论的主要方程应该是什么？这些问题还没有公认的意见，甚至没有证明是否存在这样的一个完整形式。我们对弦理论的认识主要是一些近似结果和与以下四类理论相关的猜想。

> 1. 我们认识最好的理论刻画了在简单背景（如平直十维时空）中运动的弦，其中背景几何不随时间变化，宇宙学常数等于零。也有许多情形，9 个空间维中的某些被卷曲而其余空间维平直。这些是我们理解的最深的理论，因为可以具体计算在那些背景中运动的弦和膜。
>
> 在这些理论中，我们用所谓微扰论的近似方法来描述背景空间中的弦的运动和相互作用。已经证明，这些理论是非常确定的，在近似方法中给出了精确到二阶的有限而和谐的预言。其他结果也支持（不过迄今尚未证明）这些理论的一致性。除此之外，还有大量结果和猜想描述了这

些理论中的一个对偶关系网。

然而，这些理论的每一个都与我们世界的事实相矛盾。它们多数都有未破缺的超对称，这在现实世界里还没见过。少数没有未破缺超对称的几个理论预言费米子与玻色子具有相等质量的超伙伴，也不曾见过。除了引力和电磁力外，它们还预言存在无限力程的力，还是没有见过。

2.在具有负宇宙学常数的世界的情形下，可以证明存在基于马尔德希纳猜想的一类弦理论。这将在具有负宇宙学常数的特定空间的弦理论与特定的超对称规范理论联系起来了。迄今为止，除了某些非常特殊的、高度对称的极端情形之外，这些弦理论还不能确定地构造出来进行研究。很多证据支持弱形式的马尔德希纳猜想，但还不知道到底哪种形式的猜想是正确的。如果最强形式是正确的，那么弦理论等价于规范理论，这个关系为具有负宇宙学常数的弦理论提供了精确的描述。然而，这些理论也不能描述我们的宇宙，因为我们知道宇宙学常数是正的。

3.人们猜想还存在无数其他理论，相应于更复杂背景下运动的弦，它们的宇宙学常数不等于零，时空背景几何随时间演化，或者其背景包含着膜和其他场。这包括了大量宇宙学常数为正的情形，与观测结果一致。迄今还不可能精确确定这些弦理论，也不可能进行具体的计算从而导出预言。它们存在的证据是满足一些必要但远非充分的条件。

4.在26个时空维中，有一个理论没有费米子或超对称，叫玻色弦。这个理论有快子，会导致无穷的表达式，造成理论的矛盾。

有人提出，所有这些猜想的和构造的理论都统一于一个更深层的理论，叫M理论。其基本思想是，我们认识的所有理论都将对应于那个深层理论的解。从不同弦理论之间众多的对偶关系（猜想的或证明的）中，可以看到它存在的证据，但迄今还没人能建立它的基本原理，写出它的基本定律。

我们可以从上面的综述看到，为什么弦论的任何评价都必然引起争议。如果我们仅限于考虑已知存在的理论——即可以做具体计算并进行预言的理论——我们必然得出弦理论与自然无关的结论，因为每个弦理论都与实验结果矛盾。所以，我们对弦理论可能描述世界的希望，完全寄托在我们对众多可能存在的弦理论的信念。

不过，许多做弦论的人相信那些猜想的理论是存在的。这种信念似乎基于以下的间接推理：

　　1. 他们猜想存在一般形式的弦理论，由未知的原理和未知的方程决定。这个未知的理论有很多解，每个解都为在某个背景时空里传播的弦提供一个和谐的理论。
　　2. 接着他们写出一组方程，猜想它能逼近那个未知理论的真正方程。然后他们猜想这些近似方程为和谐的弦理论的背景提供了必要但不充分的条件。这些方程可以认为是不同形式的卡鲁扎-克莱因理论，因为它们也包含着广义相对论在高维的推广。

3.他们猜想，对这些近似方程的每个解，都存在一个
弦理论，尽管不能具体将它写出来。

这个推理的问题在于，它的第一步是一个猜想。我们并不知道那
个理论或决定理论的方程是否真的存在。这就使第二步也成了猜想。
同样，我们也不知道猜想的近似方程是否为弦理论的存在提供了充分
（与必要相对）的条件。

这类推理存在着风险——它假定了需要证明的东西。如果你相
信论证的假定，那么存在性已经隐含在其中的理论就可以作为弦理论
来研究。但必须记住，它们不是弦理论，也不是任何形式的理论，而
是经典方程的解。其意义完全依赖于没人能建立的理论或没人能证明
的猜想。在这种情况下，似乎没有多大的理由相信存在任何尚未确立
的弦理论。

从这些能得出什么结论呢？首先，在尚未完全了解弦理论的情况
下，有许多可能的特征。根据我们现在的认识，可能会出现某个满足
人们愿望的理论。不过，根据我们现在的认识，也有可能不存在真正
的理论，所有的东西不过是只有在特殊对称约束下才成立的特殊情形
的一系列近似结果。

必然的结论似乎是，弦理论本身——即在背景时空里运动的弦
的理论——不会是基本理论。如果说弦理论与物理学有关系，那是因
为它为存在一个更基本的理论提供了证据。这是大家公认的，而且那
个基本理论有一个名字——M理论——尽管它还没被构造出来。

也许这并不像看起来那么糟糕。例如，从严格意义上说，多数量子场论的存在都是不知道的。粒子物理学家研究的量子场论 —— 包括量子电动力学、量子色动力学和标准模型 —— 都和弦理论一样，只有通过近似过程来定义。（尽管在这些情形下，至少可以证明它们在所有阶的近似水平上都给出了有限和一致的结果。）而且，有很好的理由相信，标准模型并不是严格确立的数学理论。但是，只要我们相信标准模型只是通向更深层理论的一步，这一点也没什么好担心的。

起初人们认为弦理论就是那个深层的理论。根据现有的证据，我们必须承认它不是。弦理论和量子场论一样，似乎是一个近似的构造（从它与自然的关系来看），暗示着某个更基本理论的存在。这倒不一定使弦理论不相干，但为了证明它的价值，它必须至少和标准模型做得一样好。它必须预言一些将被证明为正确的新东西，必须解释已经观察到的现象。我们已经看到，它至今还做不了第一件事情。它能做第二件吗？

为回答这个问题，我们来看弦理论对第1章提出的五个关键问题回答得怎么样。

我们先说好的方面。弦理论最初是由第三个问题（即粒子和力的统一问题）激发的，那么作为这样的统一理论它是怎样树立起来的呢？

非常好。在确立和谐的弦理论的背景下，弦的振动囊括了对应于所有已知类型的物质和力的状态。引力子（携带引力的粒子）表现为圈（即闭弦）的振动。引力正比于物体的质量，也就是当然的事实了。光子（携带电磁力的粒子）也来自弦的振动。从我们对强弱核力的认识看，更复杂的规范场也会自然涌现出来。就是说，弦理论一般性地预言了类似的规范场的存在，尽管它没有预言我们在自然界看到的力的特殊混合。

于是——至少在背景时空的玻色子（携带力的粒子）水平上——弦理论统一了引力与其他力。所有四种基本力都从一个基本物体（弦）的振动中产生出来。

那么，玻色子与组成物质的粒子（如夸克、电子和中微子）如何统一呢？原来，在加入超对称性时，它们也表现为弦的振动状态。这样，超对称弦理论统一了所有不同类型的粒子。

而且，弦理论实现这一切，仅凭一个简单的定律：弦在时空穿越时，它扫过的面积最小。这就不需要任何单独的描述粒子相互作用的定律：弦相互作用的定律直接来自那个描述弦如何运动的简单定律。而描述各种力和粒子的定律也就随之而来了，因为它们都是弦的振动。实际上，根据弦运动满足面积最小的简单条件，我们已经导出了描述力和粒子的传播和相互作用的一整套方程。单独的一种实体，满足单独一个简单的定律——正是这种美妙的简单性，在开始的时候令我们激动，至今还令很多人激动不已。

那么，第1章的第一个问题，量子引力问题呢？情况有点儿复杂。好的方面是携带引力的粒子源自弦的振动，同样，粒子产生的引力正

比于粒子的质量。这可以导出引力与量子理论的统一吗？我在第1章
和第6章说过，爱因斯坦的广义相对论是背景独立的理论。这意味着
空间和时间的整个几何是动力学的，没有一点是固定不变的。引力的
量子理论也应该是背景独立的。空间和时间应该由理论产生，而不是
作为弦的活动背景。

弦理论目前还没有搭建成一个背景独立的理论。这是它竞选引力
的量子理论的主要弱点。我们理解弦理论，是通过弦和其他物体在固
定的、不随时间变化的经典空间背景几何中的运动，所以，爱因斯坦
关于空间和时间几何是动力学的发现还没有融入弦理论。

有趣的是，除了几个一维理论外，并不存在严格的背景相关的量
子场论。所有量子场论都只是用近似过程来定义的。弦理论大概也有
这种性质，因为它是背景相关的。我们不禁猜想，任何和谐的量子理
论都必须是背景独立的。如果真是那样，就意味着量子理论与广义相
对论的统一不是可以选择的，而是必然的。

有人宣称，广义相对论在一定意义上可以从弦理论导出。这是一
个重要的论断，它在何种意义上正确，对我们来说是很重要的 —— 一
个背景独立的理论如何能从背景相关的理论推导出来呢？一个时空几
何是动态的理论，如何能从一个要求固定几何的理论推导出来呢？

理由是这样的：考虑一种时空几何，看在那种几何中运动和相互
作用的弦是否存在和谐的量子力学描述。当你考察这个命题时，你会
发现弦理论和谐的一个必要条件是，在一定近似程度上，时空几何是

更高维的广义相对论方程的一个解。所以，广义相对论方程从某种意义上说是在弦理论的和谐条件下突现出来的。这是弦理论家声称广义相对论来自弦论的基础。

不过这里有一个陷阱。我刚才讲的是最初的二十六维玻色弦的情形。但我们说过，这个理论具有不稳定的快子，因此并不真的是可行的理论。为了使理论稳定，可以使它成为超对称的。超对称性提出了背景几何必须满足的额外条件。目前，唯一的已知在细节上和谐的超对称弦理论都依赖于不随时间演化的背景时空。[1]因此，在这些情形下，不能说所有广义相对论都归结为超对称性理论的近似。的确，从弦理论得到了很多广义相对论的解，包括所有的既有平直空间也有卷曲空间的解。但这些解都是非常特殊的。广义相对论的一般解描述的是时空几何随时间演化的世界，这才把握了爱因斯坦关于时空几何是动态和演化的思想实质。我们不能只凭那些没有时间相关性的解就说广义相对论是从弦理论推导出来的。我们也不能说拥有了引力理论，因为我们已经看到了许多涉及时间相关性的引力现象。

为回应这些疑问，有些弦理论家猜想，在随时间变化的时空背景下也存在和谐的弦理论，只不过它们太难研究了。据我所知，这些理论不可能是超对称的，也没有具体构造出一个一般的形式。它们存在的证据有两种。第一，有人论证，在为了消除快子而使理论稳定的必要条件中，可以引入少量的时间相关性，而不会破坏那些条件。这种

---

1. 从技术上讲，超对称意味着在时空几何中存在一个类时或类光的Killing场，这意味着存在时间对称性，因为（专业地说）超对称代数在Hamilton量上是闭的。换句话说，超对称性需要一个Killing旋量，隐含着零或类时Killing向量。

论证似乎有道理，但没有具体构造出来，因而很难判断。第二，人们揭示了某些特殊情形的细节，但最成功的理论都隐含着时间对称性，因而并不合适。其他理论可能都存在不稳定性问题，或者只有在经典方程水平上的结果，远不足以证明它们是否真的存在。还有些理论具有很强的时间相关性，取决于弦理论本身的尺度。

我们没能在一般的时间相关时空里具体构造出一个弦理论，如果不假定存在某个元理论，我们也不能令人信服地证明弦理论的存在。在这种情况下，我们当然不能断言所有广义相对论都可以从弦理论推导出来。这是另一个开放的问题，需要未来的研究来裁决。

我们还可以问，在弦理论能具体构造出来的那些情形，它是否给出了一个和谐的包容了引力和量子论的理论？就是说，我们是不是至少可以描述微弱如空间几何的涟漪的引力波和力？我们是不是可以用量子理论完全和谐地做到这一点？

在一定的近似程度上，可以做到这一点。迄今为止，尽管已经获得了大量正面的证据，也没有出现过任何反例，但超越近似水平的证明还没有一个完全成功的。当然，弦理论家们普遍相信它是正确的。同时，为了证明它，似乎还面临着巨大的障碍。近似方法（即微扰论）给任何物理问题的答案都是无限多项的总和。对前几项来说，每一项都小于它前面的项，所以，只要将前面几项加起来就能得到近似结果。这是弦理论和量子场论的通常做法。接着，为了证明理论是有限的，还需要证明，对任何可能需要进行的计算，无限多项的每一项都是有限的。

现在的情形是这样的。第一项显然是有限的，但它对应于经典物理学，所以里面没有量子力学的东西。第二项，也就是第一个可能成为无限的项，很容易证明也是有限的。直到2001年人们才完全证明了第三项也是有限的。那是一个壮举，洛杉矶加州大学（UCLA）的德霍克（Eric D'Hoker）和哥伦比亚大学的蓬（Duong H. Phong）为它付出了多年的心力。[1] 然后，他们开始做第四项。他们认识了第四项的很多东西，但至今也没能证明它是有限的。他们是否能证明所有项都是有限的，还要拭目以待。他们面临的部分问题是，理论的算法在第二项以后就变得模糊不清了，所以他们在证明理论给出有限答案之前，需要先为它找一个正确的定义。

怎么会这样呢？我不是说过弦理论是以一个非常简单的法则为基础的吗？是啊，可问题在于，那个法则只有在用于原来的二十六维理论才算是简单的。当超对称加入进来以后，它就有点儿复杂了。

还有其他结果，它们表明，原本每一项都可能出现某些无限表达，但实际上并没出现。1992年曼德尔斯塔姆发表了一个强有力的证明。最近，一个叫贝科维茨（Nathan Berkovits）的喜欢在圣保罗工作的美国物理学家有了很大的进展。他构造了一种新形式的超弦理论，得到了有利于微扰论中的每一项的证明，只需要满足几个额外的假定。不过，现在还不好说那些假定是否容易清除。但这仍然是迈向证明的重大进步。有限性问题并没有得到多数弦理论家的关注，而我对少数仍然在这个问题上辛勤工作的人们怀有无限的敬意。

---

1. E. D'Hoker and D. H. Phong, *Phys. Lett. B*, 529：241～255（2002）；hep-th/0110247.

　　围绕有限性还有一个更令人忧虑的问题。最后，即使每一项的计算都证明是有限的，计算的精确答案需要把所有的项加起来。因为要加无限多项，结果仍然可能是无限的。虽然还没有做过那样的求和，但有证据表明结果将是无限的（问题太专业，不可能在这儿说明白）。换句话说，近似过程只能接近真实的预言，但最后还是偏离了。这是量子理论的普遍特征。它意味着微扰论虽然是有用的工具，却不能用来确立一个理论。

　　凭现在的证据，没有证明，也没有反例，几乎不可能知道弦理论是否有限。证据可以从两个方面来解读。经过很多艰辛的工作以后（尽管人数很少），有了几个部分的证明。这既可以认为是猜想正确的证据，也可以认为是它存在某些错误的证据。如果说这些天才的物理学家的努力都失败了，如果说每个尝试都不完全，那可能就是因为他们要证明的猜想是错误的。数学开创证明的思想，将它作为信仰的准则，是因为人类直觉经常会走入误区。普遍相信的猜想有时会证明是错误的。这不是数学严格性的问题。物理学家并不总是像数学家兄弟那样追求严密。大家接受的许多有趣的理论结果并没有数学证明。但我们现在的情形不是那样的。即使就物理学家的严格水平说，弦理论也是没有证明的。

　　在这种情况下，我不知道超弦理论最终会是有限还是无限。但如果我们认为某个对理论至关重要的东西是正确的，那么就应该花力气将直觉变成证明。的确，我们见过很多流行的猜想，经过了几代人还没有证明，但那通常是因为失去了关键的环节。即使最终证明了人们相信的东西，我们努力的回报往往也是更深入地认识原先滋生猜想的那片数学土壤。

我们以后还会回来讨论为什么弦理论的有限性招惹了那么多争议。现在我们要说的是它并不是一个孤立的例子。激发两次弦论革命的几个关键猜想仍然没有证明，其中包括强弱对偶和马尔德希纳对偶。在两种情形下，都有许多证据表明不同理论之间的某种形式的关系是正确的。即使猜想所称的严格等价性错了，这些思想和结果也是重要的。但从严格方面说，我们必须区分猜想、证据和证明。

有人声称马尔德希纳猜想独立证明了弦理论至少在一定的几何条件下生成了一个优美的引力的量子理论。他们断言，弦理论在某些情形下精确等价于三维空间的某个普通规范理论，生成了在任意阶近似都精确可靠的量子引力理论。

正如我们指出的，这个论断的问题在于，强形式的马尔德希纳猜想尚未证明。有明显的证据表明，在马尔德希纳的十维超对称弦理论与最大超规范理论之间存在着某种关系，但我们目前还没有整个猜想的证明。如果说两个（都没有精确定义的）理论之间只有部分的对应，也很容易解释那个证据。（最近，人们通过所谓格子规范理论的两次近似方法来逼近那个规范理论，已经取得了令人欣喜的进步。）当前的证据与马尔德希纳的完全等价不存在的猜想是一致的，那是因为两个理论本来就不同，或者因为两个理论严格说来都不存在。另一方面，假如强形式的马尔德希纳猜想是正确的 —— 这同样符合当前的证据 —— 那么弦理论就在具有负宇宙学常数背景的特殊情形下提供了一个良好的量子引力理论。而且，那些理论还是部分背景独立的，就是说三维空间的物理生出了一个九维空间。

还有证据也说明弦理论能提出一个引力与量子理论的统一理论。最强的结果涉及膜和黑洞。这些结果异乎寻常，但正如在第9章说的，它们还走得不够远。眼下它们还仅限于非常特殊的黑洞，要把这些精确结果很快推广到一般的黑洞（包括我们认为自然界存在的所有类型），似乎还很渺茫；而这些结果的出现也许是因为黑洞所具有的额外对称性。最后，弦理论的结果并不包括特殊黑洞的量子几何的具体描述；它们仅限于研究模型的膜系统——这些系统与黑洞具有许多共性，但存在于寻常的平直时空。而且，那些结果是通过近似方法研究的，把引力清除在外了。

有人认为这些极端的膜系统在引力复原时会变成黑洞。但弦理论不可能具体说明如何生成黑洞。真想做到那一点的话，还需要一个在随时间演化的时空背景下的弦理论，而我们知道眼下还没有那样的理论。

自从有了这些关于黑洞的初始结果，后来涌现了大量想象的在弦理论中描述真实黑洞的思想。但它们都遭遇了一个一般性的问题：只要脱离那些可以用超对称进行计算的特殊黑洞，它们就得不到精确的结果。当我们研究普通黑洞时，或者当我们进一步追问奇点发生什么时，我们都不可避免地处于随时间演化的时空几何中。超对称在这儿不灵了，所有依赖它的优美的计算工具也无用武之地了。于是我们也和弦理论的研究一样面临着痛苦的境遇：从特殊情形得到了神奇的结果，却不能确定结果是否可以推向整个理论；也许它只有在我们可以计算的特殊情形下才是正确的。

面对如此困境，还能说弦理论解决了贝肯斯坦和霍金发现的黑洞熵、温度和信息丢失的疑问吗？答案是，尽管有启发性的结果，还是不能说弦理论解决了这些问题。对极端和近似极端的黑洞，运用膜的模型系统进行的计算确实得出了描述相应的黑洞热力学的具体公式，但它们不是黑洞，只是在大量超对称约束下具有黑洞的热力学性质的系统。结果没有为黑洞的量子几何提供真正的描述，所以它们并没有以黑洞的微观描述解释贝肯斯坦和霍金的结果。而且，正如我们看到的，结果仅适用于非常特殊的黑洞类型，而不能用于具有实际物理意义的黑洞。

概括说来：基于眼下的结果，我们不能自信地声称弦理论解决了量子引力问题。证据很杂乱。在一定近似下，弦理论似乎和谐地统一了量子理论和引力，给出了合理而有限的结果。但难以确定这是否适用于整个理论。有证据支持马尔德希纳猜想，但猜想本身尚未证明，而只有当整个猜想正确了，我们才敢说有了一个良好的量子引力理论。黑洞的图景很迷人，但那仅限于弦理论能模拟的非典型黑洞。除此之外，还有一个老生常谈的问题：弦理论不是背景独立的，即使在局限意义下，它也只能描述几何不随时间演化的静态背景。

我们只能说，在这些局限下，有那么一些证据表明弦理论预示着某个和谐的引力与量子理论的统一。但弦理论本身就是那个和谐的统一吗？可能不是，因为它没有解决那些问题。

现在来看第1章列举的其他问题。第四个问题是要解释粒子物理学标准模型的参数值。弦理论目前显然还没能做到这一点，也没有理由相信它能做到。相反，正如我们在第10章讨论的，证据表明和谐的弦理论实在太多了，几乎不可能在这个问题上提出什么预言。

第五个问题是解释暗物质和暗能量、解释宇宙学常数。情况也不容乐观。弦理论通常包含着比观测更多的粒子和力，因而确实提供了很多暗物质和暗能量的候选者。某些额外的粒子可以是暗物质，某些额外的力可以是暗能量。但弦理论没有明确预言在众多可能的候选者中，到底哪个是暗物质或暗能量。

例如，在可能的暗物质候选者中，有一种叫轴子的粒子（其名称指特定的性质，就不多说了）。[1]许多（但不是所有）弦理论都包含着轴子，起初看来这是好事。但多数包含轴子的弦理论都预言轴子具有与标准宇宙学模型相矛盾的性质，于是那又成了坏事。可还有很多弦理论，虽然同样包含轴子，却能和宇宙学模型一致。而且，在这一点上，宇宙学模型也可能是错的。因此有理由认为，如果轴子是暗物质，那么这和弦理论是一致的。但这决不等于说弦理论预言了暗物质是轴子，也不等于说它做出了额外的预言，从而就能凭暗物质的观测来证伪它自己。

剩下的问题是第二个：量子力学的基本问题。弦理论为这些问题

---

1. 轴子（axion）原是某些大统一理论要求的（据说是以洗涤粉命名的）小质量中性粒子，质量小于10^{-5}eV。大爆炸也许为宇宙留下了非常多的轴子，从而可能使时空平直，于是成为暗物质的候选者。根据2007年7月的意大利PVLAS（专门探测暗物质的实验装置）实验结果，还没有发现轴子。——译者

提出了什么答案吗？没有。关于量子理论的基础问题，弦理论目前还没有任何直接的说法。

当前的情形就是这样。弦理论潜在地彻底解决了五大问题中的一个，即粒子和力的统一问题。这是弦理论产生的动力，迄今仍然是它最动人的成果。

有证据说弦理论为解决量子引力问题指明了方向，但它顶多预示着存在一个更深层的能解决量子引力问题的理论，而不能说它就是那个理论。

当前，弦理论还没有解决其余的三个问题。它似乎不可能解释物理学和宇宙学的标准模型的参数。它为暗物质和暗能量提出了一系列可能的候选者，但不能唯一预言或解释它们的任何东西。直到今天，弦理论也无言面对那伟大的奥秘，即量子理论的意义。

除了这个，就没有什么成功可言了吗？我们寻求一个理论的成功，往往是看它对新实验或新观测做出了什么预言。我们说过，弦理论绝对没有这类预言。它的力量在于统一了我们知道的所有类型的粒子和力。举例说，假如我们不知道引力，我们也可以从弦理论预言它的存在。这是很重要的，但不是对新实验的预言。而且，即使我们找到了某个不满足预言的实验或观测，也不能因此而证明弦理论是错的（即证伪）。

如果说弦理论没有新预言，那么我们至少也应该问问，它对我们知道的数据是如何解释的。情况很特别。由于我们的知识不够完备，我们不得不将许多可能的弦理论划分为两组，并分别考察每一个组。第一组由已知存在的弦理论组成，第二组包括那些猜想的但尚未构造出来的弦理论。

最近发现了宇宙膨胀在加速，我们被迫关注第二组弦理论，因为只有它们符合新的观测。但我们不知道如何计算弦在这些理论中运动和相互作用的概率。我们也不能证明这些理论确实存在。我们关于它们的证据是它们的背景满足某些必要但绝非充分的条件。所以，即使在最有利的情况下，即使存在描述我们宇宙的弦理论，也需要创造新的技术来计算那些新理论中的实验预言。正如我们看到的，已知的弦理论都不满足我们看到的世界，多数理论有未破缺的超对称，其余的则预言了等质量的费米子与玻色子成对出现；而所有理论都预言存在新的具有无限作用范围的力（迄今尚未观测到）。由此难免不得到一个结论：不论动机多么美好，弦理论还是没能实现人们在 20 多年前所寄予的希望。

在 1985 年的鼎盛时期，有个新革命理论的最热烈支持者，叫弗里丹（Daniel Friedan），当时在芝加哥大学费米研究所。可是在最近一篇论文里，他也不得不说：

> 作为一个物理学理论，弦理论失败了，因为存在多个可能的背景时空……弦理论长久以来的危机是它完全不能解释或预言任何大距离的物理。弦理论不能决定宏观时空的维度、几何、粒子谱和耦合常数。弦理论不能明确地

*解释现实世界的现有知识，不能做出任何具体的预言。弦
理论的可靠性无法估计，更不可能确立。作为候选的物理
学理论，弦理论毫无可信度。*[1]

不过，还是有许多弦理论家知难而上。可是，面对我们讨论的那些问题，怎么还有那么多聪明人在不懈地为弦理论工作呢？

令弦理论家们倾心的一点是理论的美妙或"雅致"。这是一种美学判断，也许人们不会赞同，我也不知道该如何评价它。不管怎么说，它与理论成就的客观评价无关。正如我们在第一部分看到的，很多美妙的理论最后都证明是与自然无关的。

有些年轻的弦理论家提出，即使弦理论不能作为最终的成功的统一理论，它还是产生了一些能帮助我们理解其他理论的副产品。他们特别谈到了第9章讨论过的马尔德希纳猜想，它就提供了一种方法，使我们能通过在对应的引力理论中的简单计算来研究某些规范理论。这对具有超对称的理论来说当然行之有效。但是，假如要它在标准模型中发挥作用，就必须用于没有超对称的规范理论。这时还可以用其他技术，问题是马尔德希纳猜想比它们好多少。结论还没有。有一个好的检验例子，是一个简化的只含两个空间维的规范理论。它最近已经有了精确解，不过所用的技术与超对称或弦理论毫不相干。[2]还可以用另一种方法来研究它——通过计算机的繁重的计算。计算机的计

1. D. Friedan," A Tentative Theory of Large Distance Physics. "hep-th / 0204131.

2. D.Karabali,C.Kim, and V.P.Nair, Phys.Lett.B.434:103～109 (1998);hep-th/ 9804132;R.G.Leigh, D.Minic, and A.Yelnikov, hep-th/0604060.对3＋1维的应用，见 L .Freidel, hep-th/0604185。

算是可靠的，因此可以作为比较其他方法的预言的标准。这样的比较表明，马尔德希纳猜想并不比其他技术好。[1]

有的理论家还将数学的潜在进步作为继续做弦理论的理由。其中一个可能的进步涉及六维空间几何，那是弦理论家们当作可能的紧化空间维的例子来研究的。在某些情形下，弦理论的数学预言了这些几何的意外的惊人的性质。这是令人欣喜的，但我们应该清楚到底发生了什么。它们与物理学没有关系。它们是纯粹发生在数学平面的事情：弦理论提出了联系不同数学结构的猜想。弦理论认为，六维几何的性质可以表达为更简单的数学结构，它们可以定义于弦在时间中扫过的二维曲面上。这种结构叫共形场。他们猜想，某些六维空间的性质是那些共形场理论的结构的镜像。这引出六维空间之间的惊人关系，是弦理论的一个绝妙的副产品。但它的应用并不需要我们将弦理论看作关于自然的理论。首先，共形场在许多不同的应用（包括凝聚态物理学和圈量子引力）中都起着重要作用，所以它和弦理论没有什么独特的关系。

弦理论还在另一些情形下引出了数学发现。在一种非常美妙的情况下，弦理论的某个玩具模型（叫拓扑弦理论）使我们对高维空间拓扑学有了新的认识。然而，这个证据本身并不能证明弦理论就是正确的自然理论，因为拓扑弦理论是弦理论的一种简化形式，没有统一自然存在的粒子和力。

---

1. 最近，这些新技术也成功用到了现实世界的 3 个空间维的 QCD。

更一般地说，即使一个物理理论激发了数学的进步，也不能以此证明它就是正确的物理理论。错误的理论也曾激发过许多数学进步。托勒密的本轮理论就刺激了三角和数论的发展，但它并不因此而正确。牛顿物理学激发了数学的主要部分的发展，但如果牛顿理论与实验相矛盾，则什么也救不了它。很多理论都建立在美妙的数学基础上，但从来没有成功，也从来没有人相信。开普勒关于行星轨道的第一个理论就是一个令人警醒的例子。所以，尽管一个研究纲领可能激发出美妙的数学猜想，但那也挽救不了一个没有清晰的核心原理和物理学预言的理论。

弦理论面临的困境植根于整个统一理论的基础。在本书第一部分，我们认识了令早期统一理论困惑的巨大障碍——它们最终导致了统一的失败。其中有些是想通过引入更高的空间维来统一世界。后来发现那些更高维的几何远非唯一的，而且随不稳定性崩溃了。我们在前面的章节看到，其基本原因就在于统一总会产生结果，这意味着存在新的现象。在有利的情形下——如麦克斯韦的电磁理论、温伯格和萨拉姆的弱电理论、爱因斯坦的狭义和广义相对论——新现象很快就发现了。这是我们可以为统一而欢呼的难得的几个例子。在其他的统一尝试中，新现象没有很快发现，或者与观测矛盾。这些统一的结果当然没人欢呼，而理论家们还必须设法将那些结果隐藏起来。我没见过这种隐藏结果的统一最后能引出好理论来，这些统一迟早是会被抛弃的。

不论超对称还是高维空间，到头来都不得不费很多气力来隐藏它们的统一的结果。结果发现，超对称没有联系任何两个已知的粒子；

相反，每个已知的粒子却有一个未知的超对称伙伴。而为了要那个未知的粒子成为不可见的，必须调整理论的很多自由参数。在高维情形下，理论的所有解几乎都与观测相矛盾。少有的几个揭示了某种事物（如我们的世界）的解却是众多可能解的海洋中的不稳定小岛，看起来全然是不相容的东西。[1]

弦理论能摆脱这些降临在早期高维理论和超对称理论中的问题吗？看样子不能，因为它需要隐藏的东西远远超过了卡鲁扎-克莱因理论和超对称理论。斯坦福小组提出的稳定高维的建议也许有效，但代价太大，产生了一片猜想的解的景观。于是，为了避免卡鲁扎-克莱因理论的致命问题，其代价是至少需要采纳弦理论家们从一开始就拒绝的观点，即我们必须同等地将众多可能的弦理论都看作自然的可能描述。这意味着人们原来盼望的唯一的因而能为基本粒子物理学提出可证伪预言的统一，不过是一个幻影。

在第11章讨论过，苏斯金、温伯格和其他一些人声称弦理论景观也许是物理学家的前景，我们发现这些论断是不能令人信服的。那么它会将我们引向何处呢？在最近的访谈中，苏斯金指出，我们的风险在于，要么接受弦景观和它所隐含的科学方法的淡化，要么放弃整个科学，拿神的智能设计来解释标准模型里的参数选择：

---

1. 彭罗斯在《通向实在之路》（*The Road to Reality*, 2005 —— 中译本即将由湖南科学技术出版社出版）中指出，额外维卷缩成的多数紧化空间都很快坍缩成奇点。为说明这一点，他将他本人与霍金发现的定理（即广义相对论预言了宇宙学解的奇点）用于这些弦理论的时空背景。据我所知，他的论证是正确的。它们仅在经典的近似水平成立，但我们也只能用这种近似方法来研究弦理论中时空背景的时间演化。于是，彭罗斯的结果与令弦理论家们相信存在弦理论景观的论证是同样可靠的。

假如由于某种意外的原因——如数学的原因，或者因为它与观测的矛盾——[弦理论的]景观成了不和谐的东西，我敢肯定物理学家将继续寻求世界的自然解释。但我不得不说，假如真是那样，我们就会处于十分尴尬的境地。如果不解释自然为什么会那样精密地调节参数，我们将被迫面对智能设计的批评。也许有人会说，我们对出现数学的唯一解的期待和智能设计一样，都是基于一种信仰。[1]

但这是错误的选择。我们很快就会看到，还有其他理论为五大问题提出了真正的解答，它们正在迅速地进步着。废弃弦理论并不意味着废弃科学，而是意味着废弃一个曾经令人欢喜却没能达成人们愿望的方向，为的是将精力集中在其他更有希望成功的方向。

弦理论在很多方面都成功了，自然令人希望它的某些部分或其类似的东西能构成未来的理论。但也有确凿的证据表明它出问题了。自20世纪30年代以来人们就明白了量子引力理论必须是背景独立的，但为了构造这样一个能描述自然的弦理论，依然没有什么进展。同时，对自然的唯一的统一理论的追求，却引出了可能存在无限多个理论的猜想，其中没有一个能具体地写出来。相应地，无限多个理论引出无限多个可能的宇宙。除此之外，我们所能详尽研究的所有形式的理论都不符合观测事实。尽管有大量诱人的猜想，也没有证据说明弦理论能解决理论物理学的那几个大问题。相信猜想的人发现，他们

---

1. 引自 Amanda Gefter, "Is String Theory in Trouble?" *New Scientist*, Dec.17, 2005。

所处的智慧宇宙大不同于那些坚持只相信证据的人们的宇宙。在正统的科学领地里存在分歧如此巨大的观点，这个事实本身就说明存在重大的问题。

那么，弦理论还值得研究吗？或者，是否应该（如某些人所想的）宣布它的失败呢？许多希望破灭了，许多关键的猜想尚未证明，这两点大概足以使有些人放弃弦理论的研究。但它们还不是完全终止研究的理由。

假如未来某个时候有人找到了某个方法，能构造一个能唯一引向粒子物理标准模型的弦理论，而且是背景独立的，就存在于我们看到的三维非超对称世界中，那会怎么样呢？即使发现这种理论的前景很渺茫，也是有可能的——多样的研究纲领对科学的健全来说总是好事，我们以后还要谈这一点。

所以弦理论家的方向当然也是值得走下去的。但还能继续认为它是理论物理学家的主导范式吗？旨在解决理论物理学关键问题的多数资源还该继续支持弦理论的研究吗？其他研究方法还该为了弦理论而继续荒芜吗？只有弦理论家才有资格享有令人羡慕的工作和研究经费吗（这正是目前的情形）？我想这些问题的答案肯定都是否定的。在任何水平上，弦理论都没有成功到那样的程度，值得将所有的蛋都放进它的篮子里。

如果没有其他方法值得我们去做呢？有些弦理论家鼓吹支持弦理论是因为它是"唯一的选择"。我要说，即使真是这样，我们也应该热情鼓励物理学家和数学家去探索不同的方法。假如没有别的思想，那我们就创造一些出来。因为弦理论在近期内还无望产生可以证伪的预言，所以也没有什么特别急切的事情。还是让我们鼓励人们寻求一条捷径来回答理论物理学的那五大问题吧。

事实上，真有其他的方法 —— 旨在解决那五大问题的其他理论和研究纲领。尽管多数理论家关心着弦理论，也有少数人在其他领域取得了巨大的进步。更重要的是，他们还有新实验发现的线索，是弦理论所未曾预料的。一旦得到证实，它们就将为物理学指明新的方向。这些新理论和实验的发展是本书下一部分的主题。

3

弦论之外

第 13 章
真实世界的惊奇

希腊哲学家赫拉克利特给我们留下一句美妙的格言：自然喜欢隐藏。这是千真万确的。赫拉克利特没有办法看见原子。不论他的追随者们对原子如何玄想，要看到一个原子，已经远远超出了他们所能想象的技术水平。如今，理论家们大大发挥了自然不可预测的倾向。如果说自然真是超对称的或具有更高的空间维，那么它已经将它很好地隐藏起来了。

但有时候恰好相反。关键的东西就摆在我们面前，等着大家去看。躲过赫拉克利特的视线的东西，在我们今天看来是很容易觉察的，已经习以为常了，如惯性原理或自由落体的不变加速度。伽利略关于地球运动的观测也用不着望远镜或机械钟。在我看来，它们早在赫拉克利特时代就应该发现了。他只需要提出正确的问题。

于是，当我们哀叹难以检验弦理论背后的思想时，我们应该问问哪些东西隐藏起来了。在科学史上，有许多发现令科学家惊讶，因为它们出乎理论的预料。今天是不是也有理论家不曾寻求过、理论也不曾预言过的东西呢？它们也许能将物理学引向一个有趣的方向。会不会我们已经看到了它们，却因为它们的存在有碍我们的理论过程而被忽略了呢？

答案是肯定的。最近有几个实验结果预示着多数弦理论家和粒子物理学家都未曾想到的新现象。这些现象都还没完全确定。有几个情形的结果很可靠，但解释有分歧；其他情形的结果则因为过于新奇而没得到大家的认可。[1]不过还是值得在这儿描述一下，因为假如其中任何一个线索成了真正的发现，那么基础物理学将显现任何形式的弦理论都没预言并难以与之相容的重要特征。这样，其他方法将别无选择地成为基本方法。

我们从宇宙学常数说起，一般认为它代表了加速宇宙膨胀的暗能量。第10章说过，暗能量是弦理论和多数其他理论所不曾预料的，我们也不知道如何确定它的数值。很多人为它苦苦思索了多年，但还是一片茫然。我也不知道答案，不过我有一个设想。我们暂且不考虑用已知的知识来解释宇宙学常数的值。假如我们不能凭已知的东西来解释某个现象，这大概就预示着我们需要寻找新的东西。也许宇宙学常数就是某个新东西的征兆，在那种情形下它大概还有别的表现。我们该如何去寻找它们、认识它们呢？

答案很简单，因为普遍现象终归是简单的。物理学中的力只要几个数字来刻画——例如，力的传播距离和决定其强度的力荷。刻画宇宙学常数的是尺度，即它令宇宙卷曲的距离尺度。我们称这个尺度

1. 事情常常是这样的：当其他实验家重复实验时，并不能验证那些令人惊奇的实验结果。这并不意味着有谁不诚实。可能事物的实验几乎总是不可复制的，很难区分噪声与有用的信号。通常需要不同的人用很多年、经过很多努力，才可能在新实验中认识和清除所有的误差来源。

为 R，大约等于 10 亿光年（即 10^{27} cm）。[1] 宇宙学常数的怪异在于它的尺度远大于物理学的其他尺度。R 是原子核大小的 10^{40} 倍，普朗克尺度（大约是质子大小的 10^{-20}）的 10^{60} 倍。所以人们自然想知道尺度 R 是否代表了某种全新的物理。为此，寻求发生在同样巨大尺度的现象，应该是一个好办法。

宇宙学常数的尺度上发生了什么吗？我们从宇宙学本身说起。我们最精确的宇宙学观测是对宇宙微波背景辐射的测量。这是大爆炸留下的辐射，它从遥远太空的各个方向到达我们。它纯粹是热辐射——就是说，它是随机的。随着宇宙的膨胀，它已经冷却下来了，现在大约是 2.7K。这个温度在整个天空都是非常均匀的，只有十万分之几的涨落（图 13-1 上）。涨落的状态为极早期宇宙提供了重要信息。

过去几十年里，微波背景的温度涨落已经通过卫星、气球探测器和地面探测器勾画出来了。为了理解这些实验的测量结果，可以将涨落看作宇宙早期的声波。接着再看不同波长的涨落有多大。结果是一幅图像（图 13-1 下），它告诉我们不同的波长所具有的能量。

图 13-1 有一个主峰，跟着几个小峰。这些峰值的发现是当代科学的一大胜利。根据宇宙学家的解读，它们说明早期宇宙的物质处于共振状态，就像鼓槌或长笛。乐器振动的波长正比于乐器的大小，宇宙也是如此。共振态的波长向我们揭示了宇宙第一次透明时的大小；那是大爆炸后 30 万年左右，原初的等离子"退化"或"解耦"成为分离

---

1. 用 R 来表示，宇宙学常数等于 $1/R^2$。

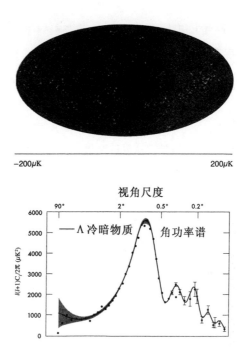

图13-1　上：从微波频率看到的天空。来自我们银河系内部的信号已经被清除了，留下的宇宙图像是它刚好冷却到电子和质子结合成氢的时候。下：上图在不同波长的能量分布。点代表WMAP和其他来源的数据，曲线是标准宇宙模型预言的拟合

的物质和能量，微波背景变得可见了。这些观测对确定宇宙学模型的参数是极其重要的。

我们从数据看到的另一个特征是最大波长的能量很小。这也许只是统计涨落，因为它包含的数据量比较小。但假如那不是统计的原因，就可以解释为一种截断，超过它就很少有激发的模式了。有趣的是，这个截断就在与宇宙学常数相关的尺度R。

从广为接受的极早期宇宙理论（即暴胀）的观点看，存在这样的

截断是令人疑惑的。根据暴胀理论，宇宙在极端早期指数式地膨胀。暴胀解释了宇宙背景辐射的近似均匀性。它的解释是在于确证我们现在看到的宇宙各部分在宇宙还充满着等离子的时代可能就已经是因果关联的了。

理论还预言了宇宙微波背景的涨落，而它们曾被假定是暴胀时期的量子效应残余。不确定性原理意味着在暴胀宇宙的能量中起主导作用的场应该是涨落的，这些涨落都印在了空间的几何中。当宇宙指数式膨胀时，它们持续涨落着，在宇宙透明时产生的辐射温度也跟着涨落。

暴胀可能生成一个具有相对均匀性质的巨大宇宙区域。根据尺度的简单论证，这个区域比可见区域要大许多个数量级。如果暴胀恰好在那个区域和我们现在看到的区域一样大的时刻停下来，那么在暴胀物理学中一定存在某个参数，才可能选择一个特殊的停止时刻，那正好就是我们的时代。但这几乎是不可能的，因为暴胀发生的时候，宇宙的温度比今天最热的恒星中心的温度还高 10～20 个数量级。因此，暴胀的定律一定是不同的，只能主导那种极端的条件下的物理。关于暴胀的定律有很多假设，但没有一个涉及 100 亿年的时间尺度。换句话说，当前的宇宙学常数值似乎不可能与引起暴胀的物理学有任何关系。

因此，如果说暴胀产生了我们看到的均匀宇宙，那么它很可能产生了一个在更大的尺度上均匀的宇宙。这意味着暴胀产生的涨落模式，不论我们看得多远，都应该一直延续下去。如果你能看到宇宙以外的

地方，你仍然应该看到宇宙微波背景的涨落。但数据表明涨落在尺度
R就可能停止了。

实际上，宇宙学家在考察微波背景的大尺度涨落模式时，还发
现了更多的疑问。宇宙学家们普遍相信，宇宙在最大尺度上是对称
的 —— 就是说，任何方向都是彼此相同的。看到的情形却并非如
此。辐射在那些大尺度上的模式不是对称的，而存在一个特殊的方向。
[宇宙学家兰德（Kate Land）和若昂·马盖若（João Magueijo）称它是
"魔轴"。][1] 还没有人为这个现象提出过合理的解释。

这些观测之所以引发争议，是因为它们完全违背了我们基于暴胀
的期待。因为暴胀解释了很多宇宙学问题，很多谨慎的科学家怀疑微
波数据可能有错。实际上，测量完全有可能是错误的。数据发表之前
经过了大量仔细的分析，其中之一就是剔除已知来自我们星系的辐射。
这一步可能做得不对，但熟悉数据分析过程的科学家几乎都不相信会
出现那种情况。还有一种可能是，我们的观测只不过是统计异常。尺
度R的某个波长的振动占据了大部分空间 —— 大约60度；于是我们
只看到了很少的波长，因而只有很少的数据，所以我们看到的可能只
是随机的统计涨落。如果说存在某个特殊的方向是统计反常，估计它
出现的概率小于1‰。[2] 但人们大概更容易相信那个不太可能的运气，
而不愿相信暴胀预言的失败。

---

1. K.Land and J.Magueijo, " Examination of Evidence for a Preferred Axis in the Cosmic Radiation Anisotropy. " *Phys.Rev.Lett*, 95：071301 (2005).
2. K.Land and J.Magueijo, " Examination of Evidence for a Preferred Axis in the Cosmic Radiation Anisotropy. " *Phys.Rev.Lett*, 95：071301 (2005).

这些问题眼下还没有解决。不过对现在来说，我们知道这一点就够了：我们在 R 尺度寻找奇异的物理现象，果然找到了。

还有与 R 尺度相关的其他现象吗？我们可以结合 R 和其他自然常数，看看在引出的新尺度上会发生什么。举一个例子，考虑 R 除以光速：R/c。这是一个时间量，大约是宇宙今天的年龄。它的倒数 c/R 是一个频率 —— "音调" 非常低，相当于宇宙的一生才振动一次。

下一个最简单的量是 c^2/R，是一个加速度。它其实是宇宙膨胀的加速度 —— 就是说，是由宇宙学常数引起的加速度。然而，它和寻常的加速度相比却小得可怜：$10^{-8}\,\mathrm{cm/s^2}$。看一只在地板上爬行的小虫子，它大约每秒爬 10 cm。假如它在一只狗的一生里将速度加倍，那么它的加速度就是 c^2/R，当然是很小的。

不过我们可以假定存在一种新的能解释宇宙学常数值的普遍现象。根据尺度相当的事实，新现象应该也能影响任何其他具有如此小加速度的运动。于是，每当我们看到任何事物以这样小的加速度运动，就可以期待看到新的现象。事情于是变得趣味盎然了。我们确实知道一些加速度如此缓慢的事物。一个例子就是绕着典型星系旋转的典型恒星。一个星系环绕另一个星系的加速甚至更慢。那么，这样小的加速度的恒星轨道与更大加速度的恒星轨道是不是有什么不同的地方呢？答案是肯定的，我们确实看到了，而且差别很大。这就是暗物质问题。

我们在第 1 章讨论过，天文学家是通过测量恒星相对于星系中心的轨道加速度发现暗物质问题的。之所以产生这个问题，是因为天文学家可以根据观测的加速度推测星系物质的分布。在大多数星系中，结果与直接观测到的物质相矛盾。

现在我可以更详细地说说偏差出现在什么地方（为简单起见，我只讨论螺旋星系，其中多数恒星在盘状的圆形轨道上运动）。在发现问题的每个星系中，只有在一定轨道以外运动的恒星才受影响。而在那个轨道之内则没有问题 —— 那里的加速度和可见物质引起的一样。所以，星系内部似乎存在一个区域，其中牛顿定律依然成立，而不需要暗物质来帮忙。在那个区域以外，事情就麻烦了。

关键的问题是：分离两个区域的轨道在什么地方？我们可以假定它出现在距离星系中心的某个特殊位置，这是自然的假定，却是错误的。那么分界线是不是处于一定的恒星或光线密度呢？这个答案也是错的。奇怪的是，决定分界线的似乎 正是加速度本身。随着距离星系中心越来越远，加速度将越来越小，存在某个临界的加速度，它标志着牛顿引力定律的崩溃。似乎只要恒星加速度超过那个临界值，牛顿定律就成立，预言的加速度就等于我们看到的加速度。这种情形不需要任何暗物质。然而当观测的加速度小于那个临界值时，它就不再满足牛顿定律的预言了。

那个特殊的加速度等于多少呢？测量结果大约是 $1.2 \times 10^{-8}\,\mathrm{cm/s^2}$。这个值恰好接近宇宙学常数预言的加速度 c^2/R！

暗物质故事里的这个不寻常转机是一个叫米尔格罗姆（Mordehai

Milgrom）的以色列物理学家在20世纪80年代初发现的。他在1983年发表那个发现，但多年来一直被忽略了。[1]然而，随着数据的改进，他的发现越发显得正确。尺度c^2/R刻画了牛顿定律在星系的什么地方失败。天文学家们现在称它为米尔格罗姆定律。

我要让你们明白这个发现有多奇怪。尺度R是整个观测宇宙的尺度，比任何一个星系的尺度都大得多。我们已经看到，加速度c^2/R就出现在这个宇宙学尺度，它是宇宙膨胀的加速度。这个尺度完全没有理由影响单个星系的动力学。但在观测数据面前，我们不得不承认它确实有影响。我还记得第一次听说它时是多么惊讶。我惊呆了，也激动了。我茫然地转悠了一个钟头，嘟囔着脏字眼儿。实验终于说话了！世界的秘密比我们理论家们想象的多得多！

这要怎么解释呢？除了巧合之外，还有两种可能。一是可能存在暗物质，尺度c^2/R可以刻画暗物质粒子的物理学；或者尺度c^2/R可以描述星系的暗物质晕，因为它与暗物质坍缩形成星系时的密度有关。不论哪种情形，暗能量与暗物质都是不同的现象，不过二者是有联系的。

另一种可能是，不存在暗物质而牛顿引力定律在加速度小于特殊值c^2/R时失败。在这种情形下，需要新的定律来代替这种条件下的牛顿定律。米尔格罗姆在1983年的论文里提出了这样一个理论。他称之为MOND，即"修正的牛顿动力学"。根据牛顿引力定律，物体由于某

---

1. M.Milgrom," A Modification of the Newtonian Dynamics as a Possible Alternative to the Hidden Mass Hypothesis." *Astrophys.Jour*, 270（2）:365～389（1983）.

个质量产生的加速度会随着远离那个质量而以特殊的方式减小 ——
即随距离的平方减小。米尔格罗姆的理论指出，牛顿定律只有在加速
度减小到那个魔幻的数值 $1.2 \times 10^{-8}\,cm/s^2$ 之前才能成立。小于那个
数值时，引力不随距离的平方减小，而只随距离反比例地减小。另外，
通常的牛顿力正比于引起加速度的质量乘以一个常数（牛顿引力常
数），而 MOND 说的是，当加速度很小时，力正比于质量的平方根乘以
牛顿常数。

　　如果米尔格罗姆是对的，那么特殊轨道以外的恒星之所以加速
更快，是因为它们经历着比牛顿预言更强的引力！这是崭新的物理
学 —— 不在普朗克尺度下，甚至不在加速器里，而就在我们面前，在
我们看到的天空的恒星运动中。

　　作为一个理论，MOND 对物理学家没多大意义。引力和电力随距
离的平方而减小，有着很好的理由。那是相对论与空间的三维特征相
结合的结果。我不能在这儿说得太详细，但结论是强有力的。米尔格
罗姆的理论似乎背离了基本的物理学原理，包括狭义和广义相对论的
原理。

　　很多人尝试过修正相对论来构造一个包容 MOND 或类似东西的
理论。贝肯斯坦构造了这样一个理论，莫法特（John Moffat，当时在
多伦多大学）也构造了一个，另外还有康涅狄格大学的曼海姆（Philip
Mannheim）。他们都是极富想象力的人（你大概还记得第 6 章说过贝
肯斯坦，他发现了黑洞熵；莫法特也发现了很多惊人的东西，包括可
变光速宇宙学），三个理论都在一定程度上有用，但在我看来，它们太

人工化了，一点儿也不自然。它们具有几个额外的场，为了满足观测，还要求将几个常数调节到不太可能的数值。我还担心理论的稳定性问题，尽管作者们声称问题已经解决了。好消息是，人们可以用老方法来研究这些理论——将它们的预言与我们掌握的大量天文学观测数据进行对比。

应该说，MOND在星系外的表现并不太好。我们有很多大于星系尺度的星系质量分布和运动的数据。在这种情况下，暗物质理论比MOND对数据的解释要好得多。

尽管如此，MOND似乎在星系内部表现很好。[1]过去10年获得的数据表明，在已经研究过的80多种情形（据最近的统计）中，MOND精确预言了恒星是如何运动的。实际上，MOND比基于暗物质的理论更好地预言了恒星在星系内部的运动。当然，暗物质的理论也一直在进步，所以我还不敢预言它们较量的结果会如何。但是现在我们似乎面临着一种喜忧参半的状况。我们有两个迥然不同的理论，其中只有一个可能是对的。一个理论——基于暗物质的理论——感觉很好，很容易令人相信，很好预言了星系外的运动，但对星系内的情形则不是太好。另一个理论，即MOND，在星系内的表现很好，在星系外失败了，而其假定则无论如何似乎总是与已经确立的科学针锋相对。我承认，在最近一年里，没有任何问题像这个问题一样令我寝食难安。

如果不是因为米尔格罗姆定律提出神秘的宇宙学常数尺度与恒

1.关于MOND的更多信息和支持它的证据连同相关文献，见www.astro.umd.edu/~ssm/mord/。

星在星系的运动多少有些关系，人们很容易忽视MOND。仅从数据看，加速度c^2/R似乎对恒星运动起着重要作用。不管这是因为暗物质与暗能量之间的深层联系，还是因为某种更基本的东西，我们都看到可以在这个加速度发现新的物理学。

我和我认识的几个最有想象力的理论家讨论过MOND。情况通常是这样的：我们总是谈某个严肃的主流问题，而老有人说起星系。我们会相视一笑，于是有人说："看来你也担心MOND了。"仿佛在对暗号。接着，我们共享疯狂的思想——因为所有关于MOND的思想，如果当时看不出错误来，都是疯狂的。

唯一的好处是，这种情形有很多数据，而数据越来越好。我们迟早会知道是真的存在暗物质，还是应该接受对物理学定律的彻底修正。

当然，暗物质和暗能量有相同的物理学尺度，也许只是巧合。并非所有巧合都有意义。所以，我们要问是否还有其他能测量那个微小加速度的现象。如果有，会不会出现理论与实验矛盾的情况？

看来，确实存在那种情形，而且同样令人不安。宇航局（NASA）迄今已向太阳系外发射了几艘飞船。其中的两艘——先驱者10和先驱者11——运行几十年了。这些"先驱者"是为外行星旅行设计的，它们在太阳系的平面上沿着和行星相反的方向运行，离太阳越来越远。

NASA在加州帕萨迪纳喷气实验室（JPL）的科学家们可以根据多普勒频移确定"先驱者"飞船的速度，从而发现它们的精确轨道。JPL

还想通过预言太阳、行星和太阳系的其他事物作用在两艘飞船的力来预告它们的轨迹。在两种情况下，观测的轨迹都不符合预言的结果。[1]误差来自额外的将飞船拉向太阳的加速度。那个神秘加速度的大小大约是 8×10^{-8} m/s^2 —— 大约是在星系中测量的反常加速度的6倍。不过，考虑到两个现象之间没有明显的关联，两个数值还是相当接近的。

我要说的是，人们对这种情形的数据还没有完全认可。虽然两个"先驱者"都发现了反常，这比一个反常更令人信服，但它们都是JPL制造和跟踪的。然而，JPL数据是由科学家们用太空合作的高精度卫星运动程序独立分析的，结果都和JPL一致。所以，数据至今还是可靠的。但天文学家和物理学家有更高的证明标准（这是可以理解的），更何况我们现在正面临着牛顿引力定律可能在太阳系外失败的问题。

由于加速度偏差很小，也许是因为某个小小的效应（例如，飞船向阳的一面会比背阴的一面稍微热一点儿），或者因为气体泄漏。JPL小组考虑了他们能想到的每种可能的效应，至今也不能解释观测到的反常加速度。最近，有人提出发射一个特殊设计的探测器，尽可能清除那些乱真的效应。这样的探测器还要等多年才能飞出太阳系，但即使如此，这件事也是值得一做的。牛顿引力定律已经确立300多年了，哪怕需要更多的年月来证明或否定它，也是不足为怪的。

如果MOND或"先驱者"反常是正确的，又将怎样呢？它们的数据能与某个现有的理论相容吗？

---

1. J.D.Anderson et al, "Study of the Anomalous Acceleration of Pioneer 10 and 11." gr-qc/0104064.

MOND 与迄今研究过的所有形式的弦理论无论如何是不相容的。那么它能与某个未知的弦理论相容吗？当然。由于弦理论的多变，这种可能是无法排除的，尽管也很难实现。其他理论又如何呢？有几个人费了很大力气，想从膜世界图景或某种形式的量子引力导出 MOND。思想是有了几个，但都不令人满意。我在圆周理论物理研究所的同事马科普洛（Fotini Markopoulou）和我曾考虑从量子引力得到 MOND，但不能具体说明我们思想的功用。MOND 是一个诱人的神秘理论，但现在还不能求解。所以，我们还是来看看从其他实验生出的新物理的线索。

最动人的是那些彻底颠覆人们普遍信仰的实验。有些信仰深深嵌入我们的思想，也表现在我们的语言。例如，我们说物理学常数，是指那些永不变化的数。它们包括物理学定律的最基本参数，如光速或电子电荷。但这些常数真的不变吗？为什么光速不能随时间变化呢？能探测那样的变化吗？

在第 11 章讨论的多宇宙理论中，我们假定参数在不同宇宙间变化，但我们怎么才能在自己的宇宙中观测那样的变化呢？那些常数（如光速）会在我们的宇宙中随时间变化吗？有的物理学家指出，光速是在某个单位制下测量的 —— 即每秒多少千米，那么，在单位系统本身随时间变化的情况下，你怎样识别光速的变化呢？

为回答这个问题，我们必须知道距离单位和时间单位是如何定义的。这些单位建立在一定的物理学标准上，而那些标准是通过某些物理学系统的行为来定义的。首先是参照地球的标准：1m 原来等于从地球北极到赤道距离的百万分之一。现在的标准以原子性质为基础——例如，1秒是用铯原子的振动频率来定义的。[1]

如果考虑单位的定义，物理学常数就定义为比值。例如，只要我们知道了光穿过原子的时间和原子发射光的周期之比，就可以定义光速。这些比值在所有单位制都是相同的。这些比值纯粹取决于原子的物理性质，它们的测量不涉及单位的选择。由于比值纯粹是用物理性质确定的，所以有理由追问它们是否随时间变化。如果是，那么原子的一种性质与另一种性质之间的关系也将随时间而改变。

比值的变化可以通过原子发射的光的频率的变化来测量。原子发射出离散频率的光，构成光谱，因此这些频率将产生许多比值。我们可以问，这些比值对那些来自遥远恒星和星系的光——即数十亿年的光——是否有什么不同。

这类实验没能探测到自然常数在我们星系或邻近星系内的变化。就是说，在百万年的时间尺度上，常数没有任何可以感知的变化。不过，澳大利亚的一个小组正在进行的实验，从来自类星体的光——百亿年前的光——发现了那些比值的改变。澳大利亚科学家们没有去研究类星体本身的原子光谱，他们做得更聪明。光线从类星体来到我们地球，一路上穿过了众多的星系。每当它穿过一个星系，就有部分光被那个星系的原子吸收。原子吸收特定频率的光，但由于多普勒效应，被吸收的光的频率向光谱的红端移动了一定的量，那个量正比于

---

1. 实际上（有趣），现在的"米"是用光速来定义的，而光速就定义为那个常数 c。显然其中正潜藏着这里讨论的问题。——译者

星系到我们的距离。结果，来自类星体的光谱由大量谱线组成，每一根谱线对应着一定距离外的星系所吸收的光。通过研究这些光线的频率之比，我们可以发现基本常数在光从类星体到达我们的时间里所发生的变化。因为变化必然表现为频率之比，而基本常数有几个，于是物理学家决定研究最简单的比值 —— 由决定原子性质的常数组成的精细结构常数。这个常数叫 α，等于电子电荷的平方除以光速，再乘以普朗克常数。

澳大利亚人利用夏威夷 Keck 望远镜拍摄的精确光谱，研究了来自80 个类星体的光线。他们从那些数据得到，大约 100 亿年前，α 比今天小万分之一。[1]

这变化很小，但如果确实，那么它将是一个重大发现，是几十年来最重要的发现。这是人们第一次发现基本的自然常数在随时间发生改变。

我认识的许多天文学家都怀着开放的态度。总的说来，数据经过了非常认真仔细的分析。没人发现澳大利亚小组的方法或数据有什么明显的缺陷。但实验本身太精密了，精度恰好在可能的边缘，我们不能排除分析里存在某种误差。我写本书时，情况还很混乱。其实任何新实验技术都是这样的。别的小组在做着同样的测量，结果却有争议。[2]

1. M.T.Murphy et al.," Further Evidence for a Variable Fine Structure Constant from Keck/HIRES QSO Absorption Spectra. " *Mon.Not.Roy Ast.Soc.*, 345：609 ~ 638（2003）.

2 . E.Peik et al.," Limit on the Present Temporal Variation of the Fine Structure constant." *Phys.Rev. Lett*, 93（17）:170801（2004）. R.Srianand et al.," Limits on the Time Variation of the Electromagnetic Fine Structure Constant in the Low Energy Limit from Absorption Lines in the Spectra of Distant Quasars. " *Phys. Rev.Lett.*, 92（12）:121302（2004）.

　　许多理论家都怀疑这些精细结构常数的变化证据。他们担心这种变化太不自然，因为它将在电子、核子和原子理论中引入一个时间尺度，比原子物理学尺度小很多个数量级。当然，他们可以对宇宙学常数的尺度说同样的话。实际上，除了宇宙学常数本身之外，精细结构常数发生改变的尺度并不接近任何已经测量过的东西。所以，这可能是与尺度 R 有关的另一个神秘现象。

　　尺度 R 还有一个表现，大概就是神秘的中微子质量。我们可以用物理学的基本常数将长度尺度转化为质量尺度，结果它与不同种类的中微子质量差有相同数量级。没人知道为什么中微子（最轻的粒子）会具有和 R 有关的质量，但它确实有了 —— 这是另一条诱人的线索。

　　最后还有一个有关尺度的实验。结合实验与牛顿引力常数，我们可以得出一个结论：可能存在某些效应能改变毫米尺度的引力。目前，华盛顿大学阿德尔博格（Eric Adelberger）领导的一个小组正在非常精确地测量分离几毫米的两个物体间的引力。到 2006 年 6 月，他们也只能公开宣布，在 6％ mm 的尺度下他们尚未发现牛顿定律错误的证据。

　　即使没有别的结果，应该说我们的实验至少是检验了物理学的基本原理。人们普遍认为这些原理一旦发现，就是永恒不变的，但历史却不是这样的。几乎每个所谓的基本原理都被取代了。多数原理，不论多么有用，多么接近自然现象，随着探索自然世界的实验越来越精确，迟早都会失败的。柏拉图声称天球上的万物都沿圆周运动，这是有很好理由的：月亮天球上的万物被认为是永恒而完美的，而最完美的莫过于圆周上的匀速运动。托勒密采纳了这个原理，用它进一步构

造了本轮 —— 沿圆周运动的圆周。

行星轨道其实非常接近圆，行星在轨道上的运动也几乎是匀速的。有趣的是，行星轨道中最不圆的是水星的轨道 —— 而它也非常接近圆，视力最好的人才勉强能分辨出它与圆的偏差。1609年，开普勒经过9年的艰苦工作，终于认识到水星的轨道是椭圆。那年，伽利略将望远镜对着天空，开创了天文学的新纪元，最终发现开普勒是正确的。圆是最完美的图形，但行星轨道不是圆。

古人宣称圆是最完美的形状时，意思是它是最对称的：轨道的每一点都与其他点相同。这样的原理最难以割舍，它们满足了我们对对称的需求，并将观测到的对称性提升为必要的条件。现代物理学以一组对称性为基础，它们无疑装点了最基本的原理。许多现代理论家和古人一样，本能地相信基本理论必须是最对称的可能定律。我们应该相信直觉，还是该汲取历史的教训呢？历史告诉我们（正如行星轨道的情形一样），我们看得越近，自然就变得越不对称。

最深植根于当代理论的对称性来自爱因斯坦的狭义和广义相对论。其中最基本的是惯性坐标系的相对性。那其实就是伽利略原理，自17世纪以来成为物理学的基本思想。它只是说我们不能区分静止、速度和方向都不变的运动。正是因为这个原理，我们才感觉不到地球的运动或我们在匀速飞行的飞机上的运动。只要没有加速度，你就不能感觉自己的运动。换句话说，这意味着没有优越的观察者，也没有优越的坐标系：只要没有加速度，所有的观察者都是一样的。

爱因斯坦在1905年做的，就是将这个原理用于光。结果是，我们必须认为光速为常数，与光源或观察者的运动无关。不论你我如何相对运动，我们都会赋予光子以相同的速度。这是爱因斯坦狭义相对论的基础。

在狭义相对论下，我们能做出许多关于基本粒子物理学的预言。有个预言是关于宇宙线的。有一族穿过宇宙的粒子（主要是光子），它们到达地球大气的顶部，在那儿与空气中的原子发生碰撞，变成粒子簇射，像雨一样落下来，可以在地面探测。谁也不知这些宇宙线的来源，但它们能量越高，越是罕见。我们曾看到它们有比质子质量高1000亿倍的能量。为了具有如此高的能量，质子必须以非常接近光的速度运动，大约是0.9999999999个光速——根据狭义相对论，没有粒子能超过光速。

人们相信宇宙线来自遥远的星系。如果真是那样，它们在到达我们之前大约经过了数百万年甚至数十亿光年。1966年，两个苏联物理学家扎泽宾（Georgiy Zatsepin）和库兹闵（Vadim Kuzmin），以及康奈尔大学物理学家格莱森（Kenneth Greisen），仅用狭义相对论，分别独立做出了一个惊人的关于宇宙线的预言。[1]他们的预言，即通常所谓的GZK预言，值得多说两句，因为它现在还在经受考验。这是有史以来对狭义相对论的最极端考验。实际上，它是第一次对狭义相对论在接近普朗克尺度的考验，我们有可能在那个尺度看到量子引力理

---

1. K.Greisen, " End to the Cosmic-Ray Spectrum? " *Phys.Rev.Lett.*,16 (17):748 ~ 750 (1966) and G.T.Zatsepin and V.A.Kuzmin, " Upper Limit of the Spectrum of Cosmic Rays. " *JETP Letters*,4:78 ~ 80(1966).

论的效应。

优秀的科学家善于发挥所有工具的作用。格莱森、扎泽宾和库兹闵就意识到，我们已经接近了一个巨大的实验室，它比地球上所能建造的任何实验室都大得多，那就是宇宙本身。我们可以探测在经历了大部分宇宙年龄的旅行之后到达地球的宇宙线。在它们的旅行中，非常微弱的效应 —— 在地球实验中不可能看到的小效应 —— 可以放大到我们能看到它。如果用宇宙作为实验工具，我们可以看到比人们从前想象的要深刻得多的自然结构。

关键的一点在于，宇宙线穿越的空间不是真空，而是充满着宇宙微波背景辐射。格莱森和苏联科学家们意识到，能量大于某个特定值的质子将与背景辐射中的光子发生相互作用，产生新的粒子（很可能是π子，即π介子）。这种粒子生成过程需要能量，而能量是守恒的，于是高能光子会慢下来。这样看来，如果质子携带的能量超过生成π子需要的能量，那么空间对它来说就像是不透明的。

于是，空间的作用仿佛是一种过滤器。构成宇宙线的质子，只有在能量低于生成π子需要的能量时，才能穿过。如果能量太高，它们会生成π子，减慢速度，不断重复相同的过程，直到不能再生成π子。这就像宇宙为质子规定了一个速度极限。GZK三人预言，到达地球的质子的能量，都不会超过以这种方式生成π子所需要的能量。他们预言的生成π子所需要的能量大约是普朗克能量（10^{19} GeV）的十亿分之一，被称作GZK截断。

这是很大的能量，比我们所知的任何事物都更接近普朗克能量。它比当前规划的最精密的粒子加速器所能产生的最高能量还要高1000万倍。GZK预言是对爱因斯坦狭义相对论的严峻考验。与地球上做过的或可能做的任何实验相比，它在更高的能量、更接近光速的情况下检验了相对论。1966年，当GZK预言发表时，人们只看到过能量低于预言的截断能量的宇宙线，不过当前已经制造了几个仪器，可以探测等于甚至超过截断能量的宇宙线粒子。其中一个实验叫AGASA（明野巨型空气簇射阵列），是在日本进行的，报告了至少十多起那样的极端事件。这些事件的能量大于3×10^{20} eV —— 大约相当于棒球手击球的能量，却是一个质子携带的。

这些事件也许预示着狭义相对论在极端能量下失败了。哈佛物理学家科尔曼（Sidney Coleman）和格拉肖在20世纪90年代末提出，狭义相对论的破产可能提高生成π子所需的能量，从而提高GZK截断能量，预示更高能量的质子也能到达我们地球的探测器。[1]

这并不是对观测到的高能宇宙线质子的唯一解释。它们也可能是在距离地球足够近的地方生成的，还没来得及与宇宙微波背景发生相互作用，因而速度还没有减慢。这只需要看看那些质子是不是来自天空的某个特殊地方。目前还没有证据，但是很有可能。

这些极端高能的粒子也可能完全不是质子。它们可以是迄今未知

---

1. S.Coleman and S.L.Glashow, " Cosmic Ray and Neutrino Tests of Special Relativity. " *Phys.Rev.* B,405 : 249 ~ 252 (1997);Coleman and Glashow, " Evading the GZK Cosmic-Ray Cutoff. " hep-ph/9808466.

的某些稳定粒子，本来就比质子的质量大得多。如果是这样，那也是一个重大发现。

当然，这些实验也可能是错的。AGASA小组报告说，他们的能量测量中有25%的不确定性，这是一个很大的误差来源，但还不足以解释他们看到的高能事件的存在。然而，他们对实验精度的估计也许是错误的。

幸运的是，正在进行的一个实验将解决这个矛盾。这就是奥格（Auger）宇宙线探测器，正运行在阿根廷西部的彭巴斯草原。如果奥格探测器证明了日本人的观测，如果可以忽略其他可能的解释，那么它将是最近百年来最重大的发现 —— 人们将眼睁睁地看到，构成20世纪科学革命的一个基础理论第一次失败了。

为了观测如此极端能量的宇宙线粒子，需要什么工具呢？具有那么高能量的粒子来到大气顶部时，会产生其他类型的粒子簇射，像雨一样降落到一片广阔的土地。奥格实验由分布在阿根廷彭巴斯草原 $3000\,km^2$ 的几百个探测器构成。同时，几个高精度光学探测器不断扫描天空，捕捉粒子簇射产生的光。通过综合所有这些探测器的信号，奥格的研究者们就能决定原来那些落在大气层的粒子的能量，判断它们来自什么方向。

我写这些东西时，奥格天文台刚公布第一批数据。好消息是实验运行良好，但仍然没有足够的数据判定基于狭义相对论预言的截断是否存在。不过我们还是有理由希望经过几年的运行之后，会有足够数据来解决这个疑问。

　　即使奥格小组宣布狭义相对论依然成立，其发现本身也将是最近25年来 —— 即未发现质子衰变（见第4章）以来 —— 最重要的基础物理学发现。理论在没有实验指导下的黑暗中摸索的漫长岁月终于到头了。但如果奥格发现狭义相对论不完全正确，那么它将预示着新物理学的到来。那时，我们还需要花一定的时间来弄清那个革命发现有什么意义，会把我们引向什么地方。

第 14 章
站在爱因斯坦肩头

　　假如说奥格计划或其他什么实验证明爱因斯坦的狭义相对论破产了，这对弦理论来说是一个坏消息：它意味着21世纪的第一个重大实验发现竟然全然出乎最流行的"万物之理"的预料。弦理论假定狭义相对论是正确的，和爱因斯坦在100年前写下它的时候一样。实际上，弦理论的主要贡献之一就是构造一个与量子论和相对论都协调一致的关于弦的理论。所以，弦理论预言，不论不同频率的光子来自多么遥远的地方，它们都以相同的速度传播。我们已经看到，弦理论没做出多少预言，但这是一个；其实，它是弦理论唯一的一个可以用目前技术检验的预言。

　　如果狭义相对论的预言错了，又将意味着什么呢？有两种可能。一种可能是狭义相对论错了，而另一种可能是进一步深化它。因为这一区别，引出了最近几十年来基础物理学中最惊人的新思想。

　　有几个实验可能粉碎或修正狭义相对论。奥格实验能做到，但我们对 γ 射线爆发的观测也能做到。那是一种剧烈的爆发，它在若干分之一秒内产生的光，和整个星系发出的光一样多。顾名思义，多数这样的光都是 γ 射线的辐射，它们是能量较高的一些光子。大概平均每天都有一个这样的爆发信号来到地球。第一个信号是在20世纪60年代末由军事卫星（本来是为了寻找非法的核试验）发现的。现在有专门的科学卫星在观测它们。

尽管有一些可能的理论，但我们还不知道 γ 射线爆发是什么来源。它们可能来自两颗中子星的碰撞或一颗中子星与一个黑洞的碰撞。不论哪种情形，两个天体都应该相互环绕几十亿年了，但这样的系统是不稳定的。当它们以引力波形式辐射能量时，它们会非常缓慢地盘旋着相互靠近，直到最终发生我们所知的最剧烈的碰撞。

爱因斯坦的狭义相对论告诉我们，光不论频率多少，都以相同速度传播。γ 射线爆发为检验这个论断提供了实验条件，因为它们在很短的时间内爆发出多种能量的光子。最重要的是，它们可以经过数十亿年才到达我们，因此走进了实验的核心。

假如爱因斯坦错了，不同能量的光子将以略微不同的速度传播。如果两个在相同距离处产生的光子在不同时刻到达地球，那么这无疑预示着狭义相对论失败了。

如此重大的发现有什么意义呢？这首先依赖于理论失败所在的物理学尺度。我们预料狭义相对论可能失败的一个尺度是普朗克长度。回想一下第13章说的，普朗克尺度大约是质子大小的 10^{-20}。量子理论告诉我们，这个尺度代表了一个临界点，在小于它的尺度下，经典的时空图景将彻底瓦解。爱因斯坦狭义相对论是那个经典图景的一部分，所以我们可以认为它将在那个尺度崩溃。

　　有什么实验能看到空间和时间结构在普朗克尺度破裂的效应吗？在当前的电子学水平，可以探测不同光子到达我们的微小时间差，但电子学是不是足以测量更微弱的量子引力效应呢？几十年来，理论家们一直在说，普朗克尺度太小，目前能做的实验还不能探测到它。就像100年前多数物理学教授认为原子太小而看不到，我们也在无数的论文和讲义里重复着这个谎言。那真是一个谎言。

　　值得注意的是，直到20世纪90年代中期，我们才认识到其实我们是可以探测普朗克尺度的。和许多事情一样，当少数几个人认识到它，想发表他们的思想时，却招惹了一片嘘声。其中一个是西班牙物理学家冈萨雷斯－梅斯特（Luis Gonzalez-Mestres），在巴黎国家科学研究中心工作。像这样的发现，在某人拿去公开发表之前，都会被不同的人独立发现过多次。在这个例子中，另一个发现者是罗马大学的乔万尼·阿梅林诺－卡梅里亚（Giovanni Amelino-Comelia）。他现在四十出头，有着意大利南方人所特有的魅力和热情，钟情于物理，全身心地投入物理。量子引力的科学家们很幸运有这样一个伙伴。

　　当乔万尼在牛津做博士后时，就下决心寻求一种方法来观测普朗克尺度。这在当时似乎完全是疯狂的野心，但他敢于证明常识是错误的，并找到了证明的方法。他从质子衰变的检验获得了灵感。预言质子衰变（见第4章）是一种极端稀有的事件，但假如把足够多的质子放在一起，就可能看到它的发生。巨大的质子数量起着放大的作用，使极端微小和稀有的事件成为可见的。乔万尼给自己提出的问题是，这样的放大作用能否使他探测普朗克尺度的现象。

我们已经看到了两个放大的例子：宇宙线和来自 γ 射线爆发的光子。两种情形下，我们都把宇宙本身作为一个放大器。它的巨大尺度放大了极端稀有事件的概率，而光子经过的漫长时间可以放大微弱的效应。人们早就指出这些实验可能在理论上预示狭义相对论的失败。乔万尼发现，我们的确能设计出探测普朗克尺度（也包括量子引力）的实验。

量子引力引起的典型的光速变化简直小得令人难以置信，但来自 γ 射线爆发的光子可以经过数十亿年的旅行，从而将这个效应放大了。几年前，根据量子引力效应的粗略估计，物理学家们计算不同能量的光子在经历那么长的旅行后，到达我们的时间间隔大约是1/1000秒。这是短暂的时间，但完全落在现代电子学的测量范围内。实际上，最新的 γ 射线探测器GLAST（γ 射线大域太空望远镜）已经具备了这种灵敏度。它计划在2007年夏天发射，人们热切期待着它的结果。

乔万尼和他的合作者们第一次打破壁垒以来，我们已经发现了许多用具体实验探测普朗克尺度的方法。乔万尼的疯狂问题已经成为人们认可的科学领域。

让我们设想一下，假如某个新实验结果在普朗克尺度与狭义相对论冲突，那么它会告诉我们什么有关空间和时间本性的东西呢？

我在本章开头就说过，有两种可能。我们已经讨论了一种，即运动的相对性可能是错误的 —— 意味着我们可以区分绝对运动与绝对静止。这将颠覆自伽利略以来的已成为物理学关键的一个原理。我个人认为这种可能是令人厌恶的，但作为科学家，我必须承认那确实是可能的。其实，如果日本的宇宙线实验 AGASA 的结果成立，那就已经说明我们看到了狭义相对论的这种失败。

但这是唯一的可能吗？多数物理学家可能会说，如果不同能量的光子以不同速度传播，那么狭义相对论就是错的。十年前我当然也会说这样的话。但我可能错了。

爱因斯坦的狭义相对论基于两个假定：第一个是运动的相对性，第二个是光速的不变性和普适性。会不会第一个假定对了而第二个假定错了？如果那是不可能的，爱因斯坦就不会硬提出两个假定。可是我认为，直到最近人们才意识到，只改变第二个假定也能得到一个和谐的理论。结果真的可以，但认识这一点却是我在职业生涯中有幸亲身经历的最激动人心的事情之一。

新理论叫修正的或双狭义相对论，简称 DSR。它来自一个似乎会引出悖论的简单问题。

我们已经说过，普朗克长度被认为是一个界限，小于它的尺度将出现一种新的、本质上是量子力学的几何。不同的量子引力方法都有一点共识：普朗克长度在某种意义上是可以观测的最小尺度。问题是，所有观测者都同意什么是最小长度吗？

根据爱因斯坦的狭义相对论，不同观测者所看到的运动物体的长度是不同的。和米尺一起的观测者会说尺子是 1m 长，但任何相对于它运动的观测者看到它要短一点儿。爱因斯坦称之为长度收缩现象。

但这意味着不可能存在所谓"最小长度"之类的东西。不论多短的长度，你总能通过接近光速的相对运动使它变得更短。这样，普朗克长度的概念与狭义相对论之间就存在着矛盾。

现在，你可能认为卷入这个量子引力问题的专家们都被这个矛盾挡住了。你甚至可能认为聪明的大学生刚读一年级物理时就能提出这个问题。毕竟，在弦理论和量子引力中做着最艰难工作的杰出的物理学家，都是从天真的学生走过来的。难道就没有几个看出这个问题吗？就我所知，几乎没有，直到最近。

看出那个问题的是乔万尼。1999年，他遇到了刚才说的那个疑惑，然后解决了它。它的思想是拓展爱因斯坦走向狭义相对论的路线。

狭义相对论的第二个假定（光速是普适的）似乎更是自相矛盾。为什么呢？考虑两个观测者跟踪一个光子。假定两个观测者相对运动。如果他们测量光子的速度，我们通常认为会得出不同的结果，因为那是正常的物体行为。例如，我们看一辆从身边超过的公共汽车，在我看来它的速度是10 km/h；因为我的小汽车以140 km/h的速度奔跑，所以站在路旁的观测者会看到公共汽车的速度是150 km/h。但是，假如我在同样状况下观测一个光子，狭义相对论告诉我们，路旁的观测者将看到那个光子的速度和我看到的一样。

那么，为什么这不是一个矛盾呢？关键在于，我们没有直接测量速度。速度是一个比值，它是一定时间经过的一定距离。爱因斯坦的核心认识是，不同观测者，即使以不同速度相对运动，测得的光子总是具有相同的速度，因为他们测量的空间和时间都不同。他们测量的时间和距离的变化方式，恰好满足光速是一个普适的量。

可是，为什么这对光是不变的，对其他东西却不是呢？我们不能对距离也玩同样的技巧吗？就是说，一般说来，我们知道，观测者测量运动的米尺没有1m长。这对多数长度都是正确的，但是，当我们一路下来，直到普朗克长度时，那效应就会消失了吗？这意味着如果尺子恰好是普朗克长度，那么即使它在运动，所有观测者也会得到相同的长度。那么，我们是不是有了两个普适的量呢？一个速度，一个长度。

爱因斯坦对速度的技巧成功了，是因为没有什么东西能比光跑得更快。世界上有两类事物 —— 以光速运动的事物和以低于光速运动的事物。如果一个观测者看到某个事物比光慢，那么所有观测者都一样；如果一个观测者看到某个事物和光一样快，那么所有观测者也都一样。

乔万尼的思想是对长度运用同样的逻辑。他提出修正空间和时间测量随不同观测者变化的法则，使它满足，如果观测对象是普朗克长度，则所有观测者都认同它具有普朗克长度；如果比它更长，则所有观测者也有同样的结果。这个纲领可以是和谐的，因为对任何观测者来说，没有比普朗克长度更短的东西了。

乔万尼很快发现，爱因斯坦狭义相对论方程的一种修正可以实现这种想法。他称之为双狭义相对论，因为创立狭义相对论的技巧在这儿运用了两次。我曾沿着他的思路寻找探测普朗克尺度的方法，但他在2000年向大家散发他双狭义相对论思想的论文时，我起先还弄不明白呢。[1]

那是很恼火的事情，但还有更令人恼火的。大约10年前，我也陷入了同样的困惑。困惑来自我正在研究的圈量子引力，那是引力的一种量子理论。细节并不重要 —— 关键在于我们的圈量子引力计算似乎和爱因斯坦的狭义相对论相冲突。现在我明白了，这些特殊计算实际上真的和爱因斯坦狭义相对论矛盾。但那时候，这种情形想起来就令人恐慌，经过思想斗争以后，我放弃了整个研究路线。实际上，这是最终令我放弃圈量子引力而做弦理论的系列步骤的第一步。

但就在我放弃它的时候，我有了一个想法：也许可以修正狭义相对论，使它满足所有观测者（不论运动与否）都有同样的普朗克长度。这是双狭义相对论的关键思想，尽管我没有足够的想象力为它做任何事情。我想了一下，看不出有什么意义，就去做其他事情了。虽然10年后看到了乔万尼的论文，却没能让我想起过去。我只好从其他方向来把握这个思想。当时我是伦敦帝国学院的访问教授，在那儿认识了一个著名的物理学家，叫若昂·马盖若（João Magueijo），是来自葡萄牙的年轻宇宙学家，和乔万尼的年纪差不多，也洋溢着同样的拉丁式的热情。

1. G.Amelino-Camelia, " Testable Scenario for Relativity with Minimum-Length. " hep-th/0012238.

　　马盖若的名声在于他有一个真正疯狂的思想：光在极早期宇宙中传播更快。这个想法使暴胀成为多余，因为它解释了早期宇宙的每个区域是如何能有因果关联从而达到相同温度的。不需要极早时期的指数式膨胀，也能产生这样的结果。

　　结果不错，但想法太疯狂了 —— 真正的疯狂。它与狭义和广义相对论都格格不入。除了说它"异端"，恐怕找不到别的字眼儿了。然而，英国的科学界对异端很宽容，马盖若在帝国学院成长起来了。如果他在美国，我想有着那种思想的他未必能做博士后。

　　马盖若和帝国学院年轻的阿尔布里希（Andreas Albrecht）教授一起发展了他的思想。还在宾夕法尼亚大学读研究生时，阿尔布里希就是暴胀理论的创立者之一。最近，他离开英国回到了美国。我在帝国学院待了几个月后，才发现他和我是同路人。他想知道是否有方法使他的可变光速（VSL）宇宙学思想与狭义相对论、广义相对论一致。不知为什么他觉得和我交谈可能会有所帮助。

　　我那时并不知道事情已经有人做了。实际上，整个VSL宇宙学更早就由多伦多大学那位想象儿丰富的物理学教授莫法特发展起来了。经历了多次"异端"，莫法特发现了他的思想，并以与狭义相对论、广义相对论协调一致的方式解决了它，但他想在专业杂志上发表论文时，却被拒绝了。

　　马盖若在2003年的《比光速还快》一书中告诉我们，当他和阿尔布里希正打算发表自己的论文时，听说了莫法特的工作。[1] 这时，他表现了一贯的作风，热情地和莫法特交了朋友 —— 现在他们的关系还很密切。他开始与我交谈时，已经知道了莫法特的工作，但我想他还没有理解人家已经解决了他正想解决的问题；或者他已经知道了，但是不喜欢那种解决方法。

莫法特如今是我在圆周理论物理研究所的朋友和同事，他的胆略和创造力实在令我钦佩不已。我也曾说过我是多么欣赏乔万尼对探测普朗克尺度的见识，可我得痛苦地承认，若昂和我忽略了他们两位的工作。从某种意义上说，我们做对了，因为我们发现了不同的方法，一样可以协调可变光速与相对性原理。如果我知道问题已经解决了 —— 不是一次，而是两次，肯定不会再为它费力气。

若昂经常带着这个问题来找我。我也总是找时间和他交谈，因为他的活力和独特的物理学眼光已经吸引了我。但在几个月里，我都没认真考虑过他所说的。当他拿一本老书给我，看见里面也讨论过那个问题，我才转变了思想。那是著名俄罗斯数学物理学家福克（Vladimir Fock）写的一本广义相对论教科书。[2] 我（和所有物理学家一样）了解一些福克在量子场论的工作，但我从没见过他关于相对论的书。若昂想要我考虑的问题是福克书中的一道家庭作业题。当我看到问题时，顿时就想起我十几年前的想法，于是整个事情就豁然开朗了。其实，问题的关键就是保留爱因斯坦的狭义相对论原理，但要改变它的观测

---

1. João Magueijo, *Faster Than the Speed of Light: The Story of a Scientiac Speculation* (Nwe York: Perseus Books, 2003).（有中译本，赵文泽，湖南科学技术出版社，2005 —— 译者）

2. Vladimir Fock, *The Theory of Space, Time, and Gravitation* (London: Pergamon Press, 1959).

法则，使所有观测者所看到的光速和普朗克尺度都是普适的。实际上，常数的速度不再是所有光子的速度，而只是能量很低的光子的速度。

起初我没看出问题和这个思想有什么关系。我们有了一点数学，但还没有完整的理论。大约就在那时，我做了一次旅行，要在罗马停留。我在那儿和乔万尼谈了几个钟头。我突然明白了他在说什么。他早就有了我们正在探究的思想，而且第一个解决了它。不过，他的解决方法里还有很多我不明白的东西。数学看起来很复杂，好像关系着波兰数学物理学家小组在十几年前建立的某种形式 —— 那是我肯定不可能精通的。

我花了很多年去理解那个问题的数学细节。直到我读了英国数学家马吉德（Shahn Majid，量子群的创立者之一）的早期论文，才透彻地理解了。他的工作与波兰数学家小组用的数学有着密切的联系。马吉德从几个想象的概念开始，讲我们应该如何在单一的数学结构下表达相对论和量子论的基本发现。由此他发展了量子群（这是对称性思想的革命性扩展），然后在我们所谓的非对易代数的基础上修正了相对论。他的发现是清楚表述DSR所需要的数学核心，但至少对我来说，在第一次读他复杂的论文时，并没看出这一点。

无论如何，若昂和我都忽略了数学，而只是一味地谈物理。2001年9月，我移居加拿大，加入新建的圆周理论物理研究所，我们的进展被迫停下来了。一个月后，若昂来到研究所，成为它的第二个访问学者。他到达的那天下午，理论终于尘埃落定了。我们在滑铁卢小区的一个叫"会饮"的咖啡馆里，坐在舒适的躺椅上工作。他还没倒过时差，而我刚从"9·11"事件后的纽约度周末回来，疲惫不堪。若昂讲话时，我都睡着了，醒来时发现他也在打瞌睡。我还记得他在我失去意识时说的一些话，在便笺纸上写写画画，然后又睡着了。他开始讲话时，我又醒了，又有了几分钟大家都清醒的时间。那个下午就在我们的交谈、计算和瞌睡中过去了。我不知道咖啡馆的服务员会怎么看我们。但我们在某个时刻突然想到了一个几个月都没想到的关键因子，它与位置和动量的交换有关。当我们精疲力竭时，已经发现了DSR的第二种形式，比乔万尼发展的形式简单得多。它就是专业人士现在所知的DSRII。

这大概就是若昂向往的东西。在我们的形式中，能量越高的光子跑得越快。于是，在极早期的宇宙，当温度很高时，光速也很高，总的说来都高于今天的光速。当我们回到更远的过去，温度接近普朗克能量，光速成为无穷大。需要更长的时间，人们才发现这引出一种与广义相对论原理也和谐一致的可变光速理论，但我们终于还是发现它了。我们借平钦（Thomas Pynchon）小说的名字，称这个理论为引力虹。[1]

"双狭义相对论"是个很笨拙的名字，但固定下来了。它的思想很优美，已经有很多人研究和讨论过。我们不知道它是否描述了自然，但我们对它有足够的认识，知道它是有可能的。

人们最初对DSR的反应不是欢欣鼓舞。有人说它自相矛盾，有人

---

1. 平钦（1937 —）是美国小说家，《引力之虹》是他1973年的作品。从DSR导出的时空度规不是唯一的，而是与能量有关的一族度规，犹如彩虹是不同能量的一族光线，所以叫"虹度规"。而在广义相对论中，度规就是引力，所以理论得了这个美丽动听的名字。参看作者的同名文章：João Magueijo and Lee Smolin，"Gravity's Rainbow."gr-qc/0305055. —— 译者

说它只不过是爱因斯坦狭义相对论的一种复杂写法，还有人则两方面都批判。

为了回答第二个批评，我们证明了那个理论做出了不同于狭义相对论的预言。参与这些讨论的关键角色是一个来自华沙的重金属音乐发烧友，名叫耶日（Jerzy Kowalski-Glikman）。（也许只有欧洲人能真正充当这两种角色。）我相信他第一个真正理解了乔万尼在说什么。我肯定是先明白了他的短小精悍的论文，才读懂了乔万尼的论文——连篇累牍，印得密密麻麻，尽是旁白和细节。耶日发现了双狭义相对论的几个重要结果，也是他理清了我们的工作与他的波兰同事们先前的数学工作之间的关系。

一天下午，我们几个人在多伦多我女朋友的家里展开了一场讨论，我才豁然明白了DSR，知道了它的不同方法是如何相互联系的。乔万尼、耶日、若昂和我紧紧地围坐在狭窄餐厅的小桌旁，试图深入我们分歧和误会的根底。耶日平静地主张，一样东西要有意义，就必须满足一个和谐的数学结构，对他来说，那就是他和他的波兰同事们研究过的非对易几何。若昂说，与物理学有关的任何事物都可以离开虚幻的数学来认识。乔万尼指出，如果不关心哪些数学表达对应于可以测量的东西，我们对这些理论当然可以随便乱说。有个时候——我忘了那是什么话引起的——乔万尼抓起锋利的面包刀吼道："如果你说的是对的，我就割断我的喉咙。*就现在！*"

我们盯着他，吓得不敢说话，片刻过后，我们突然放声大笑，他也笑了。从那以后，我们才开始倾听彼此在说什么。

实际上，DSR有不同的形式，也有不同的预言。在某些预言中，存在一个不可逾越的能量，就像最大光速一样。在其他预言中，没有最大能量，但有最大动量。这是很不幸的，因为这削弱了理论的预言能力；但它似乎也无损于理论的和谐，所以我们还得把它留下来。

为了说明DSR的和谐，我们可以证明它在某个可能的宇宙中是正确的。那个可能的宇宙很像我们的宇宙，区别在于它的空间只有二维。20世纪80年代，人们发现量子引力可以精确定义在只有两个空间维的世界。我们称它为2＋1量子引力，代表两个空间维和一个时间维。而且，如果没有物质，理论还可以精确求解——就是说，我们可以找到精确的数学表达来回答有关理论所描述的世界的任何问题。

结果发现，DSR在任何具有两个空间维、量子引力和物质的世界里都是正确的。人们确立的DSR的特殊形式是乔万尼原来发现的形式。当耶日和我回顾文献时，发现有几个人已经看到了这个二维世界与DSR有关的一些特征，但那时还没有DSR的概念。我们很兴奋，向圆周研究所的同事弗雷德尔（Laurent Friedel，从法国来的，做量子引力研究）讲了这个情况。他告诉我们，他不但已经知道，而且早就想告诉我们了。我相信那是真的。在讨论中，弗雷德尔比我更有精神，我常常听不懂他讲的东西，于是他讲得更快、更大声。不管怎样，我们还是合写了一篇文章，解释为什么DSR对二维空间的宇宙一定是正确的。[1]

---

1. L.Friedel,J.Kowalski-Glikman,and L.Smolin, " 2＋1 Gravity and Doubly Special Relativity. " *Phys. Rev.D.,*69：044001（2004）.

后来，弗雷德尔与利维因（Etera Livine，来自法国大溪地，圆周研究所的博士后）合作，详细证明了 DSR 在有物质的 2+1 维引力理论中是如何成功的。[1] 这些结果很重要，因为 DSR 有了一个可能世界的模型，也就保证了理论的和谐。

为了使 DSR 成为可靠的理论，还有一个必须解决的问题。我们说过，在许多形式的理论中，存在某个粒子所能具有的最大能量，通常被认为是普朗克能量。这不是一个实验问题，因为观测到的最大能量是在 AGASA 宇宙线探测器中的质子能量，大约是那个最大能量的十亿分之一。

不过乍看起来，这个能量限制似乎适用于任何物体：不仅电子或质子，包括狗、恒星和足球，都应该小于那个最大能量。这显然与自然矛盾，因为任何具有多于 10^{19} 个质子的系统都有大于普朗克质量的能量。狗大约有 10^{25} 个质子，恒星更多。这就是所谓的足球问题。

足球问题存在于二维世界，但没有必要去解决它，因为我们不在那个世界做实验。我们只需要知道，在那个世界里，任何物体，不论由多少粒子组成，其所有的能量都小于普朗克能量。

足球问题有一个自然的解决，大概在我们三维空间的世界里成立。若昂和我以前就提出过这个解。我们的观点是，物体所含的每个质子具有等于一个普朗克能量的最大能量。这样，包含大约 10^{25} 个质

---

1. E.Livine and L.Friedel, " Ponzano.Regge Model Revisited III:Feynman Diagrams and Effective Field Theory. " hep-th/ 0502106 ;*Class.Quant.Grav.*, 23：2021 ~ 2062 (2006).

子的足球的能量不可能高于10^{25}个普朗克能量。那么也就不存在观测问题了。

我们可以看到这个解是成立的，但我们不知道它为什么一定正确。最近，利维因与圆周所的另一个博士后吉雷利（Florian Girelli，也来自法国）提出一个解释。他们发现了一种奇妙的方法来重构理论，那个解会从中自然冒出来。[1] 既然足球问题解决了，我不知道还有什么能阻碍DSR成为我们世界的正确理论。奥格和GLAST在未来几年的观测大概也能证明它；如果不是，它至少也将被证明是错误的，这说明DSR是一个真正的科学性的理论。

我们现在可以回来看，假如狭义相对论失败了，对不同的量子引力理论有什么意义呢？我们已经看到，失败可能有两方面的意义，那要看实验告诉我们什么。狭义相对论可能在这个尺度上完全失败，意味着运动与静止确实存在着绝对的区别。或者，狭义相对论可以保留下来，但需要深化，如DSR。

弦理论在这两种改变下还成立吗？所有已知的弦理论肯定都将证明是错误的，因为它们强烈依赖于狭义相对论的成立。但会不会有某个形式的弦理论能与那两种失败之一相容呢？有几个弦理论家坚决地对我表示，即使狭义相对论会失败或需要修正，总有一天也可以构造一种能满足任何实验观测的弦理论。他们的意见可能是对的。我们说过，弦理论有许多没有观测到的场。有很多方式改变弦理论的背景，

---

1. Florian Girelli and Etera R.Livine, " Physics of Deformed Special Relativity. " gr-qc/ 0412079.

从而出现某个优越的静止状态，也就否定了运动的相对性。以这种方式大概可以构造出一种能符合实验的弦理论。

那么DSR呢？会有与它相容的弦理论吗？我写本书时，若昂和我是仅有的两个思考这个问题的人，我们发现的证据很复杂。我们能构造一个能满足某些一致性检验的弦理论，但我们没能发现对其他检验的明确结果。

因此，尽管所有已知形式的弦理论都与狭义相对论相容，尽管狭义相对论可能有问题，但弦理论家还是可以协调这样的发现。令我疑惑的是，为什么弦理论家认为这有助于他们的事业。对我来说，它更加意味着弦理论不能做出任何预言，因为它只不过是理论的集合，而其中的每一个理论都对应着众多可能背景的一个。在GLAST和奥格观测实验中，关键问题是空间和时间的对称性。在一个背景相关的理论中，这取决于背景的选择。只要理论允许，通过选择恰当的背景，就能得到需要的答案。这和预言是截然不同的事情。

其他量子引力方法又如何呢？有什么方法预言过狭义相对论的失败吗？在背景独立的理论中，情形大为不同，因为时空几何不再决定于背景的选择。那个几何必须作为理论的一个解而出现。量子引力的背景相关方法必须做出真正的关于空间和时间对称性的预言。

我以前讲过，如果世界有两个空间维，我们是知道答案的。那种情形下没有自由选择，计算表明粒子运动遵从DSR。在有着三个空间维的真实世界里，也有同样的结果吗？我的直觉告诉我那是可能的，我们在圈量子引力中的结果为这个思想提供了证据，但还不算是它的证明。我最大的希望是，这个问题在实验观测告诉我们结果之前就可以很快解决。从引力的量子理论中得到一个真正的预言，然后让确凿的观测来证明它是错误的，那该是多么奇妙的事情啊！更好的事情当然是实验证明预言是正确的。不论哪种情形，我们都在做着真正的科学。

第 15 章
弦论后的物理学

在前面两章我们看到，有理由期待我们对自然律的追寻将取得巨大进步。令人惊奇的实验发现已经拓展了相对论，它本身就为正在进行的实验提供了预言。不管双狭义相对论正确与否，它是真正的科学，因为正在进行的实验可以证明也可以否定它的主要预言。

理论家和实验家们（他们的工作在前两章讲过了）已经开辟了基础物理学的后弦论时代。在这一章，我将带领大家游历这个新世界，见识最有希望的思想和发展。在弦论以外，我们看到，通过对基本问题的艰苦而执着的思索，通过数学和物理学的同步发展，很多传统方法的基础物理学复苏了。在所有的前沿领域——量子引力、量子物理学的基础、基本粒子物理学和宇宙学，大胆的新思想接二连三地随着迷人的新实验产生出来。这些思想的萌芽一定会茁壮成长起来的，否则它们早就夭折了。它们展现了美好的前景。

我们先说一个正在进步的领域：一种量子引力方法，它没有逃避爱因斯坦的伟大发现，而是继承了它——即时空几何是动力学的、偶然的。

　　我曾多次强调，用空间摆动的弦来构造一个包含引力子的理论是不够的。我们需要一个关于空间由什么构成的理论，一个独立于背景的理论。前面讲过，广义相对论的成功说明空间几何不是固定的；它是动力学的，随时间演化的。这是不容颠倒的基本发现，任何未来的理论都必须包容它。弦理论没有，所以，如果弦理论成立，那么它的背后一定还有更基本的理论——一个背景独立的理论。换句话说，不论弦理论是否成立，我们都需要去寻求一个背景独立的量子引力理论。

　　幸运的是，通过最近20年的研究，我们对如何构造那样的理论有了很多认识。背景独立的量子引力方法研究是从1986年开始的，那时第一次弦理论革命刚过去两年。催化剂是印度理论物理学家阿什特卡（Abhay Ashtekar，当时在锡拉丘兹大学）发表的文章。他重构了广义相对论，使方程更加简洁。[1]有趣的是，他把爱因斯坦的理论表达成接近规范理论的形式，而规范理论是粒子物理学标准模型的基础。

　　不幸的是，多数弦理论家并没注意过去20年在量子引力领域的这些进步，所以两个领域是独立发展的。外行人看这种互不往来的状况也许觉得奇怪。在我看来也很奇怪，所以我才想尽力去扭转它，向每个阵营宣传对方的长处。但我不能说取得了多大成绩。我之所以认为物理学正在危机中，部分原因就是我没能让用不同观点研究同样问题的人相互沟通——我也努力在思考如何改变这种局面。

　　量子引力领域的整个氛围都不同于弦理论。它没有宏大的理论，

1. A.Ashtekar,"New Variasbles for Classical and Quantum Gravity."*Phys.Rev. Lett*,57(18):2244～2247(1986).

也没有时尚和潮流，只有几个很好的人辛勤地思考着几个密切相关的思想。我们有不同的研究方向，但也有某些统一的思想将这个领域连成一个和谐的整体。

主要的统一思想说起来很简单：*不要从空间或任何在空间运动的东西开始。从纯粹的量子力学的而且具有纯量子结构的东西（而不是空间）开始。* 假如理论是正确的，那么空间会自然出现，代表那种结构的一般性质——犹如温度的出现代表原子的运动。

于是，很多量子引力理论家相信存在一个更深层的实在，那里不存在空间（这是背景独立性的逻辑极端）。因为弦理论需要背景独立理论的存在才有意义，许多弦理论家也表示他们认同这一点。在一定的意义上，如果强形式的马尔德希纳猜想（见第9章）是正确的，那么会从固定的三维几何里生出一个九维几何。难怪我们听威藤说，"借凝聚态物理学的名词来说，多数弦理论家猜测时空是一种'突现现象'。"（他最近在圣巴巴拉加州大学卡夫利理论物理研究所的一次讲话。）[1]

终于有弦理论家开始欣赏这个观点了，我们就等着他们去研究已经获得的具体结果，继续前进。但在量子引力的大多数人的心里其实装着比马尔德希纳猜想更激烈的东西。

我们的出发点与几何毫不相干。量子引力学者们说空间是突现的，意思是空间连续体是一种幻觉。正如水面和丝绸的光滑隐藏了物质由

---

1. http://online.kitp.ucsb.edu/online/kitp25/witten/oh/10.html.

离散的原子构成的事实，我们猜想空间的光滑也不是真实的，空间是作为某种基本材料（我们可以计数的）构成的某种东西的近似而突现出来的。在有的方法中，干脆假定空间是由离散的"原子"组成的；在另一些方法中，这种假定是通过结合广义相对论与量子理论而严格推导出来的。

另一个统一的思想在于因果性的重要。在经典广义相对论中，时空几何决定了光线如何传播。因为没有比光更快的东西，一旦知道了光的传播，就能决定某个特殊事件引发了哪个事件。对两个发生的事件，只有当一个粒子以光速或更低的速度从甲传播到乙，我们才能说甲是乙的原因。因此，时空几何包含了一个事件引发另一个事件的信息。这就是时空的因果结构。

并不只是时空几何决定因果关系，也可以反过来：因果关系能决定时空几何，因为只要知道了光线如何传播，决定时空几何所需要的多数信息也就确定下来了。

空间或时空从某种更基本的东西突现出来，说起来很容易，但要发展这个思想，真正将它实现，却是非常困难的。实际上，以前尝试过的几种方法都失败了。我们现在明白，它们的失败是因为忽略了因果性在时空中的作用。如今，我们多数做量子引力的人相信，因果性本身才是基本的 —— 即使在空间概念消失的地方它也有意义。[1]

---

1. 这并不总是普遍相信的。坚持因果性作用的主要人物有 Roger Penrose，Rafael Sorkin，Fay Dowker 和 Fotini Markopoulou。

目前最成功的量子引力方法结合了三个基本思想：空间是突现的，空间的最基本的描述是离散的，这些描述都以因果性为基本要素。

当前的量子引力研究在某些方面很像100年前的物理学，那时人们相信原子，但不知道原子结构的细节。尽管不知道细节，玻尔兹曼、爱因斯坦等人还是仅凭物质由原子构成的事实认识了很多关于物质的东西。他们只知道原子的近似大小，却能预言可以观测的效应。同样，我们根据基于三个原则（突现、离散、因果）的简单模型，也能导出一些重要结果。在不知道细节的情况下，这些模型对空间的离散单位做了最简单的可能假定，然后看它们能产生什么东西。其中最成功的模型是罗尔（Renate Loll）和安比约恩（Jan Ambjørn）构建的，叫因果动力学三角化。[1]这个名字也许太专业，而方法的思想却非常简单，就是用简单的构建材料来代表因果过程，看起来就像小孩子玩积木（图15-1）。也许该称它为富勒（Buckminster Fuller）方法。[2]基本思想是，时空几何由大量基本元素构成，每个元素代表一个简单的因果过程。这些元素如何堆砌，由几个简单的法则决定；每一个这样的量子时空模型的量子力学概率，则由一个简单的公式来计算。

罗尔和安比约恩设定的一个法则是，每个量子时空都必须看作一个前后相接的可能空间的序列，犹如世界时钟的一个个瞬间。时间坐标是任意的，与广义相对论的一样；但不同的是，世界的历史不能再看作是一个在时间上前后相接的几何序列。

---

1. 见，R.Loll,J.Ambjørn,and J.Jurkiewicz,"The Universe from Scratch,"hep-th/0509010.
2. 富勒是20世纪罕见的通才，是哲学家、思想家、幻想家、发明家、建筑师、工程师、数学家、诗人、宇宙学家等。当然，他最为大众熟悉的成就还是由基本三角形构成的多面体（或球形）的穹隆结构（C60具有类似穹隆的结构，因而叫富勒烯）。——译者

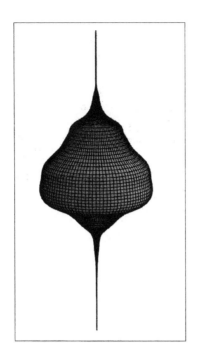

图15-1　根据因果动力三角化纲领构想的模型量子宇宙。本图描绘了具有三个空间维（其中一维是水平的）和一个时间维（垂直方向）的模型量子宇宙的演化历史（蒙Renate Loll同意）

在这个限制下，再加几个简单法则，他们就得到重要的证据，说明经典时空（三维空间连同一维时间）从简单的积木游戏中突现出来了。如果说在背景独立的量子引力理论中，三个空间维的经典时空可以从仅基于离散性和因果性的纯量子世界突现出来，那么这至今还是最好的证据。特别是，安比约恩等人证明，如果不加关于因果性的约束，就不会有经典时空几何的出现。

因为这些结果，过去人们广泛相信的一些量子引力思想现在看来其实是错误的。例如，霍金等人常说因果结果是非基本的，在量子引力的计算中，可以忽略时间与空间的差别 —— 即使在相对论中，这种区别也是存在的 —— 而仅将时间看作另一维的空间。霍金在他的《时间简史》中所谓的神秘的"虚"时间就是这个意思。安比约恩和罗尔的结果表明这种想法是错误的。

在他们的工作之前，已经有人考察过时空的基本构成元素包含着因果性思想，但没想到经典时空可以突现出来的理论。有一种叫因果集合理论的形式，认为时空的基本单元都是裸事件，都可以归结为一系列引发它们和它们能引发的其他事件。这些思想比罗尔和安比约恩的模型还要简单，因为它们不需要整体的时间序列。现在还不可能让经典时空从这个理论突现出来。

不过，因果集合理论也有一个主要成果，那就是它似乎解决了宇宙学常数问题。锡拉丘兹大学的物理学家索金（Rafael D. Sorkin）和他的合作者们，通过简单假定经典世界来自因果集合理论，就预言宇宙学常数大致与观测的结果一样小。据我所知，这是迄今对宇宙学常数问题的唯一明确的解答。这个解本身已经够吸引人了，何况理论的假定又是那么简洁，它当然成为一个值得继续探索的研究纲领。

英国数学物理学家彭罗斯（Roger Penrose）也提出一种量子时空方法，它所依赖的基本原理就是因果关系是真正基本的东西。他的方法叫扭量理论，他和几个追随者从 20 世纪 60 年代起就在做了。它的基础是将传统的观察时空事件的方法颠倒过来。人们总是习惯将发生的事件看成基本的，而将事件之间的关系看成第二位的。因此，事件是真实的而事件之间的因果关系不过是事件的属性。彭罗斯发现这种观察事物的方法可以颠倒过来。你可以将基础的因果过程作为基本的，然后用因果过程之间的重合来定义事件。更具体地说，你可以接着将所有物理移到光线的空间里。其结果是美妙无比的结构，彭罗斯称它为扭量空间。

扭量理论在彭罗斯提出的前20年里发展很快。许多物理学基本方程都能以令人惊讶的美妙的方式改写成扭量空间的形式。仿佛你真的可以把光线看作最基本的东西，而空间和时间不过是它们之间的某种关系。它也为统一带来了进步，因为描述不同粒子的方程在扭量空间里都有同样简单的形式。扭量理论部分实现了时空可以从其他结构中突现出来的思想。我们时空的事件不过是悬浮在扭量空间的一些特殊的曲面；我们时空的几何也可以从扭量空间的结构中突现出来。

但这幅图景存在着问题。主要问题在于，扭量空间只有在没有量子理论的时候才能理解。虽然扭量空间与时空有很大区别，但它仍然是光滑的几何结构。还没人知道量子扭量空间像什么样子。量子扭量理论是不是有意义，时空是不是能从它突现出来，目前都还是未知的。

扭量理论在20世纪70年代的中心是牛津，我和很多人一样，也曾被吸引到那儿去度过一段时光。我感觉那儿的氛围很令人振奋，不像后来在弦理论中心形成的那种氛围。彭罗斯令人敬慕，后来的威藤也成了那样的人。我遇到过一些天才卓绝的年轻物理学家和数学家，他们都深信扭量理论。有几个已经成了杰出的数学家。

扭量理论当然给数学带来了重要进展。它使我们更深入理解了几个重要的物理学问题，包括杨－米尔斯理论的主要方程，那是粒子物理学标准模型的基础。扭量理论也让我们更好地认识了爱因斯坦广义相对论的某些解。这些认识充分表现在几个不同的发展，包括圈量子引力。

但扭量理论尚未成为可行的量子引力方法 —— 主要因为它没有办法包容广义相对论。但彭罗斯和几个同事仍然没有放弃。威藤领导的几个弦理论家最近也开始做那方面的工作，为扭量空间带来了一些新的方法，进展很快。这个方法似乎不能帮助扭量理论演进为引力的量子理论，但它正在变革规范理论的研究 —— 如果需要什么证据，这正好说明我们不应该那么长久地忽略扭量理论。

彭罗斯并不是唯一为自己创造量子引力方法的一流数学家。也许最伟大的 —— 当然也是最有趣的 —— 健在的数学家是阿兰·康尼斯（Alain Connes）。他是马赛的一个警察的儿子，大半生都在巴黎。我喜欢和阿兰谈话。有时我不明白他说什么，但他深刻的思想和绝妙的笑话令我快乐无限。（那些笑话经常是少儿不宜的，尽管有时说的是黑洞或讨厌的卡丘流形。）有一次，他在一个会上讲量子宇宙学，要我们每次听到宇宙一词时都站起来，以表示尊敬，引得哄堂大笑。不过，虽然我不能总是理解阿兰，他却总能理解我。他属于那种思维敏捷的人，知道你想什么，当然也能更好地说出你想说的话。尽管他和他的思想都那么自在轻松，却一点儿也不爱争斗，对别人的思想总是怀着真诚的好奇。

阿兰的量子引力方法要回到基础，发明一种能完美统一几何的数学结构与量子引力的新数学。这种数学我在第14章提起过，叫非对易几何。"非对易"指量子理论的量由不能对易的对象来代表，即AB不等于BA。量子理论的这种非对易性密切关联着这样一个事实：不能同时测量一个粒子的位置和动量。当两个量不对易时，就不能同时知道它们的数值。现在，这似乎与几何的本质相矛盾，因为几何就是从曲面的直观图像出发的。而形成直观图像就意味着需要完整的定义和完全的知识。要把几何那样的东西建立在不能同时知道的事物基础上，其实是很重大的一步。它的诱人之处就在于它在使自身成为物理学下一步的恰当数学的同时，也以新的方式统一了几个不同的数学领域。

非对易几何出现在几种不同的量子引力方法中，包括弦理论、DSR和圈量子引力。但这些理论没有一个深层把握了康尼斯原先的概念，他和几个数学家（多数是法国的）还在继续发展着。[1]它出现在其他纲领中的不同形式都是从概念的表面出发，例如将空间和时间的坐标变成不对易的量。康尼斯的思想要深刻得多；它在根本上统一了代数和几何。只有像他那样，既探索数学又创造性、战略性地思考数学知识结构及其未来的人，才可能创造那样的思想。

和老的扭量理论家一样，康尼斯的追随者也是忠心耿耿的。宾州大学要举办一个关于不同量子引力方法的会议，阿兰举荐了一位年长的法国著名数学家，叫卡斯特勒（Daniel Kastler）。会前一个星期，这位先生骑车摔断了腿，但他爬出了医院，独自到了马赛机场，正好赶

---

1. 见，Alain Connes,*Noncommutative Geometry*(San Diego:Academic Press,1994）。

在开幕时到达会场，他宣称："有一个真阿兰，我是他的信使。"看来，并不只是弦理论家才有真正的追随者，非对易几何学者也有，而且更幽默。

非对易几何的一个成功是它直接引出了粒子物理学的标准模型。正如阿兰和他的同事们所发现的，当你将麦克斯韦电磁学写成最简单的非对易几何形式时，统一电磁力与弱核力的温伯格-萨拉姆模型将自然出现。换句话说，弱相互作用连同希格斯场都将自动而正确地显现出来。

回想一下我们在第 2 章说的，判断一个统一是否成功，就看它是否能立刻表现与自然的一致。康尼斯的简单思想出现了正确的弱力与电磁力的统一，这是很诱人的结果。弦理论本该出现这样的东西，可惜没有。

还有一套方法也是关注经典时空和粒子物理学如何从基本的离散结构产生出来。这些是凝聚态物理学家们创立的模型，如斯坦福大学的劳克林，赫尔辛基技术大学的沃洛维克和 MIT 的文小刚。最近，这些方法被年轻的量子引力学者们采纳了，如德雷尔。这些模型是粗糙的，但也的确说明狭义相对论的某些特征（如速度的普适上限）可以从一定的离散的量子系统突现出来。沃洛维克和德雷尔煽动性地宣扬说，宇宙学常数问题解决了 —— 因为它本来就不是问题。他们声称那种说它有问题的想法是错误的，那是因为太看重背景相关理论的结果。他们指出，这种错误源自人们将理论的变量割裂开来，将其中的一些作为固定背景，而将另一些作为量子场。[1]如果他们的意见在这一点上是对的，那将是多年以来从量子引力产生的最重要的结果。

我这里描述的所有方法都是背景独立的。有几个一开始就假定时空由离散元素构成。有一个做得更好，证明空间和时间的离散性是结合量子理论与狭义相对论的结果。这就是圈量子引力的成果。它的出发点是阿什特卡1986年对爱因斯坦广义相对论的革命性重构。我们发现，不需要添加任何东西，仅仅用一组新变量来改写爱因斯坦理论，就可以精确导出一个量子时空来。

圈量子引力的基本思想其实很老了，我们在第7章已经讨论过。它源自直接以场线来描述场（如电磁场）的思想。（之所以叫"圈"，是因为在没有物质的情况下，场线可以自我闭合形成圈。）这是涅尔森、波利亚柯夫和威尔逊的观点，也正是这种思想引出了弦理论。弦理论基本上就是这种直观图景在固定时空背景下发展起来的。圈量子引力是同样的思想，然而是在完全背景独立的理论中发展的。

这个思想成为可能，全赖阿什特卡的一个重大发现：广义相对论可以用规范场的语言来表述。这样，时空的度规成了电磁场一样的东西。当我们以量子力学方法处理对应的场线时，被迫不要背景，因为本来就没有 —— 场线已经描述了空间的几何。一旦我们使它们成为量子力学的，就不会再留下经典的几何了。所以，为了摆脱背景度规，我们必须重新构建量子场论。长话短说，经过很多有着不同物理学和

---

1. O.Dreyer, "Background-Independent Quantum Field Theory and the Cosmological Constant Problem." hep-th/0409048

数学才能的人的努力，我们终于成功了。结果就是圈量子引力。

　　新图景很简单。量子几何是一种特殊的图（图15-2）。一个量子时空就是一个事件序列，其中的图在结构中因局部改变而演化。这最好用例子来说明，如图15-3。

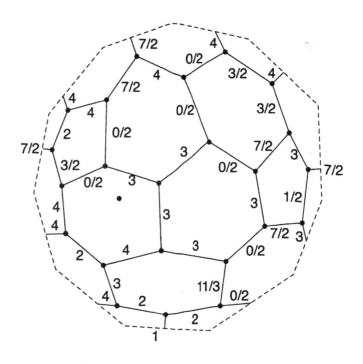

图15-2　自旋网络 —— 圈量子引力及其相关理论中的量子几何状态。节点和边界分别联系着体积和面积的量子

这个理论带来了很多成功。它在以下三方面被证明是有限的：

　　1. 量子几何是有限的，从而面积和体积以离散单元形

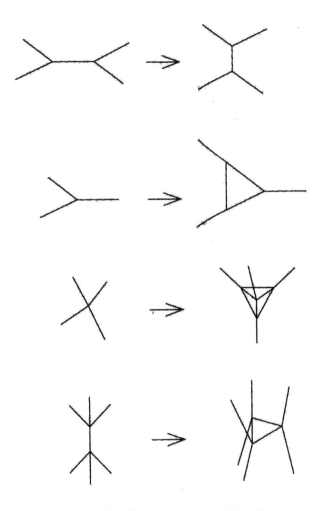

图15-3　自旋网络通过一系列这些局部改变而随时间演化

式出现。

　　2．计算量子几何演化为不同历史的概率时，结果总是有限的［至少在所谓巴勒特-克雷恩（Barrett-Crane）模型的特定形式下是有限的]。

　　3. 当理论与物质理论（如粒子物理学标准模型）耦
合时，通常出现的无限会成为有限。就是说，没有引力时，
需要用一个特殊过程将无限的表达式独立出来，使其成为
不可观察的；有引力时，根本就不存在无限的表达式。

需要强调的是，前面的陈述没有什么不确定性。圈量子引力的主
要结果都经过了严格定理的证明。

圈量子引力从一开始就面临的最大挑战是需要解释经典时空是
如何突现出来的。最近几年，由于有了新的近似计算方法，这个问题
取得了重大进展。这些新的过程证明理论具有描述宇宙的量子态，其
几何在很好的近似下是经典的。去年，马赛理论物理中心的罗维利
（Carlo Rovelli）和他的同事们迈出了重要的一步，他们第一次证明圈
量子引力预言了两个物体会以牛顿定律所决定的方式相互吸引。[1]这
些结果也表明理论在低能量近似下有引力子，因此圈量子引力的确是
一个引力理论。

人们如今正想着把圈量子引力用于现实世界的现象。它精确描述
了黑洞视界，能得到正确的熵。这些结果与贝肯斯坦、霍金过去关于
黑洞有熵和温度的预言（见第6章）是一致的。我写这些的时候，研究
生和博士后们正在做的一个热点问题是修正霍金关于黑洞热力学的结
果，假如能在未来的自然黑洞研究中观测到那些现象，那就能证实或

1. 见，C. Rovelli，" Graviton Propagator from Background-Independent Quantum Gravity." grqc/0508124.

证伪圈量子引力。

圈量子引力也是进一步研究黑洞内部随时间强烈变化的几何的基础。有几个计算表明，黑洞内的奇点是可以去除的。因此时间能在经典广义相对论预言的终结点外延续下去。它流向何方呢？似乎进入一个新生的时空区域。奇点就这样被我们所谓的时空反弹取代了。在反弹之前，黑洞内的物质在收缩，而反弹过后，它开始膨胀，进入一个以前不存在的新区域。这是非常令人满意的结果，它证明了德维特和惠勒以前的一个猜想。同样的技术还用于研究极早期宇宙发生的事情。理论家们也发现奇点同样被清除了，这意味着宇宙在大爆炸之前就存在了。

黑洞奇点的清除自然解决了霍金的黑洞信息疑问。如第6章说的，信息没有丢失，而是进入了新的时空区域。

根据圈量子引力对极早期宇宙的把握，我们可以为实际观测计算预言。圆周理论物理研究所的两个博士后霍夫曼（Stefan Hofmann）和温克勒（Oliver Winkler）最近导出了量子引力效应的精确预言，有可能在未来的宇宙微波背景观测中看到。[1]

理论家们还忙着预言奥格和GLAST实验会看到什么，这两个实验将说明狭义相对论是否在普朗克能量失败。背景独立方法的一大好处是能为这样的实验提出预言。惯性坐标系的相对性原理是将继续保留

---

1. S.Hofmann and O.Winkler, " The Spectrum of Fluctuations in Singularity-free Inflationary Quantum Cosmology. " astro-ph/ 0411124 .

还是被打破？或者像DSR理论那样修正？我已经强调过，没有一个背景相关理论能对这些实验做出真正的预言，因为问题已经通过背景的选择来回答了。特别是，弦理论认为惯性系的相对性还是正确的，而且和爱因斯坦在狭义相对论中的原始形式一样。只有背景独立方法能预言狭义相对论的这个原理的命运，因为经典时空的性质是以动力学问题的解的形式出现的。

圈量子引力承诺能做出明确的预言。在空间只有二维的模型中，它已经做到了：它预言DSR是正确的。有迹象表明，同样的预言在我们的三维世界也成立，不过目前还没有可信的证明。

其他大问题又如何呢？例如粒子和力的统一？直到最近，我们还认为圈量子引力对量子引力以外的问题几乎无话可说。我们可以在理论中加入物质，而好的结果不会改变。如果需要，我们可以将整个粒子物理学的标准模型或其他任何我们想研究的粒子物理学模型加进来，但我们并不认为圈量子引力对统一问题有任何具体明确的贡献。最近我们意识到我们错了。圈量子引力已经有了基本粒子，最近的结果表明那恰好就是那个正确的粒子物理学——标准模型。

去年，马科普洛提出了一种新的方法来解决空间几何如何从更基本理论自然出现的问题。马科普洛是做量子引力的年轻物理学家，经常提出一些几乎不可能的思想，结果却是正确的，令我惊讶不已，这是她最好的一个结果。她不直接问量子时空的几何是否能以经典时空的形式出现，而是基于确认和研究粒子在量子几何中的运动，提出了一个不同的方法。她的想法是，粒子必须是量子几何的某种突现的激发态，它们像波穿过固体和液体那样穿过那种几何。然而，为了生成我们知道的物理学，这些突现的粒子只能作为纯量子粒子才能描述，而不管它们穿过的量子几何。[1]

通常情况下，如果粒子与环境相互作用，则粒子状态的信息会散失到环境中——我们说它脱散了。很难阻止脱散的发生，这也是量子计算机难做的原因，因为计算机的功效全赖粒子处于纯量子态。做量子计算机的人了解量子系统在什么时候（即使与环境接触）处于纯态。马科普洛在和那个领域的专家一起工作时，发现他们的认识也适用于说明量子粒子如何从量子时空生成。她指出这一点，是为了从量子引力理论得到预言，我们要做的只是识别那样的量子粒子，然后证明它像在寻常空间一样运动。在她的类比中，环境是动力学的、不断变化着的量子时空。量子粒子穿过它一定就像穿过固定的非动力学的背景一样。

不难说明许多背景独立的量子引力理论都有突现的满足马科普洛发现的那些条件的粒子。但那些粒子是什么呢？它们对应于我们见过的什么东西吗？

这个问题乍看起来很难，因为圈量子引力预言的量子几何非常复杂。粒子态联系着三维空间里的图。空间是背景，但除了本身的拓扑之外不具有其他性质；所有关于几何度量的信息——如长度、面积和体积——都来自那些图。但因为图必须画在空间，理论就有很多额外

---

1. F.Markopoulou, " Towards gravity from quantum. " hep-hp/ 0604120.

的信息包含在其中，而它们似乎与几何无关。这是因为图在三维空间里可以通过无限多种方式纽结、连接和缠绕。

图的纽结、连接和缠绕有什么意义呢？这个问题从 1988 年起就伴随着我们。我们一直不知道它们到底意味着什么。马科普洛的方法使我们更急迫想知道问题的答案。答案突然来了。

去年春，我偶然看到一个年轻的澳大利亚粒子物理学家的论文，他的名字令人难忘，叫比尔森－汤普森（Sundance O. Bilson-Thompson）。他在文章里展示了一根简单的丝带辫子，准确把握了我在第 5 章讲过的粒子物理学的前子模型的结构特征。（回想一下，这些模型假定所谓的前子为质子、中子和标准模型认定的其他基本粒子的基本构成。）在他的模型里，前子就是丝带，不同类型的前子对应于沿不同方向缠绕或未缠绕的丝带。三根丝带可以缠绕在一起，不同的缠绕方式正好对应于标准模型的不同粒子。[1]

我一看这篇论文，就发觉它是我们需要的思想，因为比尔森－汤普森研究的缠绕都会出现在圈量子引力中。这意味着在量子时空里图的不同纽结和缠绕方式必然是不同类型的基本粒子。所以，圈量子引力不但是关于量子时空的——它已经包含了基本粒子物理学。假如我们能发现在理论中运行的比尔森－汤普森游戏，它恰好就该是基本粒子物理学。我问过马科普洛，他的缠绕是否就是她的相干激发态。我们请比尔森－汤普森合作，经过几次失败的开始后，我们才明白这

---

1. S.O.Bilson-Thompson, "A Topological Model of Composite Preons." hep-ph/0503213.

一点其实一直都是成立的。依靠几个小假定，我们发现了一个前子模型，描述了一大类量子引力理论中的最简单的类粒子态。[1]

结果引出了很多问题，回答它们是我当前的主要目标。它是否好到能为即将在CERN巨型重子对撞机（LHC）做的实验给出明确的预言，现在还说不准。但有一点是清楚的。弦理论不再是能统一基本粒子的量子引力的唯一方法。马科普洛的结果意味着许多背景独立的量子引力理论都包含着以突现状态存在的基本粒子。而个别理论，如圈量子引力，不会引出众多可能理论形成的景观。相反，它似乎导致唯一的理论，要么与实验一致，要么不一致。最重要的是，它使我们不必像苏斯金等人宣扬的那样（见第11章），需要求助人存原理来修正科学方法。传统方法做的科学正在前进着。

坦率地说，物理学的五个基本问题确实有着不同的解决方法。除了弦理论之外，基本物理学领域在几个方向上迅速进步，其中（不仅仅）包括因果动力三角化和圈量子引力。正如任何健全的科学领域一样，实验与数学之间存在着强烈的相互作用。虽然从事这些研究纲领的人（300个左右）不像弦理论那么多，还是有很多人在挑战科学前沿的基础问题。20世纪向前的几大步是更少的几个人迈出的。当科学要发生革命时，重要的是思想的质量，而不是信奉者的数量。

不过，我想说明的是，在这个新的后弦理论的氛围里，没有排斥弦理论研究本身的东西。正如我前面讲的，它所依赖的思想——场与

---

1. S.O.Bilson-Thompson,F.Markopoulou,and L.Smolin," Quantum Gravity and the Standard Model." hep-ht/ 0603022.

弦的对偶性 —— 同样也是圈量子引力的基础。将物理学带进当前危机的不是这个中心思想，而是它在背景相关的条件下的一种特殊的实现 —— 就是那种条件，将它与一些危险的概念捆绑在一起了，如超对称和更高的空间维。不同的弦理论方法 —— 更适应背景独立等基础性问题和量子引力的诸多问题的方法 —— 竟然可以不是最终发展的一部分，这是没有理由的。但为了认识这一点，弦理论需要在开放的氛围下发展，将其作为若干思想之一，而不要预先对它最后的成功或失败抱任何假想。新物理学精神所不能忍受的是，不顾任何证据而假定某个思想一定会成功。

虽然量子引力理论家们都为今天的进步感到兴奋，他们还是强烈期待未来至少会带来几个惊喜。量子引力的人们不像两次超弦革命期间意气风发的弦理论家，他们很少相信自己已经将最终的理论把握在手了。我们意识到，量子引力的背景独立方法的成功是完成爱因斯坦革命必须迈出的一步。他们证明，可以找到一种和谐的统一量子理论和广义相对论的数学和概念的预言。这种预言是弦理论拿不出来的，凭着这个框架，我们可构建一个能全面解决我在第1章列举的五大问题的理论。但我们也很清楚，我们并没有胜券在握。即使有最近的成功，还没有哪个思想看起来像是真的。

我们重温物理学的历史，会看到一个突出的事情：当正确的理论最终被提出时，它会很快赢得胜利。少数真正的好的统一思想是以动人、简单和唯一的方式出现的，它们没有众多的选择和可以调节的特征。牛顿力学由三个简单定律确立；牛顿引力由一个带常数的公式决定。狭义相对论是一出现就完整的。完全建立量子力学经历了25年，但它从一开始就与实验同步发展着。自1900年以来，学科的许多关键论文要么解释最新的实验结果，要么为即将完成的实验做出明确的预言，广义相对论也是同样的情况。

因此，所有成功的理论都会产生实验结果，它们很简单，能在几年内得到检验。这并不意味着理论可以精确求解 —— 多数理论都不可能。但它的确说明物理洞察直接导致了新物理效应的预言。

不管你想怎么说弦理论、圈量子引力和其他方法，它们都还没有达到那个前沿。通常的借口是说那个尺度的实验还无法实现 —— 但我们已经看到，事情不是这样的。因此一定还有其他原因。我相信我们还缺失某个基本的东西，我们还在做着错误的假定。那样的话，我们就需要将错误的假定找出来，用新的思想来取代它。

那错误的假定会是什么呢？我猜它涉及两个因素：量子力学的基础和时间的本质。我们已经讨论过第一个；我发现，新的量子力学思想很可能最近已经在量子引力研究的驱动下提出来了。但我强烈感到关键问题还在于时间。我越来越觉得量子理论和广义相对论在深层上都把时间的本质弄错了。只结合它们是不够的。还有一个更深层的问题，也许要追溯到物理学的起源。

17世纪初，笛卡儿和伽利略做出了最奇异的发现：你可以画一张图，用一个轴作空间，另一个轴作时间。于是，穿过空间的运动成为图上的一条曲线（图15-4）。在这种方式下，时间仿佛成了另一维空间。运动被冻结了，匀速运动和变化的整个历史呈现在我们面前，就

像是静止不变的。硬要我猜想的话（猜想也是我谋生的手段），我想罪
魁祸首就在这儿。

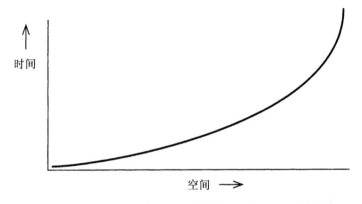

图15-4　笛卡儿和伽利略以来，在时间中展开的过程被表现为以另一维代表时间的图
中的一条曲线。时间的这种"空间化"很有用，但可能的问题是它代表了一个静止
的、没有变化的世界 —— 一个冻结的永恒的数学关系的集合

　　我们需要寻求解冻时间的方法 —— 不用将时间转化为空间来表
示。我不知道该怎么做。我想象不出有什么数学可以不把世界表现为
永久冻结的样子。表示时间非常困难，因而时间的表示很可能就是我
们失去的一环。

　　有一点很清楚：在弦理论的约束下思考这种问题，是不可能有什
么结果的。因为弦理论仅限于描述在固定背景的时空几何中运动的弦
和膜，对那些想开辟新天地、考虑时间和量子理论本质的人，它是无
话可说的。背景独立方法提供了一个更好的起点，因为它们已经超越
了经典的空间和时间的图景。而且，它们很好定义，很容易把握。还
有一点好处是，它所用的数学很接近有些数学家已经用于探索时间本
质的数学 —— 即所谓拓扑斯（topos）理论的逻辑方法。

关于如何表示时间而不将其转化为空间的一维，我明白一点，那就是它也出现在其他领域，从理论生物学到计算机科学，甚至还有法学。为了激发新的思想，哲学家翁格尔（Roberto Mangabeira Unger）和我在圆周理论物理研究所组织了一个小规模的学术讨论会，把相关领域的思想家们都请来讨论时间问题。那两天是我这几年最兴奋的日子。[1]

关于这一点我不想多说了，因为我想接着讲一个不同的问题。假定有一个野心勃勃的年轻人，他有着创新的头脑和坚韧，想深入思考那五个大问题。看到我们在那些问题遭遇的彻底失败，我不能想象他那样的人会甘愿陷入眼下的那些研究纲领。显然，如果弦理论或圈量子引力本身就是答案，那我们现在就该知道了。它们也许是起点，也许是答案的部分，也许包含着必要的教训。但正确的理论必须包含新的元素，也许只有我们雄心勃勃的青年才有能力去寻找它们。

我们这一代为年轻的科学家们留下了什么呢？思想和方法，他们大概不想用了；还有不同方向的局部成功的故事，结果却是未能完成爱因斯坦百年前开创的事业。最坏的情形是，我们将他们拉回来，要求他们继承我们的思想。于是，本书最后部分的问题是我每天早晨都问自己的问题：我们是不是尽力支持和鼓励年轻科学家——也包括我们自己——要超越我们在过去30年做的事情，去追求真正能回答物理学五大问题的理论？

---

1. 讲座的录音可以听http://www.Perimeterinstitute-.ca/activities/scientiac/cws/evolving_laws/ 。

4

向经验学习

第 16 章
奈何社会学

在本书最后一部分里，我想回到在引言里提出的问题。为什么经过了千百个才华卓绝而训练有素的科学家的那么多的努力，基础物理学在最近25年仍然没有什么确定的进步？面对那些前景在望的新方向，我们要做些什么才能确保前进的步伐能赶上1980年以前的200年？

可以从一个侧面来说明物理学的这种困惑，那就是在过去30年里，没有一个基本粒子物理学的工作能稳赢诺贝尔奖。原因在于，获奖条件是研究进展已经得到了实验的检验。当然，像超对称或膜世界那样的概念是可以通过实验来证实的，如果那样，它们的创立者应该得诺贝尔奖。但我们现在还不能说粒子物理学标准模型以外的哪个物理学假说的发现一定能获奖。

这种状况和我1976年刚读研究生时大不一样。那时人们很清楚，两年前才完成最后形式的标准模型是确实的进步。它已经得到了足够的实验证实，而且将得到更多的证实。它的发现者迟早会得诺贝尔奖，几乎是毫无疑问的。事实上，他们很快就得到了。

现在的情形完全不同了。过去25年有很多奖授予了理论粒子物理学的研究，但没有诺贝尔奖。诺贝尔奖不奖励聪明或成功，而是奖励正确。

这不是要否认这些研究计划取得了重大的技术进步。据说如今从事研究的科学家比整个科学史上的人都多。物理学当然也是如此；今天大规模大学里的物理学教授比100年前整个欧洲（几乎所有科学进步的源地）的人数还多，所有这些人都在工作着，多数工作从专业上讲都是非常精深的。而且，今天年轻理论物理学家的专业水平都远远超过了他们的父辈和祖辈。年轻人有更多的东西需要把握，而他们竟然都做到了。

不过，假如我们以1980年前200年的标准来判断，基本粒子物理学的前进步伐似乎真的慢下来了。

我们已经讨论了最近25年失败的一些容易想到的原因。不是因为缺少数据，有足够的新结果能激发理论家的想象力；不是因为检验理论需要很长时间，从新理论预言新现象到实验证实很少有超过10年的；不是因为努力不够，今天做基础物理学研究的人远远超过了整个物理学史的人数。当然也不能抱怨说那些人缺乏才能。

在前面几章我曾假定，与其说失败是某个特殊的理论，倒不如说是一种研究风格。如果谁在弦理论家的营地和做背景独立的量子引力的人们中间游走一段时间，他一定会为两派人物研究风格和价值观念的巨大差异感到震惊。这些差别反映了理论物理学从半个世纪以前开始的分裂。

量子引力世界的风格继承了所谓相对论派的传统。这是爱因斯坦的助理以及他们的学生们所引领的 —— 如贝格曼、戈尔博格（John Goldberg）和惠勒。这个群体的核心价值是尊重个人思想和研究纲领，怀疑流行时尚，依赖数学的纯净论证，他们深信关键的问题密切联系着关乎空间、时间和量子本性的基本问题。

另一方面，弦理论家群体的风格是基本粒子物理学文化的延续。这种风格总是充满着冲动、好斗和竞争的意气，理论家们喜欢争先响应新的进展（1980年前，那通常是实验的）而不相信哲学问题。当科学的中心从欧洲转移到美国，当智力的焦点从基础新理论的解释转向理论的应用时，这种风格也取代了爱因斯坦和量子理论创立者们的那种思辨和哲学式的风格，而且成功了。

为了解决不同类型的问题，科学需要不同的风格。我的假定是，弦理论的错误在于它用基本粒子物理学的研究风格来发展，而那不适于新理论框架的发现。如果脱离实验，标准模型成功的风格也很难坚持下去。这种争斗的、赶潮流的风格只有在实验发现的武装下才能发挥作用，但在没有潮流而只有几个杰出人物的观点和品位时，它就只能失败。

我从20世纪70年代开始学物理时，两种研究风格都很健全。基本粒子物理学家比相对论专家的数量多，但两家都有活动的自由。对那些想解决空间、时间和量子理论的基本问题的人来说，虽然没有多少发展自己思想的天地，但只要有好的想法，也能得到足够的支持。从那时起，虽然相对论风格的需要增多了，它们在学术界的地盘却缩小了，原因是弦理论和其他重大研究计划成了主角。除了宾州大学的一个研究小组之外，做量子引力而不以弦理论或高维理论为基础的助理教授们，没有一个被美国研究大学录用的。

为什么最不适合眼前问题的风格却在国内外成了物理学的主角呢？这是一个社会学问题，但只要我们想构建思想，让我们的学科回到从前的成功，就必须回答这个问题。

为了说明问题的背景，我们看看科学景观的一些流行变化——年轻人若想开拓自己的科学生涯，就必须直面这片景观。

最显著的变化是，年轻人为了赢得有影响的老科学家的青睐，必须承受更大的压力。塑造美国科学辉煌的那一代人都接近退休了，他们也曾竞争过一流大学和研究机构的好职位，但是如果只想在某个地方做一个教授，有自己工作的自由，就不会有很大的压力。从20世纪40~70年代，大学数量指数式地增长，年轻的科学家毕业时往往拥有几个大学的职位。我曾见过几个老同事，他们就从来没为找工作发愁过。

现在情况不同了。大学数量在20世纪70年代末就没再增加，而早先聘任的教授培养的研究生越来越多，这意味着物理学和其他学科的博士严重过量了。结果，研究型大学和学院的各个层次的学术职位的竞争都很激烈。学校更重视聘请那些可能得到研究机构的基金资助的人员。这就极大限制了年轻人发展自己的研究纲领的自由，他们只好跟着老科学家们的思路走。如果有创造力的人想找一个地方安静地做研究，追求冒险的原创的思想，那种地方是越来越少了。

与此相关的是，现在的大学比一两代人之前越来越专业化了。虽然大学教授的人数没有增加，管理者的人数和权力却增大了。因此，在招聘新人时，更少依赖个别教授的判断，而更多根据成绩的统计，如资助情况和论文水平。这也使年轻科学家更难逆着科学主流去开拓自己的新研究纲领。

为了公正地评价同行的工作，我们这些教授几乎总是反射性地党同伐异。即使我们上升到学术政治的高度，也常常免不了用单一的标准来评价一个科学家伙伴。在教授委员会和非正规讨论中，我们说某人"好"，某人"不好"，其实并不真的了解他们。个人一生的工作岂能简化为一句"老甲不如老乙好"？通常情况下，人们似乎更看重只靠聪明和勤奋就能取得的成绩，而不在乎探索性的思想或想象力。更重要的还是学界的风尚，谁要是忽略了它，就将断送学术生涯。

我曾和一个退休将军做项目，他曾领导过一个军官学院，后来成为一名商务顾问。他说与大学合作很伤脑筋。我问他问题出在哪儿，他说："我们要向海军军官讲一个简单但基本的事情，那就是我遇到的大学管理者似乎没有一个知道，管理与领导是有重大区别的。后勤供给的人只要管理就可以了，但在战场上你必须领导士兵。"我同意他的话。我读大学时，见过的管理者比领导多得多。

　　问题当然不限于科学。课程计划和教学方法的改革步伐确实还很落后。任何改革的建议都需要经过全体教授的批准，而多数教授一般都看不到他们几十年的教学方法有什么错误。我以前听说过顽固的大学怎么改革。我很幸运地走进了一个第一年就学粒子物理学的学院。这是很难得的。尽管量子物理学在 80 年前就取代了牛顿力学，北美的多数院校却仍然把量子力学推迟到第三学年，而且只给物理学专业的学生上课。因为我知道怎么讲一年级的量子力学，我在哈佛大学读研究生时就建议那么做。我得到了年轻教授格奥尔基（Howard Georgi）的支持，同意和我一起讲课。但课本由人文与科学系的主任决定。他告诉我，这跟我们的设想无关，只是因为它没有经过那些不能逾越的委员会。"假如我们让每个教授都教他想教的，"他说，"我们的教育就会一片混沌。"我不知道教育混沌是不是那么可怕；不管怎么说，哈佛大学还是没有为一年级学生开量子力学课。

　　不幸的是，在美国拿物理学位的毕业生人数几十年来一直在减少。你大概认为这将缓解物理学职位的竞争。不是那样的，虽然本科生减少了，从发展中国家来的雄心勃勃的聪明博士却多了。同样的状况在其他发达国家也有。

　　我曾是耶鲁大学负责调查这种现象的教授委员会的一员（后来也就不管了），有机会问一些离开物理学的同学，他们为什么那么做。他们提出的一个理由是，物理学课程令人生厌——第一年不过重复他们在高中学过的东西，没有一点儿像量子理论、宇宙学、黑洞等令人兴奋的题目。为了稳住物理学生的下滑，我曾向聘我的每所大学建议把量子力学作为一年级的课程。每次我都被拒绝了，不过有两次允许我做小规模的量子理论课程试点。试点是成功的，听过课的少数学生现在已经有了很好的事业。

我并不是在这儿讨论课程改革，但这个例子说明大学并未很好地起着创新机器的作用，哪怕只是革新落后科学80年的课程，他们也不敢冒一丝风险。

所有的科学家都悲叹各自领域的前进步伐。我认识几个生物学家和实验物理学家，他们痛苦地抱怨好多机会被浪费了，因为他们系里当权的老科学家们已经丧失了当年新做博士时的胆略和想象力。从学术界的底层提出的好思想得不到足够的重视；相反，高层人物的思想却被抬得太高了。

如果不考察助长这些风气的社会学，我们是不可能解决它们的。如果说我们物理学家自以为能解释基本的自然律，那么当然也该能理性地思考学术研究的社会学和那些令学术机构苦恼的阻碍科学进步的决策。

值得注意的是，"社会学"一词在弦理论家中间出现的频率高于我熟悉的任何其他科学家群体。它似乎是"群体观点"的简写。和年轻的弦理论家讨论问题的现状时，常听他们说"我相信这个理论，但我讨厌社会学"。如果你批评弦理论会议上报告的观点太局限，或者抱怨研究课题像走马灯一样变换太快，弦理论家会同意你的意见，而且补充说："我不喜欢它，但那不过是社会学。"不止一个朋友劝告我："群体已经决定了弦理论是正确的，你已经无事可做了。你不可能斗过社会学。"

真正的社会学家会告诉你,为了理解群体的作为,你必须考察权力。谁对谁有权力?如何发挥那种权力?科学的社会学不是什么神秘的力量,它指的是成名的老科学家对青年科学家事业的影响。我们科学家说起它就感到不舒服,因为它迫使我们面对这样的事实:科学不全是客观和理性的。

但经过长时间的思考,我相信我们还是不得不谈理论物理学的社会学,因为我们笼统称之为"社会学"的那些现象对它的进步起着很大的副作用。即使多数弦理论家都是真诚的人,怀着美好的科学愿望,但仍然存在一些社会学因素偏离了建立更大的科学共同体的理想。这已经在理论物理学方法中滋生了阻碍进步的病态。这个问题不在于弦理论是否值得做,值得支持,而在于为什么没有实验预言的弦理论能垄断基础物理学的资源,阻碍其他同样有前途的方法。有很好的证据说明,弦理论本身的进步也减缓了脚步,因为社会学限制了它要探索的问题,将科学进步所需的具有想象力和独立思想的科学家挡在了门外。

应该指出,理论物理学中总是存在主导的领域。有段时间它是核物理,接着是基本粒子物理学。弦理论是最近的唯一的例子。任何时候都有一个主导的领域,也许物理学群体就是靠这种方式组织起来的。如果真是那样,我们需要考察为什么会这样。

弦理论群体首先令外人关注的就是他们的自信。作为 1984 年第一

次超弦革命的见证人，我还记得当年欢呼新理论胜利的感觉。"未来
12个月或18个月，一切都会好的。"弦理论的新星弗里丹劝我，"趁理
论物理学还有事可做，你最好赶紧进来。"这只不过是一个例子，还有
很多人都断言事情很快就会了结。

事情当然没有了结。但是，尽管后来经历那么多起伏，许多弦理
论家仍然非常自信，既相信弦理论的真实，也相信自己比不能或不愿
做弦理论的人更高明。对许多弦理论家（尤其是对过去的物理学没有
记忆的年轻人）来说，简直不能理解一个天才的物理学家在面对如此
良机时会选择做弦理论以外的事情。

这种态度当然伤害了其他领域的物理学家。斯坦福直线加速器中
心的粒子物理学家赫维特（JoAnne Hewett）在她的博客里表达了自己
的思想：

> 我发现有些弦理论家好狂妄，即使物理学家也没有
> 那样的。有人真的相信所有非弦理论家都低他们一等。他
> 们相互的推荐信都那么写，我也听人当面那么说……弦
> 理论[看起来]是那么重要，似乎所有其他理论都该为它
> 牺牲。这有两种表现：弦理论家们占据了太多的教授位置，
> 有时根本和他们的能力不相称，而年轻的弦理论家通常没
> 有受过良好的实验物理学的训练。有些人简直连基本粒子
> 的名字都叫不上来。这两种表现都是我们领域的远忧。[1]

---

1. www.cosmicvariance.com/2005/11/18/a-particle-physicists-perspective.

赫维特博士描述的狂妄从一开始就是弦理论家群体的特征。钱德拉赛卡（Subrahmanyan Chandrasekhar，也许是 20 世纪最伟大的天体物理学家）喜欢讲一个故事。他 20 世纪 80 年代访问普林斯顿，人们为他获得诺贝尔奖举行庆祝会。在宴会上，他发现自己身旁坐着一个热心的年轻人。他以物理学家通常的方式开始了谈话，问他的邻座：“最近你做什么？”年轻人回答：“我在做弦理论，20 世纪最重要的物理学进展。”接着，年轻的弦理论家建议老钱放弃正在做的事情，改做弦理论，否则他会像 20 世纪 20 年代那些没有紧紧抓住量子理论的人一样落伍。

“年轻人，”老钱回答说，“我认识海森伯。我向你保证，海森伯决不会这么冒失地要人家停下正在做的事情而去做量子理论。他当然也决不会无礼地向一个 50 年前就是博士的老人说他就要落伍了。”

任何与弦理论家打交道的人对这种超人的自信已经司空见惯了。不论讨论什么问题，从来没人（除非是门外汉）提出理论可能根本就是错的。如果提起弦理论实际上预言了一个景观而没有任何预言，有的弦理论家会大谈如何改变科学的定义。

有些弦理论家宁愿相信弦理论太深奥而不被大众理解，也不愿考虑它可能真的错了。最近某个物理学博客上有个帖子，很好地说明了这一点：“我们不能指望一只狗理解量子力学，我们也许正在接近人类对弦理论认识的极限。也许天外还有先进的文明，在他们眼里我们也不过像一群小狗，也许他们已经认清了弦理论，而且发展了更好的理论……"[1]

其实，弦理论家似乎毫不怀疑弦理论必然是正确的，虽然他们也承认不知道它究竟是什么。换句话说，弦理论将包容后来的任何东西。第一次听说这个观点时，我以为是个笑话，但再三的重复令我相信说话者是认真的。赛伯格（Even Nathan Seiberg，普林斯顿高等研究院的著名理论家）在最近一次访谈中说（带着微笑）："如果 [除了弦理论] 还能有什么，我们会叫它弦理论。"[2]

他们还有一个相关的特征，就是自我感觉良好，而对用其他方法研究弦理论声明要解决的问题的人，他们却没有一点尊重。实际上，弦理论家对弦论之外的东西通常并不感兴趣，也视而不见。和量子引力会议不同，弦理论会议从不邀请其他路线的科学家们提交论文。这当然只会强化弦理论家们的断言：弦理论是唯一给出正确量子引力结果的方法。弦理论家不尊重其他方法，有时简直到了蔑视的地步。在最近的一个弦理论会议上，剑桥大学出版社的一个编辑私下告诉我，有个弦理论家告诉他绝不考虑让他们出版他的东西，因为剑桥出版了一本关于量子引力的书。这种事情并不罕见。

弦理论家知道他们在物理学世界的主导地位，多数都认为那是理所当然的 —— 如果说理论本身还不能证明，有那么多天才人物为它工作这个事实也足以证明了。如果你向专家针对弦理论的某个论断提

---

1. 一个不知名者的帖子，见 2004 年 12 月 9 日 http://groups.goodle.com/group/sci.physics.strings/。
2. 2005 年 1 月 20 日 *Guardian Unlimited*。

出具体的问题，那么你大概自己都没明白，就会被人家看作不可理喻，不是一路人。当然，更开明的弦理论家并不是这样的——但是，当年轻的弦理论家突然发觉自己正在和一个并不欣赏他的假定的人谈话时，你常常会看到一张拉长的脸。我已经见得太多了，想不见都不行。[1]

弦理论的另一特征是，弦理论家与非弦理论家之间存在着明确的界线，这是其他物理学领域所没有的。也许你写过几篇弦理论的论文，但那并不意味着你一定会被弦理论家们认同为他们的一分子。起初我感到很疑惑。我曾走过一条老路，尽可能地向不同的方法学习。我最初也看到了自己做的事情，甚至包括量子引力，原来就是为了解决弦理论的一个未解问题——使它成为背景独立的形式。最后，有朋友告诉我，要想被弦理论群体认同——这样才有望做出成绩——你不但只能做弦理论，而且要做弦理论家们正在做的特殊问题。我想我的朋友大概没意识到那么做会伤害我的判断力，侵犯我的学术自由。

我兴趣很广，常参加我的领域外的会议。但只有在弦理论会议上，才会有人过来问："你现在做什么？"如果我解释说我在做弦理论，想来看看其他人在做什么，他们常常会古怪地皱着眉头说："你不是那个做圈的家伙吗？"在天体物理学、宇宙学、生物物理学或后现代主义的会议上，都不曾有人问我去那儿做什么。在一次弦理论会议上，一个著名的弦理论家坐下来，伸出手说："欢迎回家！"另一个人说："很高兴在这儿看到你！我们一直为你担心呢。"

1.针对我对弦理论某些结果的质问，我收到过三个回答，回信人都提到"强"理论群体。例如，"虽然微扰的有限性（或马尔德希纳猜想、S对偶）也许尚未得到证明，但没有一个强理论群体的人会相信它是错的。"说一次可能是偶然，说三次就是经典的弗洛伊德式的口误了。人总是渴望成为最强群体的一员，这一点能从弦理论的社会学看出多少呢？

任何一年里，弦理论深入探讨的领域都不会超过两个或三个。研究领域逐年改变，只要看看人们在重要年会上谈论的题目，就能跟踪这股潮流。经常是至少三分之二的话题集中在一两个方向，它们两年前还在幕后，而过两年就将退出舞台。年轻人很清楚，成功的事业需要紧跟一两股时尚的潮流，正好可以赢得一个好的博士后位置，然后做一个好的助理教授。如果和弦理论的领导者们谈这个问题（我就谈过很多次），你会发现他们真的相信集中众多聪明人一起努力，会比让个人独立思考和探索不同的方向，能更快取得进步。

这种整体的和"有纪律的"（某个老资格弦理论家说的）方法产生了三个不幸的后果。首先，如果问题不能在两三年内解决，就会被扔掉，而且再也不会被捡回来。原因简单而残酷：年轻的弦理论家如果不快点儿放弃他们辛苦得来的落伍专业而走进新的方向，就可能丢掉饭碗。第二，整个领域仍然处在几个老人的思想和研究纲领的驱动下。在过去的10年里，只有两个年轻弦理论家——马尔德希纳和布索（Raphael Bousso）——取得了改变领域方向的发现。这和更健全的物理学领域是截然不同的，那些领域的多数新思想和新方向都来自人们二三十年的研究。第三，弦理论没有充分发挥群体内的人才的作用。有很多努力是重复的，而很多有潜力的重要思想却没人探索。任何身居大学委员会负责选拔博士后的人，都会看到路越走越窄了。在诸如宇宙学、量子信息论或量子引力等领域，有多少候选者就有多少个研究方案，而且很多思想是闻所未闻的。在弦理论的领域，你经常会一次又一次地遇到相同的两三个研究计划。

当然，年轻人知道自己在做什么。我在那样的委员会待过多年，发现弦理论家使用的能力评价标准几乎都不同于其他领域，只有很少的例外。据我所知，对当前问题所需要的数学能力的要求比原创性思想更高。如果某人只和一流科学家一起发表文章，而其研究计划表现不出独立的判断力和创造性，他是不会被一流的量子引力研究机构录用的，但这似乎是进入一流弦理论研究中心做博士后的最保险的途径。令我兴奋的申请者——有独立完成的论文，描述了令人惊奇的大胆的思想——却令弦理论的朋友们感到寒心。

在我经历过的其他群体，如量子引力和宇宙学，未解的问题都存在多种观点。如果你和五个不同的专家交谈，不论老的还是年轻的，你会得到五种不同的关于课题前景的认识。除了最近关于理论景观和人存原理的讨论之外，弦理论家有着惊人一致的观点。你可以从不同的人那儿听到同样的事情，甚至同样的言论。

我认识一些年轻的弦理论家，他们不承认有这些特征。他们坚持说群体内有多样的观点，只是旁观者不能走近罢了。这是好消息，但人们私下对朋友说的却不是这样的。实际上，如果在私下里而不是公开传播不同意见，就说明有种等级在决定着对话以及研究过程。

弦理论的领导者们对研究活动的打压，不仅应在原则上遭到谴责，它几乎已经肯定阻碍了进步。我们这么说，是因为我们看到领域内的很多思想要在第一次提出多年以后才变得重要。例如，弦理论是由大量理论组成的一个集合，这个发现第一次是斯特罗明戈在 1986 年发表的，但到 2003 年，弦理论家才跟着卡洛什（Renata Kallosh）和她在斯坦福的同事们的工作，开始广泛讨论它。[1]下面是CERN著名弦理论家莱尔歇（Wolfgang Lerche）最近的一段话：

> 我感到恼火的是，这些思想在20世纪80年代中期就出现了，在一篇关于四维弦构造的论文里，曾粗略地估计弦真空的数量，大约为10^{1500}。这项研究被忽略了（因为它不符合当时的哲学），而忽略它的人现在却重新"发现"了那片景观，并因此走进杂志，甚至还想写专著……整个讨论本可以（其实也应该）发生在1986年或1987年。那时以来，真正发生变化的是某些人的头脑，你现在看到的就是全力运转的斯坦福的宣传机器。[2]

我本人提出应将弦理论视为一个理论景观，最早发表在1992年，也没人理睬。[3]这并不是孤立的例子。其实，早在1984年第一次弦理论革命之前就出现过两个十一维超对称理论，但直到10多年后的第二次革命它们才被重新发现。它们分别是十一维超引力和十一维超膜。在1984年和1995年间，少数理论家构造了这些理论，但被推到了弦理论群体的边缘。我还记得几个美国弦理论家可笑地谈论过这些"欧洲超引力狂"。1995年后，人们猜想这些理论应该与弦理论统一于M理论，而且欢迎过去做那些理论的人回到弦理论阵营中来。显然，如果这些思想没有被长久地忽略，进步会快得多。

1. S.Kachru,R.Kallosh,A,Linde,and S.Trivedi," De Sitter Vacua in String Theory. " hep-ht/ 0301240.
2. http://groups.goodle.com/group/sci,physics.strings/,April 6,2004.
3. L.Smolin," Did the Universe Evolve? " *Class,Quant.Grav.*,9:173～191(1992).

　　有几个思想也许有助于弦理论解决它自身的问题，但它们还没得到广泛的研究。其中一个是老思想，即所谓的八元数系，是深入理解超对称与高维之间的关系的关键。[1]另一个是我已经强调过的，即要求弦理论或尚未探索的 M 理论的基本形式必须是背景独立的。在 2005 年弦理论年会关于"下一次超弦革命"的小组讨论中，斯坦福理论物理研究所所长申克尔指出，它很可能会在弦论之外的某个课题发生。如果说这是弦论头面人物的认识，那他们为什么不鼓励年轻人探索更广泛的课题呢？

　　弦理论的研究活动那么狭窄，也许是因为弦理论群体太尊重个别人的观点。在我遇到的科学家中，只有弦理论家在表达自己的意见之前会关心领域里的头面人物（如威藤）是怎么想的。当然，威藤思想清晰而深刻，但问题在于，如果过分把某个人的观点当成权威，对任何领域都不是好事。没有哪个科学家（包括牛顿和爱因斯坦）不曾在他们固执坚持的很多问题上犯错误。有很多次，在大会报告或谈话后的讨论中，如果出现了有争议的问题，总有人问："那么，老威是怎么想的呢？"这常令我感到困惑，有时我会站出来说："好的，如果我想知道老威怎么想，我会去问他；现在我问你怎么想，因为我对你的意见感兴趣。"

　　非对易几何就是一个例子，在威藤接受它之前一直被弦理论家忽略了。它的创立者康尼斯讲过下面的故事：

---

1. 八元数是对四元数的推广，是 John T.Graves（四元数发明者 William Hamilton 的朋友）在 1843 年发现的；1845 年，Arthur Cayley 也独立发表了一篇关于它的论文。八元数既不满足交换集，也不满足结合律，因而被长期冷落，不过如今在相对论、弦理论和量子逻辑等领域发挥了作用。——译者

1996年我去芝加哥大学给物理系做报告。一个著名的物理学家也在场，可讲话没完他就离开了。两年后，我在牛津附近的卢瑟福实验室的狄拉克论坛做相同的报告，又遇见他。他也来了，这次看起来很开明，好像是相信我讲的了。后来他讲话，很正面地提到了我的东西。这令我感到惊讶，因为那是同一个报告，而我没忘记他上次的反应。在回牛津的车上，我坐他旁边，问他："你在芝加哥听我讲话时，怎么没听完就离开了？现在你真的喜欢它了吗？"那伙计不是初学者——已经40多岁了，可他的回答是："我看见威藤在普林斯顿的图书馆读你的书！"[1]

应该说，这种态度少见了，也许是因为当前围绕那个景观有着太多的喧嚣。直到去年我才第一次听到来自弦理论家的怀疑。现在我能时常听年轻人说弦理论存在"危机"。"我们失去了领导者，"有人会说，"在这以前，热门的研究方向是什么，我们该做什么事情，总是很清楚的。现在没有真正的指南了。"或者，他们会神经质地问："威藤真的不做弦理论了吗？"

弦理论令很多人感到恼火的另一方面是，它的实践者们，特别是年轻人，似乎都以救世主自居。对他们中的一些人来说，弦理论已经成了一个宗教。如果我们发表了质疑或批评弦理论家结果的文章，通常会收到的最友好的邮件大概是："你在开玩笑吧？"或"这可笑吗？"很多网站和留言板都有弦理论的"反对者"们的讨论，即使在这

1.私下交流。

样自由的场合,也有人用不堪入耳的言语质问非弦理论家的智力和专业能力。我们难免得出这样的结论:至少某些弦理论家已经开始将他们自己看作十字军战士而不是科学家了。

弦理论家们怀着那股傲慢,也用最乐观的眼光解读他们的证据。我的量子引力的同事对解决问题的前景一般都抱务实甚至悲观的态度。在圈量子引力理论家中,我大概算最乐观的,但和多数弦理论家比起来,也就暗淡无光了。面对重大的未解问题时,更是如此。前面说过,以"弦"的观点来看万物,是基于长期以来弦理论家们普遍相信却从未证明过的一些猜想,但总还有弦理论家相信它们。一定的乐观当然是好的,但当结果完全错误时,那就不好了。遗憾的是,图书、文章和电视节目通常展示给公众 —— 也包括科学家 —— 的图像,完全不同于我们直接从发表的结果解读出来的东西。例如,在一本物理学家的流行杂志上,有篇苏斯金2005年《宇宙景观》一书的评论,评论者针对存在多个弦理论的事实说:

> 这个问题由M理论解决了,那是唯一的包罗万象的理论,通过十一维时空和高维延展的膜包容了那五个弦理论。在M理论的诸多成就中,包括对霍金在20世纪70年代通过宏观论证预言的黑洞熵的第一个微观解释……M理论的问题在于,尽管它的方程是唯一的,却有着亿万个不同的解。[1]

---

1. Michael Duff, *Physics World, Dec.* 2005.(其实,Duff 的这段文字,除了最后一句话,早就出现在 2000 年 12 月的《物理世界》,评说的对象正是斯莫林自己的 *Three Roads to Quantum Gravity*。Michael Duff 当时是密歇根大学 Oskar Klein 物理学教授,现在是伦敦帝国学院 Abdus Salam 理论物理学教授。他在文章里说斯莫林的思想"总是在主流之外","所以读者应该明白,斯莫林的观点是非常怪异的,绝不能代表当前的思想"。—— 译者)

这里最惊人的夸张是说M理论仿佛不是一个建议，而是已经作为精确理论存在了，甚至还有了确定的方程，这没有一句是对的。说什么解释了黑洞熵，也是夸张（第9章已经说过），因为弦理论的结果只适用于特殊的非典型的黑洞。

在专门向公众介绍弦理论的网页上也可以看到这样的歪曲，例如下面的一段：

> 甚至还有描述引力子（携带引力的粒子）的模式，这也是弦理论受到众多关注的重要原因之一。关键是，我们可以在弦理论中说明两个引力子之间的相互作用，而那在量子场论中是做不到的。没有无穷大！引力不是我们强加的东西，而是在弦理论中自然存在的。所以，弦理论的第一个伟大成就是给出了一个和谐的量子引力理论。[1]

负责这个特别网页的剑桥弦理论家们知道，没人证明过"没有无穷大"。但他们对猜想很自信，所以把它作为事实呈现给大家。而且，他们也提出了五个不同超弦理论的问题。

> 这时人们才意识到那五个弦理论其实是同一颗行星上的几个岛屿，而不是不同的东西！于是，存在一个基础的理论，所有弦理论不过是它的不同方面。那就是所谓的M

---

1. www.damtp.can.ac.uk/user/gr/public/qg_ss.html.

> 理论。M可以代表所有理论之母，也可以代表神秘，因为
> 我们说的M理论的行星几乎还无人开拓。

虽然最后一句承认M理论"还无人开拓"，但他们还是明确说了"存在一个基础的理论"。普通读者会根据这些话得出结论说，有一个M理论，它具备一般理论的属性，是以精确原理和精确方程建立起来的。[1]

很多评论文章和谈话对弦理论的结果也说着同样似是而非的话。人们实在弄不清弦理论到底完成了什么，只是一味地夸大结果，缩小困难。我问过一些专家关于那几个重要猜想（如微扰的有限性、S对偶、马尔德希纳猜想、M理论）的现状，惊讶地发现许多弦理论家都不能准确而详细地回答我的问题。

我明白这些责难很重，还是拿一个例子来说明吧。弦理论的一个基本主张是它是有限理论。这意味着它对所有物理学问题的答案都只包含有限的数。显然，任何可靠的理论必须对概率问题做出有限的回答，对某个粒子或力的强度做出有限的预言。然而，人们提出的关于基本力的量子理论经常不能做到这一点。实际上，在满足相对论原理的众多力的理论中，除了极少数的几个以外，对这些问题都只能给出无限的答案。引力的量子理论尤其如此。许多前景看好的方法就因为不能给出有限的答案而被抛弃。少数的例外包括弦理论和圈量子引力。

---

1. 不过，我很高兴地报告大家，在网上也不难找到没有歪曲或夸张的弦理论介绍。下面是几个例子：
http://tena4.vub.ac.be/beyondstringtheory/indes.html;http://www.sukdon.com/jpierre/strings/;
http://en,wikipedia.org/wik/M-theory。

正如我在第12章讨论的，只有在一定的近似方法（叫弦微扰理论）下，才能说弦理论给出有限答案。这项技术产生了无限多个给定环境下的弦运动和相互作用的近似。我们可以讨论一阶近似、二阶近似、17阶近似、1亿阶近似以至无穷阶。为了在这样的系统下证明一个理论是有限的，必须证明它的每一项都是有限的。这很难做，但也不是不可能。例如，电磁学的量子理论（即量子电动力学QED）在20世纪40年代末和50年代初就做好了。这是费曼、戴森和他们那一代人的胜利。粒子物理学的标准模型的有限性也由特胡夫特在1971年证明了。

人们在1984—1985年的巨大兴奋，部分原因也是原来那五个超弦理论被证明在一阶近似下是有限的。几年后，著名理论家曼德尔斯塔姆发表了一篇文章，人们认为它证明了所有的项都是有限的。[1]

当时，对曼德尔斯塔姆的论文众说纷纭。其实有一个直观的论证——弦理论家大概相信——有力地说明，如果理论存在，它就会给出有限的答案。同时，我认识的几个数学家精通这门技术所涉及的问题，否定了那个论证是完整的证明。

我多年没听说有限性问题了。随着领域转向其他问题，它几乎完全消失了。网上时常出现讨论这个问题的论文，但我没留意。实际上，直到最近，我都不记得自己对理论的有限性有过什么怀疑。我20年来紧跟的多数进展和我本人在这个领域的许多工作，都是基于假定弦理

1. S.Mandelstam," The N-loop String Amplitude-Explicit Formulas,Finiteness and Absence of Ambiguities." *Phys.Lett.B*, 277 (1~2):82~88 (1992).

论是有限的。这些年，我听过许多弦理论家的讲话，一开始就声称弦
理论给出了一个"有限的量子引力理论"，然后才具体谈时下感兴趣的
问题。许多为公众写的书和发表的谈话都断言弦理论是合理的量子引
力理论，还或明或暗地表示理论是有限的。就我自己的研究来说，我
曾相信弦理论已经被证明是有限的了（或几乎被证明为有限了，只是
还需要补充一些只有数学家才关心的技术细节），这也是我继续对它
感兴趣的一个主要原因。

2002年，我应邀为惠勒的纪念会写一篇文章，评述整个量子引力
领域，因为惠勒是它的创始者之一。我认为评述这个学科的最好办法，
就是把迄今为止各种方法所得到的所有重要结果罗列出来。我希望做
一番客观的比较，看看不同方法在同一个量子引力理论目标的驱动下
有着怎样的作为。我写了一个草稿，当然，其中的一个结果就是超弦
理论的有限性。

为了完成论文，我当然需要引用一些说明那些结果的论文。多数
文章都没问题，但在找弦理论有限性的证明时，我却陷入了困境。找
遍文章来源，我只找到了曼德尔斯塔姆的原始论文——就是数学家
们告诉我论证不完整的那一篇。我也发现了其他几篇讨论这个问题的
论文，但没有一篇有最后的结论。于是我向熟悉的弦理论家发私人邮
件，问他们有限性的现状如何、我从哪儿能找到证明的论文。我问过
十几个弦理论家，有老的也有年轻的。回答我的几乎每个人都告诉我
结论是正确的。多数都没有证明的文献，而引用的也都是曼德尔斯塔
姆的那篇。我很泄气，就去找评论文章——那些专门为考察主要结论

而写的文章。我查阅了15篇评论，多数都说（或暗示）理论是有限的。[1] 看它们引用的文献，只有以前的评论和曼德尔斯塔姆的论文。我真的找到了一篇评论，是俄罗斯物理学家写的，它解释了结果是未经证明的。[2] 但我很难相信他是正确的而那些更有名的人（多数是我认识和钦佩的）写的评论却是错误的。

最后，我问了圆周的同事迈尔斯（Robert Myers）。他以一贯的坦诚告诉我，他不知道有限性是不是已经完全证明了，不过他说有个叫德霍克的人可能证明过它。我开始去找，终于发现德霍克和蓬（Phong）在2001年就已经成功证明了直到二阶近似的有限性（见第12章）。从1984年到那时，17年里几乎没有什么重大的进步。（我在第12章讲过，自德霍克和蓬的文章以来的4年里有过一些进步，主要贡献者是贝科维茨。但他的证明依赖于额外的未经证明的假定，所以，尽管它向前迈出了一步，但还不是有限性的完全证明。）因此，实际情况是，在近似的无穷多项中，只有前三项已知是有限的。除此之外，不

1. 下面是几个例子：J.Barbon,hep-ht/0404188,*Eur.Phys.J.*,C 33:S 67-S 74（2004）;S.Foerste,hep-th/0110055,*Fortsch.Phys.*,50：221～403（2002）;S.B.Giddings,hep-th/0501080;and I.Antoniadis and G.Ovarlez,hep-th/9906108。还有一篇难得的评论，谨慎而正确（就当时而言）地讨论了有限性问题，即L.Alvarez-Gaume and M.A Vazquez-mozo,hep-th/9212006。

2. 这篇文章是Andrei Marshakov写的［Phys.Usp.,45：915～954（2002）,hep-th/0212114］。很抱歉下面一段话的术语太多了，不过也许的读者会看出关键思想的。

遗憾的是，自以为在现有弦模型中最成功的十维超弦，一般说来只有在树和单圈水平上才能严格定义。从两圈联络到散射振幅，微扰弦理论中的所有表达式都没有真正定义。原因来自超对称几何或复结构模在超对称伙伴的积分。这与玻色弦的情形不同，那儿的积分度量由Belavin-Knizhnik定理决定，积分度量在超模（更严格说，超复结构的奇模）上的定义仍然是一个悬而未决的问题［88，22］。黎曼曲面复结构的模空间是非紧的，在这种空间的积分需要特别小心和额外的定义。在玻色弦情形，当模空间上的积分发散时，(3.14)的积分结果只能确定到一定的"边界项"（退化的黎曼曲面或低亏格曲面的贡献）。在超弦情形，我们陷入更严峻的问题，因为"模空间边界"这个概念没有定义。实际上，在Grassmann奇变量上的积分并不"知道"边界项是什么。正因为这一点，费米弦中的积分度量没有好的定义，而且依赖于"规范选择"或对作用量(3.23)的"零模式"的特殊选择。对两圈贡献来说，这个问题可以"经验地"解决（见［88，22］），但在一般情况下，超弦微扰理论在数学上没有很好定义。而且，这些还不是形式的问题：同样的障碍也出现Green和Schwarz［91］的不那么几何的方法中。

论过去还是现在，我们都不知道理论是否有限。

　　当我在评论中描述这种状况时，别人都不相信。我收到几封邮件，有的还不太礼貌，都宣称我错了，而理论真是有限的，曼德尔斯塔姆已经证明了。我与弦理论家们谈话，也有相同的经历；听说有限性证明从来就没完成，他们多数都很震惊。但他们的震惊还算不得什么；我曾与弦论之外的物理学家和数学家们谈过，他们更加震惊；他们原来也相信弦理论是有限的，因为他们听说是那样的。对我们所有的人来说，正因为以为弦理论是有限的，才把它看得那么重要。我们从来没听哪个弦理论家指出过它的有限性还是一个尚未解决的问题。

　　要我写一篇文章来详细评述支持弦理论各种猜想的证据，我也觉得有点儿特别。当然了，我想这应该是学科的领导者们经常做的事情。这种批评，特别是针对未解的问题，在量子引力、宇宙学和其他很多科学领域（我想）都是很寻常的。现在，这件事情不是让弦理论的任何领导者来做，而是把责任推给了像我这样的半个内行 —— 虽然明白它的技术，却没有它的社会学义务。我也必须做，因为我对弦理论怀有兴趣，而且那时一直在为它工作。不过，有些弦理论家认为我的评论是一种敌对行为。

　　马赛理论物理中心的罗维利是我在量子引力的好朋友。他曾把弦理论并未证明有限的结果写进一篇对话，戏剧性地表现不同量子引力方法之间的区别，也遭遇过同样的经历。他收到很多邮件声称曼德尔斯塔姆已经证明了理论是有限的，于是他干脆决定写信问问曼德尔斯塔姆本人有什么看法。老曼退休了，但很快回了信。他解释说他证明的是某些类型的无穷大项永远不会出现在理论的任何地方。但他告诉我们，他其实并没有证明理论本身是有限的，因为可能出现其他类型的无穷大项。[1]迄今还没见过那样的项，但也没人证明它们不可能出现。

我和许多弦理论家讨论过这些问题，他们在听说理论没有被证明为有限时，也没有一个人决定停止弦理论的研究。我也遇到过一些著名弦理论家，他们坚持在几十年前就已经证明了理论的有限性，只是因为存在某些未解的技术问题才没有发表出来。

但是，如果有限性问题解决了，那我们就要问，一个研究项目有那么多的人，怎么会都不知道他们领域的那个关键问题的现状呢？在1984年和2001年间，许多弦理论家在讲话和文章里都将弦理论是有限的作为一个事实，这难道不应该关注吗？为什么众多弦理论家都心安理得地向圈内外的人宣扬，以模糊的语言暗示理论是完全有限而和谐的？

---

1. 下面是曼德尔斯塔姆2006年6月8日的电子邮件：

　　关于我对n圈弦振幅的有限性的论文，我首先要说的是，发散只能出现在模空间退化的地方。我考察过伴随"膨胀子"发散的退化点，那是与弦理论有关的。我证明了以前用于单圈振幅的论证也可以推广到n圈振幅，而且超模上的积分围道的定义问题也可以通过与幺正性相容的唯一法则来解决。我同意这并未严格地在数学上证明有限性，但我相信它处理了可能引起无穷大的物理学问题。我没有考察从以前的对偶模型了解的其他无穷大的来源，即虚时间的运用。如果在虚时间积分，因子$\exp\ (iEt)$（其中E是邻近能量与初始能量之差）显然是可能发散的。人们根据物理背景相信，这种无穷大可以通过向实时间的解析延拓而去除。这在无圈和单圈振幅情形已经有了具体证明，而且还证明，得到有限结果的解析延拓在两圈振幅的情形也能定义。

　　（在本书的电子本中，作者引用的是曼德尔斯塔姆2003年11月5日的回答：你问我是否同意多圈振幅的有限性猜想仍然悬而未决。如果你说"未决"是指没有相反情形的严格证明，那我没意见。我在前一封信里说过，我并不说整个处理都是严格的，对开弦理论而言，可以说有部分工作还没做，连不严格都谈不上。然而，我想多数物理学家会认为"未决"并不仅仅指相反的证明不正经过检验，只是基于单圈图才相信它们是有限的。事情当然不是那样的。我们知道发散可以出现在模空间退化的地方（这是严格的）。我们也知道模空间如何退化，而且考察过退化区域。当然也可以指出考察中有些地方不够严格。我已就自己的理解谈了这种状况；大概不能将其简单归结为"有限性在所有阶都证明了"或"只能猜想单圈以上的有限性"。——译者）

除了有限性问题，弦理论还有一些普遍相信但迄今尚未证明的猜想。我们已经讨论过，马尔德希纳猜想在文献中有几个不同的形式，它们的意义差别很大。我们确定的是，猜想的最强形式远未证明，尽管有些弱形式得到了很好的支持。但弦理论家并不这么看。在最近关于马尔德希纳猜想的一个评论中，霍洛维茨和波尔金斯基将它比作数学中著名的猜想 —— 黎曼猜想。

> 总之，我们有很好的理由将 [马尔德希纳对偶猜想] 列入**正确但未证明**的范畴。实际上，我们认为它与黎曼猜想那样的数学猜想属于同样的东西。两者都在看似不同的结构间建立了联系 …… 而且，尽管每个都是注意的焦点，但仍然既没证明也没否定。[1]

我从没听数学家说一个结果是"正确但未证明"的，除此之外，这句话的惊奇在于两个聪明的作者忽略了那两个猜想的一点显著区别。我们知道，黎曼猜想联系的两个结构（素数和某些函数）都是在数学中存在的东西；问题只是它们之间的那个猜想关系。但我们不知道弦理论或超对称规范理论是否真的以数学结构的形式存在；实际上，它们的存在也是问题的一部分。这段话清楚地说明，作者在推论时假定了弦理论是一个确立好了的数学结构 —— 但他们忘了，即使它是真的，我们也一点儿不知道那结构是什么。如果不做这样的未经证明的假定，那么你对最强形式的马尔德希纳猜想的证据的评价就不会和他们的一样。

---

1. G. T. Horowitz and J. Polchinski, " Gauge/gravity duality. " gr-qc/0602037. 将发表在 *Towards Quantum Gravity*, ed. Daniele Oriti, Cambridge University Press。

弦理论家为他们相信这些未经证明的猜想辩解时，常常会说那是弦理论群体"普遍相信的"，"没有哪个理性的人会怀疑它是真的"。他们似乎觉得求助他们圈内的共识就等于合理的推论。下面是一个典型的例子，来自一个著名弦理论家的博客（引文中的黑体字是我强调的）：

> **在过去六年里没有睡大觉的人都知道在渐近反德西特空间里的量子引力具有幺正时间演化** …… 面对那么多 AdS/CFT 的证据，我想那些不相信上述论断不仅在霍金考虑的半经典极限下成立而且在整个非微扰理论也成立的人，**恐怕没有几个还会坚持己见了。**[1]

被迫承认自己属于顽固分子，感觉并不舒服，但经过对证据的详细考察，我不得不承认这一点。

漫不经心地对待关键猜想的证据，在几个方面起着阻碍作用。首先，连同前面说的那些倾向，它意味着几乎没人会研究这些重要的开放问题——这就可能使它一直悬而不决。它还会腐蚀科学的道德和方法，因为一大群聪明人宁愿相信猜想也不想去寻找它们的证明。

而且，在发现重大结果时，他们常常夸大它的意义。几个非弦理论家曾问我，既然弦理论已经彻底解释了黑洞熵，为什么不去做别的呢。虽然我非常佩服斯特罗明戈和瓦法等人关于极端黑洞的研究（见

---

1. http://golem.ph.utexas.edu/~distler/blog/archives/000404.html.

第9章），但我必须重申，似乎有很好的理由证明，精确结果不能推广到一般的黑洞。

同样，关于大量弦理论（即众说纷纭的"理论景观"）都有正宇宙学常数的论断也远未确定。不过，某些一流弦理论家还是凭着这些软弱的结果大肆宣扬弦理论的成功和美好的前景。

一贯的夸张也许给弦理论带来了比它的对手更多的好处。弦理论家总是声称他们的研究要解决领域的重大问题，而别的科学家却只能说有证据证明存在某个理论——迄今尚未建立的理论——可能解决那些问题。如果你是大学的系领导或出资单位的官员，岂不也是更愿意资助那些要解决大问题的项目、聘用为那些项目工作的人吗？

让我来总结一下，看看它将我们引向何处。以上的讨论暴露了弦理论群体的7个异乎寻常的特征。

1. 极大的自信，从而自以为高人一等，是精英里的精英。

2. 异常统一的群体，不论证据强弱，都有强烈的舆论意识，对开放问题有异乎寻常的一致的观点。这些观点似乎关联着一种等级结构，几个领导者的思想指引着领域的观点、策略和方向。

3. 群体意识，在某种意义上类似于宗教信仰或政党纲领的认同。

4. 强烈的界线意识，将群体与其他专家分隔。

5. 漠视本群体外的专家的思想、意见和工作，只愿在群体内部交流。

6.乐观的倾向，过分解释证据，相信夸大或错误的结果，拒不考虑理论可能是错误的。这应和着另一种倾向：相信某个结果是因为"大家都相信它"，即使没人检验过（甚至没见过）证明本身。

7.对研究计划应该考虑的风险程度缺乏认识。

当然，并不是所有弦理论家都这样，但在弦理论群体内外，几乎没有人会否认这些态度刻画了多数弦理论家的特征。

我要明白地说，我不是在批评个别人的行为。许多弦理论家个人都很谦虚，能自我批评。如果问起来，他们会说他们也为群体的这些特征感到难过。

我还要说明，我也和弦理论的同事一样老犯错误。多年来，我一直相信有限性那样的基本猜想是证明了的。这是我用多年时间做弦理论的主要原因。除了我自己的工作受影响之外，在量子引力群体中，我也是最强力地为弦理论摇旗呐喊的人。我还没时间检阅文献，所以，我也乐意请弦理论群体的领导者们来批判我的思想。在我做弦理论的那些年里，我非常在乎群体的领导者们对我的工作的看法。我也和任何青年一样，盼望我那小圈子里的大人物能接受我。如果说我没有真的听取他们的忠告，全身心投入那个理论，那只是因为我个性太倔，在这种情况下老是转不过弯来。对我来说，这不是"我们"与"他们"的问题，也不是两个群体之间为了争先的决斗。这些都是我个人的问题，自从我做科学以来就一直在与它斗争。

　　所以我非常同情弦理论家的尴尬境遇，他们既想做好科学家，又想证明自己在本领域的影响力。我很理解，要群体接受你，你就必须相信一大堆自己都不知道如何证明的思想，那时要清楚而独立地思考，当然是很困难的。这是我想了多年才跳出的陷阱。

　　所有这些都令我相信我们物理学家走入困境了。如果你问弦理论家，为什么从来不请研究其他可能方法的人参加弦理论会议，他们很多人会赞同你的意见，说应该请那些人。他们也为眼下的状况感到难过，但会坚持说在这方面无能为力。如果你问他们为什么弦理论群体从来不请研究其他方法的年轻人做博士后、教员或访问学者，他们也会赞同你，说那是好事情，他们很遗憾现在还没有那么做。这种状况里存在着大问题，每个人都认错，但没有人来负责。

　　我很信任我的弦理论朋友们。我相信他们每个人都很谦虚，都有自我批评精神，都不像他们的群体那样跋扈。

　　既然每个人都怀着良好的愿望和正确的判断力，群体行为怎么会那样荒唐呢？

　　原来，社会科学家早就认识了这种现象。它折磨着一些名人的群体，他们只是偶尔看条件才和圈内的人交流。情报和决策机构以及一些大公司研究过这种现象。因为后果有时可能是悲剧性的，有大量文献描述这种现象，称之为小团体思维。

　　耶鲁心理学家詹尼斯（Irving Janis）在20世纪70年代提出了小团

体思维的名词，将它定义为一致思维模式，"当人们置身于一个团结紧密的小团体，为了维护团体的一致而不能现实地评估不同的行为过程，就陷入那样的思维模式。"[1]根据这个定义，小团体思维只出现在有着高凝聚力的群体。它需要群体成员有强烈的"团结如一人"的感觉，而且愿意不顾一切代价维护这种群体关系。当同事们都以小团体思维模式行动时，他们会自然将"维护群体和谐"的标准用于所面对的每个决定。[2]

詹尼斯研究过专家群体决策失败的案例，如猪湾事件。从此，"小团体思维"一词就用于许多其他例子，包括NASA阻止"挑战者"灾难的失败，西方预测苏联解体的失败，美国汽车公司对小汽车需求预测的失败，以及最近——也许最具灾难性——的失败：布什政府基于伊拉克有大规模杀伤性武器的错误信息贸然发动战争。

下面是俄勒冈州立大学公共网站对"小团体思维"的描述：

> 小团体思维的成员将自身看作群体的一部分，抵抗反对他们目标的外来者。患有"小团体思维症"的人都有下面的特征：
>
> 1. 过高估计群体的抵抗力和道德水平。

---

1. 见 Irving Janis, *Victims of Groupthink: A Psychological Study of Foreign-Policy Decisions and Fiascoes* (Boston: Houghton Mifoin, 1972), p. 9。当然，这种现象很老了。影响卓著的经济学家 John Kenneth Galbraith 称它为"惯性智慧"。他的意思是，"很多意见虽然未必有什么道理，但往往把握在富人和名人的手里，只有莽汉和傻瓜才会拿自己的事业去冒险反对它们。"（引自一篇书评，见 *Financial Times*, Aug. 12, 2004。）
2. Irving Janis, *Crucial Decisions: Leadership in Policymaking and Crisis Management* (New York: Free Press, 1989), p. 60.

2．集体合理化决策。

3．丑化和僵化外来群体及其领导者。

4．一致性的群体文化，个人之间相互监督，以维护群体的完全一致性。

5．某些成员想方设法向领导者隐瞒自己和其他群体的信息，以维护群体领导的权威。[1]

这和我刻画的弦理论文化没有一一对应，但二者的相似足以令人忧虑。

当然，弦理论家很容易回应这种批评。他们可以举出很多历史的事例，说明科学的进步依赖于专家群体形成团结一致的意见，而外来者缺乏足够的评估证据和进行判断的职业技能，所以他们的意见必须抛弃。由此，科学群体必须拥有树立和加强共识的机制。在外行人看来那也许像小团体思维，实际上是理性的，是在严格的约束规则下运行的。

他们还可以反驳人们谴责他们以群体的意见取代了个人的重要思想。我和一个著名的科学社会学家讨论过这个问题，他说未经证明就相信一些关键猜想并不稀奇。[2]没有哪个科学家能直接证明构成其学科信仰基础的所有实验结果、计算和证明；几乎没人有那个能力，而在当代科学中，谁也没有那么多时间。于是，当你加入某个科学群体，就必须相信同事告诉你的他们专业领域的结果。这就可能导致将猜想

---

1. http://oregonstate.edu/instruct/theory/grpthink.html.
2. 另一个例子是，冯·诺依曼（John von Neumann）在1932年发表了关于不存在量子理论隐变量的错误证明，曾被广泛引用近30年，直到后来玻姆（David Bohm）发现了隐变量。

作为事实来接受，但它既发生在最终成功的研究中，也同样多地发生在失败的项目里。当今科学如果没有一群可以相互信任的人，简直就无法进行下去。因此，虽然这样的插曲令人遗憾，而且在出现时就该修正，但它们本身并不意味着什么注定失败的研究或病态社会学。

最后，老牌的弦理论家可以说他们德高望重，有资格在他们觉得合适的地方指导研究。毕竟，科学实践以直觉为基础，而这就是他们的直觉。会有人浪费时间做他们不相信的事情吗？他们当然只会请人来做那些他们认为最可能成功的理论。

那么如何回答这种辩解呢？如果科学基于专家群体的共识，那么你在弦理论中所拥有的就是一个群体，其中的专家对他们研究的理论的正确性有着惊人一致的意见。有什么合理的根据 —— 不论以什么方式 —— 拿出理智而切实的反对意见吗？我们需要做很多事情，而不仅仅是抛弃"小团体思维"这样的字眼。我们必须有一个关于科学是什么和如何运行的理论，它将清楚地说明，如果一个特殊的群体在理论未经正常检验之前就在领域中占据主导地位，那是科学的悲哀。这是我们现在面临的使命。

第 17 章
什么是科学

　　为了扭转物理学的这股恼人的潮流，我们必须首先明白什么是科学 —— 什么推动它向前，什么拉着它后退。为此，我们对科学的定义必须超越所谓科学家所做的事情的总和。本章的主要目的就是提出这样一个定义。

　　我1976年走进哈佛大学研究生院时，还是来自小学校的天真学生。我敬畏爱因斯坦、玻尔、海森伯和薛定谔，惊讶他们神奇的思想力量给物理学带来的变革。和许多年轻人一样，我做梦都想成为他们那样的人。这时我置身于粒子物理学的中心，周围都是领域里的头面人物 —— 如科尔曼、格拉肖和温伯格。这些人聪明绝顶，但一点儿也不像我心目中的英雄。上课时，我从没听他们讲过空间和时间的本质或量子力学的基本问题。我也没见过有多少学生对这些问题感兴趣。

　　这使我陷入了危机。我当然不如来自名校的同学那样基础扎实，但我在读大学时就已经做过研究，而多数同学都没做过；我也知道我学得很快，所以我自信能做物理学的工作。但我对如何才算一个伟大的理论物理学家也有特别的想法。我在哈佛遇到的那些大理论物理学家和我的想象相距甚远。那里的氛围严酷而好斗，没有一点儿哲学味道，尽是些冲动、高傲、自负的人，还时常伤害与他们意见相左的人。

这期间我和年轻的科学哲学家雷切-尔科恩（Amelia Reche-Cohn）成了朋友，通过她结识了和我一样对哲学和物理学基本问题感兴趣的人。但这使事情变得更糟。他们比理论物理学家好一点儿，但似乎只乐于分析狭义相对论或普通量子物理学基础的逻辑问题。我对那样的谈话毫无耐性；我想创造理论，而不是批评理论。我确信——标准模型的创立者们似乎也曾那么草率——他们知道我需要知道的事情。

正当我认真考虑放弃时，阿米丽亚（Amellia）给了我一本哲学家费耶阿本德（Paul Feyerabend）的书。书名叫《反对方法》，就像在对我说话——但它说的不是很令人鼓舞。它对我的天真和专注是一个打击。[1]

费耶阿本德在书中对我讲的是，看哪，孩子，别做梦了！科学不是坐在云端里的哲学家。它是人的活动，与任何别的东西一样复杂，一样成问题。科学没有单一的方法，谁是好科学家也没有单一的标准。好科学就是在历史的特定时刻增进我们知识的东西。别来烦我如何定义进步——随便你用什么方式定义，都是对的。

从费耶阿本德那儿我认识到进步有时需要深刻的哲学思想，但

---

1. 费耶阿本德（1924—1994）是哲学的"叛徒"，"科学最恶劣的敌人"（《自然》杂志对他的评论）。《反对方法》（Against Method）是他最著名的作品，出版于1975年。本书的副标题是《无政府主义知识论纲要》，宣扬"什么都可以"，意思是科学无所谓方法，科学与占星术、巫术等东西并没有本质区别。（此书有周昌忠的译本，上海译文出版社，1992）——译者

多数时候都不是那样的。进步的实现多数是靠投机者们抄捷径、夸大他们的知识和成就。伽利略算其中的一个。他的许多论据都是错误的，而他的对头——当时受过良好教育、善于哲学思维的耶稣会士、天文学家们——很容易发现他的思想漏洞。不过，最终是他对了而他们错了。

我从费耶阿本德认识了没有什么先验的论证能告诉我们什么东西能适应所有的环境。某个时刻推进科学的力量在其他时候可能就是错的。从他讲的伽利略的故事，我还明白了更多的东西：你必须为自己的信仰而斗争。

费耶阿本德的言论远非及时的清醒剂。如果我想做好科学，我就必须认识到我有幸合作的人都是当代的大科学家。他们和所有大科学家一样，是靠正确的思想和奋斗取得的。如果你的思想正确并且为之奋斗，总会取得成绩的。不要浪费时间替自己难过，也别为爱因斯坦和玻尔伤感。没人能帮助你，只有自己能发展自己的思想，也只有自己能为它们奋斗。

我走过很长的路才决定留下做科学。我很快发现，将粒子物理学用过的方法用于量子引力问题，是做不了真正研究的。如果这意味着暂时将基本问题放在一边，那么能建立新的基础并在新基础上进行计算，也是了不起的事情。

为了感谢费耶阿本德挽救了我的事业，我给他寄了一本我的博士论文。他回信时给我寄了一本他的新书《自由社会的科学》(1979)，还请我去伯克利时访问他。几个月后，我正好去加州参加粒子物理学会议，就设法去找他，可是去得太突然了。他不在学校办公，连办公室也没有。当我打听他时，哲学系秘书笑了，让我去他家找。电话本上有他的地址，在伯克利山米勒大街。我鼓起勇气拨通了他的电话，礼貌地说要找费耶阿本德教授。不知谁在电话那头大声说："费耶阿本德教授！那是另一个人。你可以在学校找他。"然后就挂了。于是我到他的班上去找到他了，然后进行了友好的谈话，可惜时间太短。可就在这几分钟里，他给了我一个无价的忠告。"是的，学术界一团糟，你做不了什么事情。可是别担心，就做你想做的。如果你知道你想做什么，并且大力倡导，没人能阻止你做下去。"

半年后，他给我写了第二封信，寄到圣巴巴拉，我刚去那儿的理论物理研究所做博士后。他说他和一个有才干的物理学本科生谈过话，那人和我一样也对哲学感兴趣。问我是否愿意见他，给他提一些建议。我想的是能有第二次机会和费耶阿本德谈话，就到了伯克利，在哲学楼的阶梯上见到了他们两位（显然就像他和同事一样亲近）。费耶阿本德请我在"加州料理"（Chez Panisse）吃午饭，然后带我们去他家（原来就是在伯克利山米勒大街），这样他就能看他喜欢的肥皂剧，而那个同学和我也能谈话。在路上，我和费耶阿本德坐在他的小跑车的后排。他的车装了充气筏，即使发生八级地震，他也能安全通过海湾大桥。

费耶阿本德提出的第一个问题是重正化，那是量子场论中处理无穷大的一种方法。我惊奇地发现他非常熟悉当代物理学。他并不像我的某些哈佛教授说的那样，他不反科学。很明显他喜欢物理学，他比我见过的多数哲学家都更喜欢谈技术性问题。他作为科学敌人的名声无疑是因为他考虑了为什么科学会没有结果的问题。那难道是因为科学有方法吗？巫医也有方法啊。

我冒昧地认为，也许区别在于科学运用了数学。他回答说，占星学也用数学，而且，如果需要的话，他可以解释占星学家们所用的不同计算体系的细节。他举例说，开普勒（历史上最伟大的物理学家之一）为占星学的技术进步做出了几个重大贡献，而牛顿在炼金术上花费的时间比物理学还多，对这些事情我们都不知道该说什么。难道说我们是比开普勒和牛顿还伟大的科学家吗？

费耶阿本德相信科学是一种人类活动，是投机者的事业，他们不遵从一般的逻辑或方法，而做任何能增进知识（不论你怎样定义）的事情。所以，他的大问题是：科学如何运作，它为什么运作得那么好？即使他反对我的所有解释，我仍觉得他热情追求这个问题，不是因为他反科学，而是因为他关心科学。

然后，费耶阿本德给我讲了他的故事。他十几岁在维也纳时很有物理学天赋，但他应征参加第二次世界大战时，研究活动也缩减了。他在俄国前线受伤，后来在柏林退伍，战后在那儿谋得一个演员的差事。不久，他对剧场厌倦了，又回到维也纳做物理学研究。他参加了哲学俱乐部，发现只需要简单发挥从表演专业学来的技巧，在争论的任何一边都能赢。这使他怀疑学术的成功是不是还有任何理性基础。一天，学生们把维特根斯坦（Ludwig Wittgenstein）请到俱乐部来。费耶阿本德被深深触动了，决定走进哲学。维特根斯坦和他谈话，请他去剑桥一起做研究。但当他到英国时，维特根斯坦去世了，于是有人建议他和另一个从维也纳流亡出来的波普尔（Karl Popper）谈谈，他正在伦敦经济学院教书。因此他到了伦敦，从写攻击波普尔著作的论文开始了他的哲学生涯。

几年后，他得到一个教师职位。他问一个朋友，自己知道的很少，应该怎样上课。朋友告诉他，把他认为知道的东西写出来。他写满了一页纸。朋友接着告诉他，拿第一句话做第一堂课的主题，第二句话做第二堂课的主题，依此类推。就这样，这位从物理学学生经过士兵和演员的人，成了哲学教授。[1]

费耶阿本德开车送我们回伯克利校园。离开时，他给我们提出了最后一个忠告。"就做你想做的，不要管别的事情。在我的经历中，从来没有花过五分钟做我不想做的事情。"

我多少也是这么做的，一直到今天。现在我觉得我们不但要谈科学思想，还要谈科学过程。这是别无选择的。我们的后辈会接着思考为什么我们远不如我们的老师那么成功，我们对他们是负有责任的。

自从我访问费耶阿本德（他在1994年去世，70岁）以来，我引导了几个天才的青年学生走出我经历过的那种危机。但我不能对他们说我当年对自己说过的话——那时主流的研究风格成就辉煌，是必须尊重和服从的。现在我不得不同意我的青年同事，主流的风格是不成功的。

---

1. Paul Feyerabend, *Killing Time: The Autobiography of Paul Feyerabend* (Chicago: Univ. of Chicago Press, 1996).

首先，也是最重要的，我在哈佛大学学习的那种做科学的风格没有让我取得进步。它建立标准模型成功了，却没能超越。30年过去了，我们必须问它如今是否已经落伍了。也许眼下需要爱因斯坦和他的朋友们的那种更思辨、更冒险也更哲学的风格。

这个问题远比弦理论广阔，它涉及整个物理学共同体多年形成的价值和态度。简单说，物理学共同体是以大项目的飞扬跋扈和小项目的谨小慎微构建起来的。于是，年轻的科学家如果能为大项目的问题提出技术精妙的解，令老科学家感到满意，他就有机会成功。如果反其道而行 —— 独立思考并试图构建自己的思想 —— 就只能是悲剧。

于是，物理学不能解决本身的关键问题。现在是转折的时候了 —— 鼓励小的、冒险的、新的研究计划，抵制顽固的老方法。我们应该让爱因斯坦们重新回到主流，思考自己的问题，不要管强力科学家们的既有思想。

但为了说服怀疑者，我们必须回答费耶阿本德关于科学如何运作的问题。

似乎存在两种对立的科学观。一种认为科学是叛逆者的领地，所谓叛逆者，就是那些有着宏大新思想的人，他们奋斗一生就为了证明自己是正确的。这是伽利略神话，今天在几个令人敬慕的大科学家的奋斗中，如数学物理学家彭罗斯、复杂性理论家考夫曼（Stuart Kauffman）和生物学家马格里斯（Lynn Margulis），还能看到那神话的影子。另一种观点则把科学看成保守的、一致的共同体，几乎不能容忍丝毫的对正统思想的背离，而将创造的能量输入业已确定的研究纲领。

从某种意义上说，两种观点都是对的。科学既需要叛逆者也需要保守者。乍看起来两者似乎矛盾。一个蓬勃发展多个世纪的事业怎么会让叛逆者与保守者共存呢？诀窍是这样的：让叛逆者与保守者一辈子在科学共同体里做对头，在一定程度上也是在个人的内心里做对头，一辈子不得安宁。但这是如何做到的呢？

从每个科学家都有自己的声音看，科学是民主，但它绝没有少数服从多数的法则。而且，虽然每个人的判断都得到了重视，但共识起着决定性的作用。当我的专业的大多数人都去迎接一个我不能接受 —— 即使有好处也不愿接受 —— 的研究项目，我还能有什么落脚的地方吗？答案是，民主不仅是多数人的法则。在多数人法则之外还有着意识和伦理的系统。

于是，如果我们要说科学不仅是社会学，不仅是学术政治，那么我们必须有一个关于科学是什么的概念 —— 要符合（而且超越）科学是人类的一个自治群体的思想。要说哪个特殊的组织形式或特殊的行为对科学好或坏，我们必须有一个超越普遍事物的价值判断的基础。我们必须有一个能脱离多数而不会被说成是怪人的基础。

我们先把费耶阿本德的问题打碎成几个简单的小问题。我们可以说当科学家对问题达成共识时科学就进步了。这种事情发生的机制是什么呢？在共识达成之前常有争论。不同的意见对科学进步起着什么铺路的作用呢？

为回答这些问题，我们应该回到早年的哲学家们的观点。20世纪20年代和30年代，维也纳发生了一场叫逻辑实证主义的哲学运动。逻辑实证主义者提出，断言只有在被世界的观测所证实后才成为知识。他们称科学知识是这些被证实的命题的总和。当科学家做出能检验而且确实得到检验的断言时，科学就进步了。他们的动机是摆脱形而上学的哲学，那种哲学已经充斥了空洞无物的大书。在这一点上他们部分成功了，但他们谨慎的科学特征没能持续多久。很多问题出现了，其中一个就是，在观察与陈述之间不存在铁定的对应。最简单的观察里也溜进了假定和偏见。将科学家的言论打碎成与被剥夺了理论的观察相对应的小原子，是不现实的，甚至也许是不可能的。

当实证论失败时，哲学家提出科学进步是因为科学家走上了通向真理的路线。科学方法的建议是卡尔纳普（Rudolf Carnap）和奥本海默（Paul Oppenheim）等人提出来的。波普尔也提出了自己的建议，那就是科学进步在于科学家提出了可以证伪的理论——就是说，他们做出了可以被实验否定的陈述。在波普尔看来，理论永远不可能被证明是正确的，但如果它经受了很多试图否定它的试验，那么，我们就开始有了它所包含的真理——至少在它最后被否定之前。[1]

费耶阿本德的哲学起步就是攻击这些思想。例如，他证明否定一个理论并不是那么容易的事情。很多时候，就在一个理论似乎已

---

1. 例如见 Karl Popper, *The Logic of Scientific Discovery* (New York: Routledge, 2002)。

经被否定以后，科学家还会坚守它；他们只需要改变实验的解释就能做到这一点。他们也会挑战自己的结果。有时这会终结一个理论，因为它确实错了。面对明显的实验矛盾而坚守一个理论，有时竟然是正确的做法。你怎么知道自己处于哪种状况呢？费耶阿本德认为，你不可能知道。不同的科学家抱着不同的观点，让运气来证明自己。没有一个普遍的法则能告诉我们应该在什么时候抛弃或维护一个理论。

费耶阿本德证明，科学家会在紧要关头打破法则而取得进步，这就从总体上攻击了方法决定科学进步的思想。而且，他还指出——在我看来是令人信服的——如果总是遵照"方法的"法则，科学可能停滞不前。科学史家库恩从另一个方面攻击了"科学方法"的思想，他说科学家在不同的时候用着不同的方法。但他不如费耶阿本德激进，他想提倡两种方法："正常科学"的方法和科学革命的方法。[1]

另一个批判波普尔思想的是哲学家拉卡托斯，他指出在证伪与证实之间不存在像波普尔假定的那么大的不对称。如果你看见一只鲜红的天鹅，你也不大可能放弃说所有天鹅都是白色的理论；你反而会去找出一个为它涂颜色的人。[2]

这些论证给我们留下几个问题。第一是科学的成功还需要解释；第二是（波普尔强调的）不可能区分物理学和生物学等科学与其他自

---

1. Thomas S. Kuhn, *The Structure of Scientific Revolutions* (Chicago: Univ. of Chicago Press, 1962).
2. Imre Lakatos, *Proofs and Refutations* (Cambridge, U.K.:Cambridge Univ. Press, 1976).

称为科学的信仰体系 —— 诸如马克思主义、巫术和智能设计。[1]如果没有这种区分，那么可怕的相对主义就可能溜进来，一切关于真理和实在的断言都一样有道理。

虽然我和许多实践的科学家一样相信我们不追随单一的方法，我也相信我们必须回答费耶阿本德的问题。我们可以从科学在人类文化中的作用说起。

科学是人类文化的工具之一，自史前时代起，它就随人类自身所处状况应运而生：我们可以梦游无限的空间和时间，无限的神奇和无限的美好，终于发现我们身处几个不同的世界：物理世界、社会世界、想象世界和精神世界。我们之所以成为人，是因为我们在长期寻找工具，让它赋予我们把握形形色色世界的力量。这些工具现在叫科学、政治、艺术和宗教。现在，它们像远古时代一样，也赋予我们把握生命的力量，形成我们希望的基础。

不论它们叫什么，从来没有哪个人类社会没有科学、政治、艺术和宗教。在石壁画着古代猎人的洞穴里，我们发现了有一定模式的石头和骨头，说明古人以14、28或29为一组计数东西。考古学家马沙克（Alexander Marshack,《文明之根》的作者）将这些解释为月相观测。[2]它们也可能是早期节育方法的记录。不论哪种情形，都说明人类在2

---

1. 苏斯金在为人存理辩护时就称它的批评者为Popperazzi，因为他们需要借助某些证伪方法。但认同批评波普尔将证伪作为科学过程的唯一要素是一回事，而宣扬在科学基础上接受一个没有唯一确定的可以证伪或证实的预言的理论，则是另一回事。在这方面，我很自豪自己是波普尔的信徒。

2. Alexander Marshack, *The Roots of Civilization: The Cognitive Beginnings of Man's First Art, Symbol, and Notation* (New York: McGraw-Hill, 1972).

万年前就用数学来组织和概化他们的自然经验了。

科学不是发明的。随着人们发现了工具，学会了将物理世界带入我们认识领域的活动，科学也随时间进化着。于是，科学之所以成为科学，是因为自然就是那样的 —— 也因为我们就是那样的。许多哲学家错误地去寻求科学为什么卓有成效的解释，还想将它用于任何可能的世界。但不存在那种东西。如果幻想有什么方法能在任何可能的宇宙发挥作用，那么它就像一把试图让任何动物都舒服的椅子：在多数情形都只能是很不舒服的。

实际上，有可能证明这句话。假定科学家像一群在乡下找最高峰的瞎子。他们看不见，但可以凭感觉确定哪条路向上，哪条路向下。而且他们还有带声音的高度计，可以告诉他们所处的高度。他们在最高处看不见，但他们知道，因为只有在那个地方，所有方向才会向下。问题是，可以存在多个高峰，如果你看不见，那就难以确定你是不是爬上了最高的那个峰。这样，是否有办法让瞎子在最短的时间里找到最高峰，并不是显而易见的。这是数学家经常研究的问题，最后证明是不可能的。计算机科学家沃尔波特（David Wolpert）和马克雷迪（William Macready）确立的"没有免费午餐"定理说，在每个可能的景观中，没有什么办法能比随机游走的结果更好。[1] 想让策略的效果更好，必须知道景观的一些东西。这种策略在尼泊尔也许成功，但在荷兰可能失败。

---

1. D. H. Wolpert and W. G. Macready, *No Free Lunch Theorems for Search*, Technical Report, Santa Fe Institute, SFI-TR-95-02-010.

因此，哲学家不能发现解释科学行为的普遍策略也就不足为奇了。他们确实发明了一些策略，但与科学家的实际作为没有多少相似的地方。成功的策略是随时发现的，它们是与个别的科学实践密切相连的。

一旦我们明白了这一点，我们就能认定科学开拓的那些自然特征。最重要的特征是，自然是相对稳定的。在物理学和化学中，很容易设计一些结果可以重复的实验。情况不一定都这样，例如，在生物学中就不是，而心理学就更不是了。但在实验可以重复的领域，通常都用定律来描述自然。于是，物理学的实践者们从一开始就对发现一般定律感兴趣。这里的问题不在于是否真的存在基本定律；对我们的科学实践来说，关键在于是否存在那样的法则，我们可以靠自己制造和掌握的工具来发现和模拟它们。

我们碰巧生活在一个方便我们理解的世界，而且一直是这样的。从我们以一个物种出现以来，就轻易发现了许多规律，如星空和季节，动物的迁徙与植物的生长，以及人类自己的生物周期。我们学会了通过在兽骨和石头上留下记号来记录这些规律，将它们联系起来，发挥它们的作用。今天，我们用巨型望远镜、强大的显微镜和越来越大的加速器做实验，也不过是在重复我们一直做着的事情：用掌握的技术去发现我们面前的模式。

但如果说科学存在是因为我们生活在一个充满规律的世界，那么它的特殊表现形式正是因为我们自身的特殊性。特别是，我们善于从不完备的信息得到结论。我们不断地观察世界，预言它、判断它。那是猎人的做法，也是粒子物理学家和微生物学家的做法。我们永远也不会有足够的信息来完全地证实我们的结论。要成为一个好的生意人、好的猎人、好的农民和好的科学家，基本的素质之一就是会凭直觉进行猜想，能在有限的信息未形成完整证明的时候自信地行动。正因为这一点，人类才成为如此成功的物种。

但这种本领付出了很大的代价，那就是我们很容易欺骗自己。当然，我们知道很容易被别人欺骗。人们很容易相信谎言，因为它很有效。毕竟我们只能根据不完备的信息得到结论，因而在谎言面前实在软弱无力。我们的基本态度只能是信任，如果要求证明所有的东西，我们就没有什么可以相信的，也就不可能做任何事情——不能走下床，不能结婚、交朋友或加入任何组织。没有信任，我们就会成为孤独的动物。语言之所以行之有效，是因为我们多数时候都相信别人告诉我们的东西。

但同样重要而且令人清醒的问题是我们在多大程度上欺骗自己。我们不仅欺骗个人，也欺骗整个群体。群体容易轻信某些在个人后来看来明显是错误的东西，这种倾向确实很可笑。20世纪的一些最悲惨的事情就是因为好人上了坏领导者的当。但达成共识是我们赖以生存的基础，只有那样猎人才能收获，部族才能躲避危险。

所以，一个群体要生存，就必须有纠错的机制：长者让年轻人不冲动，因为他们从自己的漫长经历明白了犯错误是多么容易。年轻人挑战几代人的信仰，因为那些信仰已经落伍了。人类社会能进步，就是因为它学会了既要叛逆也要服从，发现了在漫长岁月里平衡两种品性的社会机制。

　　我相信科学就是那样的一种机制。它是孕育和激励新知识发现的方式，但在历史的长河里，它更证明是有效的揭露谬误的一整套技艺和实践。为了不断克服我们自欺也欺人的固有倾向，科学是最好的工具。

　　从这段概说我们可以看到，科学与民主有相同的地方。不论科学群体还是更大的群体，都需要达成结论并根据不完整的信息做出决定。在两种情形，信息的不完整都将引发不同观点的派别。不论科学的还是非科学的社会，都需要解决纷争与调和不同意见的机制。这种机制需要我们揭露错误，允许用新的方法去解决难解的旧问题。人类社会有很多这样的机制，其中有的依靠武力和强权。民主的最基本理念是社会只有在和平解决纷争的情况下才能运行最好。因此，科学和民主都痛感我们欺骗自己的倾向，也都乐观地相信我们作为一个社会能改正错误，使我们在整体上越来越比任何个人更聪明。

　　现在我们已经把科学置于恰当的背景下了，下面接着讨论它为什么那样有作为。我相信答案很简单：科学之所以成功是因为科学家组成了一个由共同的道德规范树立和维持起来的群体。我相信，正是对一定的道德规范而不是任何特殊事实或理论的忠诚，在科学群体的自我改正中起着根本的作用。

　　这套规范有两个原则：

　　　　1. 如果一个问题可以由忠实的人通过将合理论证用于公开证据而确定，则可以认为它的结果必然就是那样的。

2.反之，如果根据公开证据的合理论证不能使忠实的人就某问题达成一致意见，则这将必然允许甚至鼓励人们提出各种不同的结论。

我相信科学成功是因为科学家遵从了（也许不是那么彻底）这两项原则。为说明这一点，我们看看这些原则要求我们做些什么。

- 我们赞同根据共享的证据踏实地进行合理论证，而不管结果的一致性程度有多高。
- 每一个科学家都自由根据证据得出自己的结论。但每个科学家也需要向整个科学共同体提出这些结论的论证。这些论证必须合理而且建立在所有成员都能获得的证据上。证据、获得证据的方法以及根据这些证据导出结论所利用的论证逻辑，必须面向所有成员的检验。
- 科学家根据共享证据演绎可靠结论的能力基于对工具和多年进程的把握。之所以学习那些工具和进程，是因为经验已经证明，它们常引出可靠的结果。每个经过这些方法训练的科学家对错误和自欺的流毒都深有感触。
- 同时，科学共同体的每个成员都意识到最终目标是达成共识。共识也许突然出现，也许需要一定时间。科学工作的最终裁判是共同体的未来成员，他们在遥远的未来能更好、更客观地对证据进行评价。虽然科学项目可以暂时团结一些拥护者，但没有一个项目、声明或观点能长久地成功，除非它能产生足够的令怀疑者信服的证据。
- 科学共同体平等地面向所有的人。地位、年龄、性别

或任何其他个人特征不能影响科学家对证据和论证的考虑，
也不能限制他们考虑其他的证据、论证和信息。然而，进
入科学共同体需要满足两个条件。首先是至少把握一个科
学分支领域的方法并且能独立做出其他成员高度认可的工
作。其次是忠实地服从共同的道德规范。

●虽然在某些分支领域会暂时形成正统，但科学共同体
认识到，相互对立的意见和研究项目对共同体的健康发展
仍然是必要的。

做科学的人普遍怀有幼稚的欲望，总以为自己正确，总相信自己
拥有了绝对真理。但如果加入科学共同体，这些东西就都要抛到脑后。
相反，他们应该知道自己是一个正在发展的事业的一员，最终将达到
个人不可能达到的目标。他们还要接受专业的训练，在多数情形下学
会很多不可能靠个人学会的东西。接着，因为他们为专业实践付出的
劳动，共同体保证每个成员有权利宣扬他们认为得到了那些实践的证
据支持的任何观点或研究项目。

我愿将这种群体称为伦理群体，其组织取决于对一种行为规范和
实现那种规范的专业实践的忠诚。科学在我看来是我们见过的这种群
体的最纯粹的例子。

但这还不足以将科学刻画为一个伦理群体，因为有些伦理群体的
存在是为了维护旧的知识而不是为了发现新的真理。宗教群体在许多
情形下都满足伦理群体的标准。实际上，科学的现代形式是从僧侣和
神学学院演化而来的 —— 那也是一些伦理群体，其目标是维护宗教

教义。所以，如果说我们的科学特征是要树立权威，那么我们必须外加一些能明确将物理学从修道院区分出来的准则。

为此，我想引入第二个概念，即我所谓的想象群体。这种群体的规范和组织体现在它相信进步是必然的而未来是开放的。开放为新生事物和惊奇留下了想象或实在的空间。我们不但相信未来会更好，而且也认识到我们不能预知如何达到那个更好的未来。

不论马克思主义国家还是正统的宗教国家，都不属于想象群体。他们也向往美好的未来，但他们相信他们完全知道怎样达到未来。我小时候常从马克思主义者的祖母和她的朋友们那儿听说，他们确信自己是正确的，因为他们的"科学"教他们学会了"形势的正确分析"。

想象的群体相信未来会带来惊奇，带来新的发现，解决新的危机。他们并不忠实于眼下的知识，而是将希望寄托在子孙后代，将思维的法则和工具传给他们，使他们能利用和超越我们今天无法想象的环境。

优秀的科学家希望学生能超过他们。尽管学术体制为成功科学家提供了许多相信自己权威的理由，任何好科学家都明白，当你自信比最优秀的同学懂得更多时，你就不再是科学家了。

所以，科学群体既是一个道德规范群体，也是一个想象群体。

根据这个描述，我们清楚地看到争论对科学进步有着根本的意义。我的第一个原则说，当证据迫使我们达成共识时，我们就该达成共识。

但我的第二个原则说，在证据达成共识之前，我们应该鼓励存在各种不同的观点。这对科学是有益的 —— 费耶阿本德常这么说，我也相信是正确的。有理论竞争的时候，科学进步最快。过去有一种天真的观点认为，理论是在不同时间逐个提出来接受数据检验的。这没有考虑我们拥有的理论思想在多大程度上影响我们做哪些实验和怎么解释那些实验。如果一个时间只思考一个理论，我们很可能坠入那个理论产生的智力陷阱。唯一的出路在于让不同的理论竞争解释同一个证据。

费耶阿本德指出，即使有了一个广泛接受的满足所有证据的理论，仍然有必要提出竞争的理论来促进科学进步。这是因为竞争的理论最有可能提出与已确立的观点相矛盾的实验，而如果没有竞争的理论，那些实验甚至根本难以想象。因此，竞争理论不仅强化实验，也同样经常地提出反常实验。

于是，费耶阿本德坚持认为，科学家应该绝不认同，除非迫不得已。如果科学家在证据尚未确立之前太快达成一致，科学就危险了。于是我们要问，是什么影响他们做出不成熟的结论？他们也是人，人们认同各种没有事实根据的事情，都是同样的因素造成的，如宗教信仰和大众文化的时尚潮流。

于是归结为这样一个问题：科学家达成一致，是因为他们想被其他科学家喜欢、赞美？还是因为他们认识的每个人都在想同样的事情？或者因为他们愿意站在胜利者的队伍里？多数人都是因为这些动机而忍不住赞同别人。没有理由要求科学家能例外，毕竟他们也是人啊。

然而，如果想保持科学的活力，我们还得与那些欲望进行斗争。我们必须鼓励反对者在实验允许的范围内有不同的观点。考虑到人人都渴望讨人喜欢，渴望加入成功者的队伍，我们必须清楚地认识到，如果我们屈从于这些欲望，就等于让科学堕落。

健康的科学群体应该鼓励分歧，还有其他的理由。当我们被迫认同某个意料之外的事情时，科学就前进了一步。如果我们认为我们知道答案，就会努力使每个结果去满足那个预先设定的思想。只有争议才能保持科学的活力，促进它不断进步。在观点激烈竞争的环境下，社会学力量不足以将人们驱赶到一个观点。所以，在某些少见的情形下我们确实为一件事情达成了共识，那只是因为我们别无选择。证据迫使我们不得不那样，尽管我们不喜欢。正因为如此，科学进步才是真实的。

科学的这个特征有几个明显的反例。首先，在我刚才说的规范群体中显然有叛逆者。科学家经常夸大和歪曲证据。年龄、现状、时尚、同行的压力等，都在科学共同体的活动中起着作用。有些研究项目能聚积超过证据所能支撑的人力和资源，而另一些最终结出丰硕成果的项目却在社会学力量的压迫下挣扎。

但我想指出的是，足够多的科学家在尽可能地维护着道德规范，因而从长远来看，科学还会持续地进步，尽管它浪费了一些时间和资源来推进和维护原本错误的正统和流行的思想。我们必须强调时间的作用。不论短期内发生了什么事情，几十年后几乎总有足够的证据来解决争论，达成共识，而与时尚潮流无关。

　　另一点可能的反对意见是，我刚才说的特征在逻辑上不够完整。我没有拿出一个准则来说明哪些技术是必须掌握的。但是我想这最好由科学家群体经过很多代人的努力来决定。牛顿和达尔文不可能预言我们现在运用的工具和程序。

　　对一种规范的忠诚不会是彻底的，所以在科学实践中总还有改进的空间。这在时尚潮流（至少在物理学中）过分张扬的今天显得尤其正确。如今，你随处可以听到新获得博士学位的聪明的年轻人私下告诉你，他本愿做X，实际上却在做Y，因为那是有势力的老一辈们维护的方向或技术，他们只有跟着做，才好找工作、才能得到资助。当然，和在其他领域一样，科学中也总会有少数人选择做X，尽管他们很清楚做Y的人能在短期内得到更好的奖赏。在那些人中，很可能出现下一代的领导者。于是，科学的进步也许会因正统和时尚而缓慢，但从长远来看，做X的人还是有机会取代做Y的人，科学不可能完全停滞不前。

　　所有这些都说明，和人类从事的其他任何事情一样，科学的成功在很大程度上靠的是勇气和个性。虽然科学进步最终依赖于有多大的可能性在长远达成共识，但科学家个人决定做什么事情、怎么评价证据，却只能依靠不完整的信息。科学之所以进步，是基于在不完整信息面前人人平等的组织规范。没人能确定地预言一个方法是带来确定的进步还是浪费多年的劳动。我们所能做的只是训练学生掌握一些方法，经验已经证明那些方法能经常带来可靠的结果。然后，我们必须让他们去自由想象，必须花时间倾听他们的报告。只要科学共同体永远向新思想和新观点敞开大门，坚持道德规范，将最终的共识建立在根据公开证据进行的合理论证基础上，科学终将取得成功。

　　建立科学共同体的使命是永远不会完结的，它总是要和正统、时尚、年龄和地位等势力进行斗争。总会有挡不住的诱惑引导我们去走捷径，去迎合成功的团队，而不愿去认识新的问题。在理想的情况下，科学共同体应该让我们尽情发挥个人的冲动和激情。为了科学共同体的运行，必须将我们每个人都多少带着的傲慢和野心约束起来。还是费曼说得好：科学就是有组织地怀疑专家意见的可靠性。[1]

---

1. Richard P.Feynman, " What is Science. " *The Physics Teacher*, Sept.1969.

第 18 章
预言家和工艺师

我们走的物理学革命路线也许有点儿问题。我在第17章讲过，科学是人的行为，难免有人的弱点 —— 也很脆弱，因为它需要个人的规范，也同样依赖于群体的规范。它也可能崩溃，我相信它现在就要崩溃了。

一个团体常常因为组织的原因而被迫以某种特殊的方式思考问题。一个重要的组织问题是：为了解决眼下的问题，我们是否组织并奖励了正确的问题和正确的物理学家？它对应的问题是：我们是否提出了恰当的问题？

任何关心基础物理学的人都会看到，新思想是必需的。从弦论的最大怀疑批评者到最热烈鼓吹者，你都能听到同一个声音：我们丢失了重要的东西。他们隐约感到需要某种新的东西，就是这种感觉促使2005年弦论年会的组织者们设立了一个"下一次超弦革命"的分会。尽管其他领域的实践者如今更有信心了，但我认识的每个物理学家都会赞同我们也许至少还缺少一个重要思想。

我们该如何寻找那个丢失的思想呢？显然，一定需要某个人站出来，要么找出我们大家现在都认可的某个错误假定，要么提出一个新问题。为了确保基础物理学的未来，我们正需要那样的人。这样，组织问题也就清楚了：我们是否有良好的体制以确保有人能在我们支持和服从（这同样重要）的群体中间找出错误的假定或提出正确的问题？对这样有着罕见天才的创造性叛逆，我们是欢迎他还是驱逐他？

当然，善于提出真正新的且又相关的问题的人是很难得的，而认清一个专业领域的现状，发现隐藏的假定或新的研究路线，更是一种特殊的才能，而且大不同于加入物理学群体所要求的那些基本技能。做一个技巧娴熟的手艺人是一回事，做一个有思想的预言家却是另一回事。

这种区别并不意味着预言家不是训练有素的科学家。预言家必须对学科有完全的了解，能用流行的工具进行工作，能用它的语言去说服别人。不过预言家不必是技术纯熟的物理学家。历史表明，与精通数学、善于解题的科学家比起来，成为预言家的那些人有时显得很平庸。爱因斯坦就是一个好例子，他年轻时连一个像样的科学工作也找不到。他与人辩论时有些迟钝，容易糊涂，而别人的数学都比他好。相传，爱因斯坦本人曾说过，"不是因为我太聪明，而是因为我能持久地考虑问题。"[1] 玻尔是一个更极端的例子。历史学家贝勒（Mara Beller）曾详细研读过他的著作，指出在他的研究笔记里没有一个计算，尽是语言的论证和图画。[2] 德布罗意（Louis de Broglie）曾提出一个惊人的

---

1. 转引自 Simon Singh, "Even Einstein Had His Off Days." *New York Times*, Jan. 2, 2005。

2. 例如，见 Mara Beller, *Quantum Dialogue: The Making of a Revolution* (Chicago: Univ. of Chicago Press, 1999)。

建议，说假如光既是波也是粒子，那么电子和其他粒子也同样可以像波。这是他1924年在博士论文里提出的，当时并未引起考官们的注意，如果没有爱因斯坦的认可，他还差点儿不及格。据我所知，他再也没做过有同样影响的物理学工作。在我的想象中，只有一个人既有想象力，也是他那个时代最好的数学家 —— 牛顿。其实，牛顿的每件事情几乎都是不可思议的。

　　第17章说过，库恩区分了"常规科学"与科学革命。"常规科学"基于一定的范式，那是业已确立的关于固定理论、固定问题、固定实验方法和计算技术的实践。当范式被打破时，即当它所基于的理论不再能预言或解释实验结果时，科学革命就发生了。[1]我并不认为科学总是这样进行的，但一定有常规和革命的时期，科学在不同时期有不同的做法。问题是，常规和革命时期需要不同类型的人。在常规时期，只需要能用专业技术好好工作的人，而不考虑他有多少想象力（当然也可能很高）—— 我们不妨称他们为工艺师。在革命时期，我们需要预言家，即那些能透过黑暗看清方向的人。

　　工艺师与预言家为着不同的理由来做科学。工艺师做科学，主要是因为他们在上学的时候发现他们很会做。他们从小学到中学一直到研究生院，通常都是数学和物理成绩最好的学生，然后走进同行的队伍。他们总能比其他同学更快更准确地解决数学难题，所以他们判断其他科学家就看其是否会解题。

1. Thomas S. Kuhn, *The Structure of Scientific Revolutions* (Chicago: Univ. of Chicago Press, 1962).

预言家就不同了。他们是梦想家。他们走进科学是因为想知道存在的本质是什么，那是课本没有回答的问题。如果他们不做科学家，就可能是艺术家或作家，或者一辈子待在神学院里。这样的两群人相互误会和不信任，当然是预料中的事情。

预言家通常抱怨物理学的标准教育忽略了科学发展的历史和哲学背景。有个年轻的物理学家想在他的物理学课程中加入哲学，遭遇了很大阻力。爱因斯坦写信给他说：

> 我完全赞同你的意见，方法论与科学的历史和哲学有着同等的意义和教育价值。今天有很多人——还包括专业科学家——在我看来都只看见了千万棵大树，却从未看见整片森林。历史和哲学背景的知识能帮助人们摆脱多数科学家所沉迷的时代偏见。在我看来，哲学观带来的这种独立意识标志着普通工匠或技师与真理探索者之间的区别。[1]

当然，有的人是两者的混合体。没有高度专业技能的人是不可能将其坚持到研究生院的。但我认识的多数理论物理学家都属于两者之一。那么我自己呢？我想我是一个预言家，有幸也有一手好技能，还偶尔解决过某些问题。

---

1. 爱因斯坦1944年12月7日给R. A. Thorton的信，未发表，耶路撒冷希伯来大学爱因斯坦档案（EA 6-574）。引自Don Howard, "Albert Einstein as a Philosopher of Science," *Physics Today*, Dec. 2005。

　　我第一次看到库恩关于革命与常规科学的划分还在读大学，当时很糊涂，因为我说不清自己处在什么时期。如果考虑那些尚未解决的问题，我们显然正在经历着一场革命。但如果看看周围人们的工作，我们显然在做常规的事情。那时有一个范式，就是粒子物理学的标准模型和证明模型的一些实验，都是常规进行的。

　　现在我明白了，我的迷糊正预示着我在本书探讨的危机。其实我们就在革命时期，但我们想用过时的工具和常规科学的组织来摆脱它。

　　这也就是我对最近25年物理学的基本假定。我们正在革命时期，这大概是毫无疑问的。我们陷入了困惑，我们迫切需要真正的预言家。但预言家已经离我们很久远了。20世纪初我们有几个里程碑式的大思想家，首先是爱因斯坦，其次还有玻尔、薛定谔、海森伯等。他们未能完成他们开创的革命，但他们创立了部分成功的理论——广义相对论与量子力学，是我们继续革命的基础。这些理论的发展需要大量艰巨的技术工作，所以几代人的物理学都是"常规科学"，是工艺师们的天下。其实，20世纪40年代物理学的天下从欧洲向美国的转移，就是工艺师战胜预言家的结果。我前面讲过，它转变了理论物理学的风格，从爱因斯坦和他的伙伴们对基础的沉思，演变成为产生标准模型的激进的实用主义的态度。

　　当我在20世纪70年代学物理时，老师似乎都在教导我们俯视那些思考基础问题的人。当我们提出量子理论的基础问题时，我们听到的回答是，没人完全理解它们，它们关心的已经不再属于科学了。人们需要做的事情就是把量子力学当作确定的工具，将它用于新的问题。

这是地道的实用主义态度；其格言是"少说话，多计算"。那些不甘心放弃对量子理论的意义的疑虑的人，被认为是不能做研究的失败者。

像我这样从读爱因斯坦的哲学沉思走进物理学的人，是不能接受那个理由的，但意思很清楚，我要尽最大的努力追随它。你可以在确定的量子理论里经营自己的事业。普林斯顿高等研究院的幸福环境曾令我留恋，但那儿已经没有了爱因斯坦的科学作风的印迹 —— 只有一尊空空的铜像在图书馆默默注视着外面。

但革命没有完成。粒子物理学的标准模型当然是实用主义物理学风格的胜利，但它的胜利如今似乎也标志着它的局限。标准模型（也许还有暴胀）大约是常规科学所能达到的极限了。从那以后，我们陷入了泥潭，因为我们需要的是回归革命的科学。我们再一次需要预言家。问题是我们周围几乎没有预言家，因为科学经过那么长久的常规研究，已经难得认识他们，更难容忍他们。

从20世纪初到70年代，科学（通常也包括科学院）越来越组织化和专业化。这意味着常规科学的实践被奉为好科学的唯一模式。即使人人都明白革命是必需的，我们群体中最强力的部分却忘了如何革命。我们一直在尝试着用最适合常规科学的研究风格和结构来发动革命。弦论的尴尬 —— 承诺多而兑现少 —— 恰好就是大量工艺师做预言家的工作所带来的结果。

我敢肯定有的弦理论家会反对这种说法。当然，他们在做物理学的基础问题，所有的工作都旨在发现新的法则。为什么弦理论家不是预言家呢？难道虫洞、高维空间和多重宇宙不是想象丰富的思想吗？
是的，当然是，但问题不在这儿。问题在于：背景是什么？这些思想说
的是什么？在卡鲁扎和克莱因思想经过 3/4 世纪之后，隐藏的维和虫
洞一点儿也不新鲜了。在数以百计的人思考过同样的思想之后，考虑
这些事情也用不着什么胆略或先见之明。

审视我们现状的另一种方式是，预言家为了满足他们清晰的渴望，
被迫应对最深层的物理学的基础问题，包括量子力学的基础和与时空
本性有关的问题。关于量子力学的基础，最近几十年里发表了很多论
文和图书，但据我所知，没有一个作品是一流的弦理论家做的。我也
不知道有哪个弦理论家写过什么论文，将弦理论面临的问题与物理学
家和哲学家关于空间、时间或量子理论基础问题的旧著作联系起来。

相反，量子引力的背景独立方法的倡导者们的科学观则是通过
对基础问题的长期沉思而形成的。他们的思想产生了很多有关基础问
题的论文甚至专著；也很容易罗列那群人物的名单：彭罗斯也许是公
众最熟悉的一个。但我们还能列举别的人，如贝兹（John Baez）、克
兰（Louis Crane）、德维特、多克（Fay Dowker）、伊沙姆（Christopher
Isham）、马科普洛、罗维利、索金和特胡夫特。

相反，我想不出有哪位主流弦理论家提出过量子理论或时间本性
的原创性思想。弦理论家往往以轻蔑的姿态来回应这些批评，大概会
说这些问题都解决了。他们偶尔也承认问题是严肃的，但马上会接着
声明现在还不是解决它们的时候。常听人说，我们应该继续紧跟弦理
论的发展，因为弦理论是正确的，一定会包含那些问题的解答。

我绝不反对人们像工匠那样做科学，他们的工作需要坚实的技术作基础。正因为这样，常规科学才那么有力量。但指望能在现有理论之内通过解决技术问题来解决基础问题，简直是痴人说梦。假如真是那样就好了 —— 当然，我们就会少想一点儿，即使对感到被迫那么做的人来说，思考真的很难。但深层的长久的问题从来不会靠偶然来解决，只有一心想着它们、决心直接攻克它们的人，才可能解决它们。这些人就是预言家，也因为这一点，科学机构欢迎他们而不是排斥他们，才显得那么重要。

科学从来就不是为了方便预言家而组织起来的，爱因斯坦的求职经历绝非个别例子。但在100年前，科学院还不那么专业，训练有素的外人也随处可见。这是19世纪的传奇，那时多数做科学的人都是狂热的业余爱好者，他们要么很富有，不需要做工挣钱，要么相信自己能找到赞助人。

那很好啊，你可能会说。但谁是预言家呢？他们本就是特立独行的人，把科学当生命，即使不能靠它生存也要做。尽管我们的专业研究机构对他们不好，仍然会有那么几个人。他们是谁呢？他们打算做什么来解决那些大问题呢？

他们躲在我们视野之外。看他们对我们多数人相信的假定的拒绝，就可以发现他们的存在。让我来向大家引见几位吧。

要说狭义相对论是错的，我有很多疑惑。如果它错了，那么存在一种特殊的静止状态，能最终测定其方向和速度。但我们周围有少数理论家却不觉得有什么疑惑。雅各布森（Ted Jacobson）是我的朋友，与我合写过一篇圈量子引力的量子力学的论文。我们还一起发现了著名的惠勒–德维特方程的第一组精确解。[1] 但正当圈量子引力汹涌向前时，雅各布森却悲观了。他认为圈量子引力不会成功，还认为它不够深刻。经过再三考虑，他开始怀疑相对性原理本身，相信有可能存在一个特殊的静止状态。他花了多年时间来发展这个思想。在第 13 章和第 14 章，我说过如果狭义相对论是错的，会很快有实验告诉我们结果。雅各布森和他在马里兰大学的学生就代表着一帮寻求狭义相对论实验检验的人。

另一个怀疑整个相对论框架的预言家是宇宙学家马盖若（见第 14章）。他别无选择，因为他发现并喜欢上了自己的一个似乎与相对论矛盾的思想 —— 即光速在宇宙早期可能要快得多。他关于这个思想写的论文看起来很和谐 —— 如果不假定要抛弃或至少修正相对论原理，它们当然也就没有什么意思了。

还有一个狂野的家伙，一个卓有成就的物理学家，是做固体物理学的，为解释材料的行为创造过辉煌的业绩。我说的是劳克林，1998年因为"发现新的具有很少荷电激发态的量子流体"的贡献获诺贝尔物理学奖，还有莫斯科朗道理论物理研究所的沃洛维克，他解释了一些极冷液氦的行为，还有 MIT 的文小刚。这些人既是工艺师也是预言家。他们在最近几十年做了最好、影响最大的常规科学，然后又将手伸向量子引力的深层问题。他们的出发点是认为相对论原理错了，只

1. T. Jacobson and L. Smolin, "Nonperturbative Quantum Geometries," *Nucl. Phys. B*, 299:295~345 (1988).

不过是一种近似的突现现象。粒子物理学家贝约肯是另一个工艺师与预言家的复合体。我们如今知道质子和中微子包含着夸克，那主要就是靠他的洞察力。

有个大预言家叫涅尔森，来自玻尔研究所。他构建过弦理论，也有过很多大发现。但多年来他离开了主流，去宣扬他所谓的随机动力学。他相信，关于基本定律我们顶多只能假定它们都是随机的。我们认为本质上正确的每一件事情，如相对论和量子力学原理，在他看来都不过是从基础理论突现出来的偶然事件，而那基础理论远远超越了我们的想象，同样可以假定它的定律都是随机的。他的模型是热力学定律，我们过去认为那些定律是以原理为基础的，但现在我们将其理解为大量随机运动的原子的最可能的行为方式。这也许不对，但涅尔森在他的反统一纲领中已经走得很远了。

弦理论家中就没有多少人能像前面几位先生那样对科学有过持久的贡献。那么，当那些杰出的物理学家一再警告我们也许在做着错误的假定时，弦理论家 —— 在这个问题上，或许也包括圈理论家 —— 是如何回应的呢？我们才不管他们呢。是的，坦白地说，有时他们刚走出大门，我们就在背后嘲笑他们。虽然你做出了诺贝尔奖水平的物理，甚至已经得了奖，但如果你要质疑大家坚持的像狭义和广义相对论那样的假定，我们也是不会容忍的。我非常吃惊地听劳克林说起，他在系里和资助单位承受了很大的压力，人家要他做他原来的常规科学，而不愿他浪费时间做关于时间、空间和引力的新思想。像他那样卓有成就而且头顶诺贝尔桂冠的人都不能发展自己的深刻思想，还谈什么学术自由呢？

幸运的是，我们很快就会知道狭义相对论是否正确。我的多数朋友都希望实验观测能证明那些大人物都是傻瓜。我希望想打破偶像的人是错的，狭义相对论能经得住考验。但我也老是担心也许错的是我们，而他们才是对的。

相对论的质疑就谈这些。如果量子论错了，情况又如何呢？这是整个量子引力计划的软肋。如果量子论错了，拿它来结合引力就纯粹是浪费时间。有人考虑过这个问题吗？

有的，其中一个就是特胡夫特。还在乌得勒支做研究生时，特胡夫特就和一个年长的合作者一起证明了量子的杨－米尔斯理论是合理的，这个发现使整个标准模型成为可能，他的这些成就当然赢得了诺贝尔奖。那是他众多关于标准模型的基本发现之一。但最近 10 年他成了基础问题的最大胆的思想家。他的主要观点是所谓的全息原理。在他的构想里，没有空间。发生在我们常想象为空间的某个区域里的每个事件，都可以表示为发生在包围那个空间的曲面上。而且，描述那个边界世界的理论不是量子论，而是某个他相信能取代量子论的确定性理论。

就在特胡夫特构想他的原理之前，克兰在量子引力的背景独立方法的前提下提出了类似的思想。他提出，将量子论用于宇宙的正确方法不是将整个宇宙放进量子体系。霍金、哈特尔（James Hartle）等人尝试过那种方法，但遇到了严峻的问题。克兰反过来认为，量子理论不是一个系统的静态描述，而是一种信息的记录 —— 它记录的是宇宙的一个子系统通过相互作用而获得的关于其他子系统的信息。接着他提出，将宇宙一分为二的每一种方式，都联系着一个量子力学的描述。这些量子态不是存在于这个或那个区域，而是存在于它们之间的边界。[1]

克兰的大胆建议从此成长为一类量子论方法，叫关系量子论，因为它们所依赖的思想认为量子力学是宇宙子系统之间的关系的描述。罗维利发展了这个思想，他证明它与我们通常的量子理论做法是完全一致的。在量子引力的背景下，它引出了一种新的量子宇宙方法，是由马科普洛和她的合作者提出的。马科普洛强调，描述不同子系统之间的信息交换就等于描述决定一个系统影响另一个系统的因果结构。这样，她发现宇宙可以描述为一台能动态生成逻辑的量子计算机。[2] 宇宙是量子计算机的思想也曾由MIT的劳埃德（Seth Lloyd）提出过，他是量子计算领域的蓝图设计者之一。[3] 马科普洛和劳埃德从各自学科的两方面出发，发起了一场运动，用量子信息理论的思想来重构宇宙的概念，使我们认识了基本粒子是如何从量子时空突现出来的。

特胡夫特用边界来代表世界的思想，应该令我们想起马尔德希纳的猜想。其实，特胡夫特的思想正是马尔德希纳的灵感来源之一，还有人认为全息原理将成为弦论的一个基本原理。仅凭这一点，特胡夫特就很容易成为弦理论群体的领导者，假如他对这个角色感兴趣的话。但在20世纪80年代，特胡夫特开始走自己的路了。那时正当他的金

1. 见L. Crane," Clock and Category: Is Quantum Gravity Algebraic? " gr-qc/9504038; *J. Math. Phys.*, 36：6180～6193（1995）。
2. 见F. Markopoulou," An Insider ' s Guide to Quantum Causal Histories. "hep-th/9912137; *Nucl. Phys. B*, Proc. Supp.,88（1）:308～313（2000）。
3. Seth Lloyd, *Programming the Universe: A Quantum Computer Scientist Takes on the Cosmos* (New York: Alfred A. Knopf, 2006）。

色年华，而且在技术上也没有人比他更强。不过，他脱离主流时，还是遭到了他的粒子物理学伙伴们的嘲笑。他似乎并不介意，甚至毫无察觉，但我相信那深深刺痛了他。不管怎么说，他几乎怀疑一切，独闯了一条自己的基础物理学道路。他几十年来形成的核心信念是，量子物理学是错误的。

没有谁比特胡夫特更认真和真诚的了。我们量子引力领域的人喜欢他的一点就是，到处能看到他的影子。他参加过我们的很多会，但他从来不在大厅里和其他大人物一起谈政治。他喜欢到每个分会场去，而一般只有年轻学生才会那样。每天他一大早就来到会场，穿着一尘不染的套装（其他人一般都穿牛仔裤和T恤衫），整天坐在前排，倾听每个学生和博士后的报告。他并不常发表评论，甚至偶尔还会打一两分钟瞌睡，但他对每个同行所表现的尊重，令人难忘。轮到他讲话时，他站起来，一点儿也不做作地讲他的思想和结论。他知道他独自走着一条路，如果他抱怨，我也不会惊奇。一个人怎么会放弃他应得的领导权杖呢？就因为他弄不清量子力学的意义吗？想想那到底说明了怎样的个性。

还有一个彭罗斯。简单地说，对我们理解和运用广义相对论，除了爱因斯坦之外，没有人比彭罗斯的贡献更大。在我认识的不同领域的人物中，他是四五个最具天才和深刻原创力的思想家之一。他做过大数学和大物理。和特胡夫特一样，他在最近20年的许多工作也是基于他相信量子力学是错误的。他也和特胡夫特一样在构想取代它的东西。

多年来，彭罗斯一直强调，把引力纳入量子论将使它成为非线性的。这样就解决了测量问题，即量子引力效应导致量子态发生动力学坍缩。彭罗斯的建议在他的著作里有很好的描述，尽管还没有形成一个详尽的理论。不过，他和一些人已经在用它们来预言一些可以完成的实验，其中有的实验正在进行中。

我们有几个人认真研究了彭罗斯的论证，更有少数的人相信它们是对的。但多数弦理论家——当然都是些引领潮流的弦理论家——似乎根本没听进去。即使像这样的大思想家，当他们质疑基本假定时都遭人白眼，你就可以想象没有首先做出过重大贡献的预言家会有怎样的遭遇。[1]

如果当世的几个最优秀的理论物理学家觉得需要质疑相对论和量子论的基本假定，那么一定会有人从一开始就站在他们的立场。确实有些人在研究之初就在考虑量子论一定是错的。他们学会了它，和别人一样能运用它的论证和计算，但他们不相信它。为什么呢？

这样的人大概有两类：真的和假的。我属于那种从来不相信量子力学的人，但我也是假的。就是说，我在上学的时候就明白了，如果我一心想明白量子力学，那么我就不会有一个好的理论物理学家的前程。所以我决定做主流能理解和欣赏的东西，这样我就能找正常的工作了。

幸运的是，我找到了一个方法，可以通过做像量子引力那样的主

---

1. 我要再次强调，我说的只是那些经过了良好训练，拿到了博士学位的人，而不管那些不了解科学是什么的人或科学骗子。

流工作来考察我对基础问题的怀疑。因为我一开始就不相信量子力学，所以很清楚我的努力注定会失败，但我希望能从失败中找到线索，看什么东西可以取代量子理论。如果早几年，我在量子引力的经历恐怕会和我在量子理论的经历一样倒霉。然而，当我读研究生时，有了一个好机会，就是用最近发展起来的研究标准模型的方法来解决量子引力问题。所以，我可以假装做一个常规科学的物理学家，像粒子物理学家一样训练。接着我将我学的东西用于量子引力。因为我是最先尝试这个方法的人之一，用的方法又是引领潮流的人所理解的，于是事业才有可能一帆风顺，当然还说不上如日中天。

但我绝不能完全压抑自己的本能，探索我的学科基础。我在1982年写过一篇题为"论量子与热涨落之间的关系"的文章，现在看它，简直不敢相信我有那么大的胆量。[1]我提出了一个新问题：如何将空间、时间和量子协调起来？这个问题开辟了一条全新的解决路线。即使今天我已经写过很多有影响的论文，还是认为那篇是我最好的作品。偶尔我会遇到追溯学科基础的同学或在主流外徜徉多年的孤独者，他们会说："呀，你就是那个斯莫林啊！我从没想到会见到你。我原以为你一定早死了，或者离开物理学了。"现在我终于和圆周研究所的同行们回到了原来的工作，研究量子力学的基础。

那么真正的怀疑者又如何呢？他们不相信相对论和量子论的基础假定，而且绝不改变自己的倾向。他们是一群特殊的人，每个人都有故事。

---

1. L. Smolin, " On the Nature of Quantum Fluctuations and Their Relation to Gravitation and the Principle of Inertia. " *Class. Quant. Grav.*, 3：347～359 (1986).

许多喜欢科学的人都知道巴伯（Julian Barbour）是《时间终结》的作者，他在那本书中说时间是错觉。[1] 他是一个与众不同的物理学家，自1968年获科隆大学博士学位以来就没有找一个研究工作。但他在认真思考量子引力的小群体中影响很大，正是他教导我们那意味着需要一个背景独立的理论。

巴伯告诉我们，他在读研究生时，在一次登山旅行的路上，他突然想起时间也许是一种错觉。于是他开始考察我们包含在广义相对论里的时间认识的根源。他意识到他疑虑时间本性就做不了传统的学术研究，他也明白如果他要继续研究那个问题，就必须全心投入，而不能受常规物理学的压力的干扰。所以他在距离牛津1小时车程的小村庄买了一所旧农舍，还把新婚妻子带来，安心思考时间问题。大约10年后他才向他的同事们报告他的结果。在那期间，他和妻子生了四个小孩，靠他做翻译的薪水抚育他们。他一周用来翻译的时间不到20小时，于是有很多时间思考。这一点和学术机构的多数科学家一样，他们除了教书和行政事务外，也只有那么多时间来思考。

为了与广义相对论的时间意义发生联系，巴伯钻进了那门学科，回溯物理学和哲学的历史。最后他构想出一种新理论，其中的空间和时间只是一个关系系统。他关于这个主题的论文慢慢开始受到关注，最终成为量子引力群体的荣誉一员。他将爱因斯坦的广义相对论重新解释为一个关系理论，这也正是我们领域的人现在所理解的方式。

---

1. Julian Barbour, *The End of Time: The Next Revolution in Physics* (New York: Oxford Univ. Press, 2001).

　　这还不是巴伯的全部工作，但已足以说明一个成功预言家的经历与传统的专业科学家有多么大的不同。这样的人不赶潮流 —— 其实他们大概对学科还没有足够的认识，根本不知道它的潮流是什么。这样的人，他们的动力不是别的，就是以前形成的信念，确信别人遗失了某个关键的东西。他们的方法更有学术性，因为他们只有通读了困扰他们的问题的整个历史，才可能想清楚。他们的工作是高度专一的，不过需要很长的时间才能得到一点结果。不管什么结果都无助于他们的职业生涯。巴伯成熟了，比多数职业科学家更多地改变了科学；但当多数物理学家在谋求终身职位的时候，他却没有一样可以炫耀的东西。

　　巴伯的经历很像其他的预言家，如达尔文，他也是躲到英国乡间去找间屋子思考困扰他的问题。爱因斯坦花了 10 年的时间孕育狭义相对论的思想。于是，预言家要发现未经检验的假定，所需要的只是思考的时间和自由。剩下的就看他们自己了。

　　另一个例子是芬克尔斯坦（David Finkelstein），乔治技术研究所的荣誉退休教授，一生都在追求自然的逻辑。他做物理的方式与众不同。我们第一次见面时，他告诉我他一生的工作就是追求理解，"上帝是如何构想出这个世界的？"除此之外他什么也不做。我们每次见面时他都有新的认识。这条路线也引出一些副产品。他是第一个认识黑洞事件视界的人。[1] 他第一个发现了固体物理学的所谓拓扑守恒律的重要特征，也第一个研究了一系列不同的数学结构 —— 如量子群。一个

1. D. Finkelstein, "Past-Future Asymmetry of the Gravitational Field of a Point Particle," *Phys. Rev.*, 110: 965 ~ 967 (1958).

预言家在自己追求真理的道路上能有多大的成绩，他的一生树立了一个榜样。虽然芬克尔斯坦有职业，但如果一个人只听从学术圈内的声音而忽略外面的一切，还能像他那样在那个年代获得名牌大学的教授职位吗？做梦去吧。

还有一个故事，更像是巴伯了。瓦伦提尼（Antony Valentini）从剑桥大学毕业（和巴伯一样），然后在欧洲漫游了几年，最后在意大利的里雅斯特定居下来，师从席艾马（Dennis Sciama）——他在剑桥曾是霍金、彭罗斯、里斯（Martin Rees）、艾利斯（George Ellis）等大相对论专家和宇宙学家的老师。后来，席艾马移居的里雅斯特，在意大利一家新建的研究机构SISSA（国际高等研究院）成立了天体物理学小组。瓦伦提尼是席艾马的最后一个学生，并不做天体物理，而是做量子理论，他强烈感到量子论没有意义。他研究了德布罗意在20世纪20年代最早提出的一个老思想，叫隐变量理论。根据这个理论，量子论的方程背后存在着一个实在。隐变量的思想被压制了很多年——部分是因为冯·诺依曼在1932年发表了一个错误的证明，说那种理论不可能存在。50年代，量子理论家玻姆终于发现了那个错误，复活了德布罗意的理论。瓦伦提尼对隐变量理论做了新的重要修正，是那个理论在几十年来的第一次进步。他关于这个问题的多数论文都被物理学杂志拒绝了，但其内容如今在研究量子力学基础的专家圈子里广为流传。

席艾马尽可能地鼓励和帮助瓦伦提尼，但不论在意大利还是在英语世界，都没有为专心做基础问题的人留下位置。席艾马劝他，如果不能在杂志上发表他越来越多的结果，可以写一本书出来。瓦伦提尼没找到工作，到了罗马，终于在罗马大学得到一个博士后的位置。离开学校后，他又在罗马待了6年多，爱上了那座城市和那儿的一个人。他靠做家教谋生，同时发展自己的理论，将结果写成书。[1]

虽然许多一流的物理学家私下承认自己对量子力学的忧虑，但他们在公开场合却说它的问题早在20世纪20年代就解决了。后来有多少人做基础研究，没有专门的报告；但我知道，至少从50年代起，一流杂志发表这方面的论文就很挑剔了，还有几家杂志公开宣称不接受这类文章。资助机构和主要的政府基金一般都不支持这种研究，[2] 大学物理系也不聘用做那种研究的人。

人们的普遍反对，部分是因为科学在20世纪40年代从革命转向了常规。正如政治斗争一样，为了巩固革命果实，必然会镇压反叛者。早年有几个相互竞争的诠释量子理论的思想。到40年代，其中的一个胜利了。为了捍卫玻尔的领导地位，人们称它为哥本哈根诠释。玻尔和他的追随者为了解决争论费了很大气力，我听说还动用了政治力量，这一点儿也不奇怪，因为他们卷入了核武器的研制，当然应该是胜利者。但即使不关心意识形态而只想安心做常规科学的人，也想把学科的争议平息下来。从实验和实践方面说，量子理论取得了伟大的成功，

---

1. Antony Valentini, *Pilot-Wave Theory of Physics and Cosmology* (Cambridge, U.K.:Cambridge Univ. Press, in press).

2. 下面是国家科学基金会（NSF）1995年给Notre Dame大学物理学家James Cushing的一封信的部分内容，信中拒绝了他支持量子理论基础研究的建议：

这里考虑的问题，即量子力学的哥本哈根诠释与因果的［玻姆］诠释的争论，已经讨论过多年，而在NSF物理学部看来，问题已经解决了。因果解释与证明贝尔不等式的实验不一致。因此…… 资助…… 这个领域的研究项目是不明智的。

这封信值得注意的地方是，它犯了一个基本的错误，因为那时专家们已经明白因果解释完全符合检验贝尔不等式的实验。顺便说一句，Cushing在将兴趣转向量子理论基础之前是一个成功的粒子物理学家，但NSF还是砍掉了对他的资助。

靠它进步的人不想被别人没完没了的怀疑所困扰，他们才不担心理论的建立和解释是否存在更深层的问题呢。现在是稳步向前的时候了。

坚定的怀疑者们几乎没有多少选择。有人学着哲学家的作风，在哲学杂志上发表长篇大论。他们形成了一个小小的文化圈，至少使争论延续了下来。几个有数学天赋的人在数学系找到了工作，发表正式的严格论证的、不同于量子力学共识的观点。有的人 —— 学科内最优秀的人 —— 在不知名的大学里做教授，在那些学校，用不着自己去找研究资助。还有几个人做了其他领域的物理，偶尔像业余爱好者那样做量子力学。

在这些"业余爱好者"中，有个叫贝尔（John Stewart Bell）的，在20世纪60年代初发现了隐变量理论的一个关键定理。他靠粒子物理学的成就奠定了自己的学术生涯，但在他去世多年后的今天，人们才发现他最重要的贡献在于量子理论的研究。据说贝尔说过，一个人应该做常规科学，而只用十分之一的时间来关心量子理论。这句格言流传时，我在圆周研究所的同事哈代（Lucian Hardy）常常在想，如果贝尔在他影响最大的领域里多花点儿时间 —— 当然，除非他想丢掉自己的饭碗 —— 他的贡献该有多大呀。

量子力学基础的研究在这段时期几乎没有什么进展，也就不足为奇了。还能指望别的吗？当然，就凭这一点，即使有少数人取得了进步，也完全可能没工作，没资助，也发表不了文章。

现在我们知道怀疑者犯了多么大的错误。大约20年前，费曼和少数几个人就意识到，也许我们能以量子现象为基础制造一种新型的计算机。这个建议被长久地忽略了，直到1985年多伊奇（David Deutsch，现在在牛津量子计算中心）才提出一个更详细的量子计算机计划。[1] 没有像多伊奇那样的基础问题的思想家；他发愿做量子计算机是因为他对数学和量子理论的基础问题感到不安。想知道他是怎样一个独创和清澈的思想者，可以看看他那本刺激的书《实在的结构》，[2] 他在书中精心编织了他的多世界理论。我一点儿也不赞同他的理论，但我喜欢那本书。

1994年，MIT的肖尔（Peter Shor，那时是贝尔实验室的计算机科学家）发现一个惊人的结果：足够大的量子计算机可以破解现有的任何密码。[3] 从那以后，经费就滚滚流入量子计算机领域，因为政府是绝不想让它的密码被人破解的。这些钱培养了新一代年轻人，一群聪明的科学家——物理学家、计算机专家和数学家。他们开辟了一个新领域，融合了物理学与计算机科学，形成了重新检验量子力学基础的重要力量。量子计算在一夜间火爆起来，涌现出大量的新思想和结果。有些结果触及了基础的角落，还有些结果是20世纪30年代后的任何时候都可能发现的。这个例子清楚地说明了科学政治对一个学科的压力如何阻止了它几十年的进步。

1999年，瓦伦提尼在罗马孤独地过了7年后，回到了伦敦的父母

1. D. Deutsch, Proc. Roy. Soc. A, 400: 97 ~ 117 (1985).
2. David Deutsch, *The Fabric of Reality: The Science of Parallel Universes and Its Implications* (London: Penguin, 1997).
3. P. W. Shor, "Polynomial-Time Algorithms for Prime Factorization and Discrete Logarithms on a Quantum Computer," quant-ph/9502807.

家。他们一家是从阿布鲁左的小村庄迁移来的，他们开过一家小商店，想靠它支撑他的工作。我做帝国学院访问教授时，在那儿见过他。和伊沙姆（他是那儿的理论组的头儿）讨论后，我们决定给他一个博士后的位置，把他带回了科学。我们能那么做，是因为我得到了一笔意外的慷慨资助，资助者正好很关心量子力学的基础问题。我觉得钱的最好作用就是用来资助有可能在领域取得新的重要贡献的少数几个人。如果我只有国家基金会（NSF）的资助，就不可能做到这一点。虽然NSF对我的量子引力工作很慷慨，但用那个资助来帮助一个博士后做量子论的基础工作，还是会影响以后的资助。

现在瓦伦提尼加入了我们的圆周。他还在写隐变量的书，同时也成了量子理论基础领域的头面人物，常去相关主题的会议做特邀报告。他经常发表文章，最近的研究涉及一个大胆的新建议：通过观测来自邻近黑洞的X射线检验量子力学。[1]他和巴伯一样，在几年孤独的日子里潜心自学，在整个量子理论领域找不出第二个像他那样有深刻洞察力和渊博知识的批评家了。

我们应该记住，如果巴伯和瓦伦提尼想挣一个普通的研究职位，就不可能有任何成就。如果做一个普通的助手或助理教授，就会为了赢得进阶所必需的邀请和资助而拼命去发表文章、争取荣誉，结果是一事无成。但巴伯和瓦伦提尼硕果累累。他们一直在思想，对一个顽固的问题会比助理教授们想得更深、更专注。当他们经过十年苦想破壁而出时，都会形成一个严谨、独创而成熟的观点，使他们很快产生

---

1. A. Valentini,"Extreme Test of Quantum Theory with Black Holes,"astroph/ 041250s.

影响。经过那些年的潜心钻研，他们得到了重要的新发现，树立了自己的权威，成为关心那些问题的人们的核心。

在事业之初（甚至以后）忍受长期的孤独，是预言家们的基本经历。有人说格罗藤迪克（Alexander Grothendieck）是目前健在的最能干、最富想象的数学家。他有过最不寻常的经历。他具有重大影响的一些贡献都不曾公开发表，而是以数百页信件的形式寄给了他的朋友们，然后逐渐在能理解它们的小圈子里传播。他的父母为躲避政治迫害和战争而流亡他乡。他是在第二次世界大战后的难民营里长大的。他在巴黎数学界崭露头角时，就像从天上降下来的。短暂风光过后，他在 20 世纪 70 年代几乎脱离了科学生涯，至少部分是因为他反对数学为军事服务。1991 年，他完全消失了，尽管谣传他在比利牛斯山隐居，但没人知道他究竟在什么地方。显然，他是一个极端的例子。但我们还是可以看到一些优秀的数学家在声名鹊起时表露在脸上的羡慕、惊奇甚至恐惧的表情。下面是他对他的一些经历的描述：

> 我在那些动荡的年月学会了孤独。[但即使]这个形式也没能真正表达我的意思。不管怎么说我都不想学会孤独，理由很简单：这类知识我在童年时就从没忘过。那是我们每个人与生俱来的基本能力。然而，在那孤独的三年 [1945~1948] 里，我沿着自己摸索出来的路线，靠着自己的能力忘我地工作，这为我带来了强烈的自信（不张扬然而持久），相信自己有能力做好数学，而与形成规则的任何共识无关，也与任何时尚无关……我说这些的意思是，为了把握我想学的东西，要靠自己的方式，而不要靠大大小

小的派别——不论我本人所属的派别还是因为任何其他
理由自诩为权威的派别——所认同的观念（公开的或默
许的）。不管在中学还是大学，那些无声的共识让我明白，
我们不该自寻烦恼去担心诸如"体积"之类的名词的真正
意思是什么，哪个是"显然不证自明的""普遍知道的""毫
无疑问的"……正是以这种"超脱"的姿态，才能成就自
己而不是沦为共识的走卒，才能拒绝困守在别人划定的圈
子里——正是在这种卓然不群的行动中才能发现真正的
创造力。所有其他事情就是理所当然的了。

　　从那时起，我有机会在向我召唤的数学世界里认识
很多人，既有我的"长辈"，也有我这个年纪的年轻人，他
们都远比我聪明，远比我有"天赋"。我羡慕他们的才能，
运用新思想就像玩把戏，仿佛从摇篮里就开始熟悉它们
了——而我自己却感觉笨拙甚至痴呆，痛苦地徜徉在崎
岖的路上，就像一头笨牛面对一座望不到头的大山——
那尽是我决心要学的东西，也是我觉得无法理解其本质的
东西，无法追随到底的东西。其实，我本人几乎没有什么
特质能算聪明学生，既不能赢得竞赛的名声，也不能轻松
消化多数可怕的学问。

　　实际上，多数我判断比我聪明的同志都成了著名的数
学家。不过，从30年或35年后的观点看，我可以说他们在
我们今天的数学留下的印迹还不太深刻。他们都做过很多
事情，通常还是很美妙的，不过那些都在他们之前就已经
开始了，而他们也没想破坏它们。他们不知不觉地陷入了
那些看不见的牢固的小圈子，将特定环境的世界划定在一

> 个给定的区域。想要打破这些界线，他们必须重新发现自
> 身的那种与生俱来的（和我一样的）能力 —— 忍受孤独。[1]

2005年，人们常问年轻的爱因斯坦在今天会不会被大学聘用。答案显然是否定的；他在当时就没能进大学做老师。现在我们更加专业化了，聘用一个人要看他在经过高度专业训练的人中间的竞争力。我上面提到的那些人也都不可能被聘用。如果说我们能享有这些人的贡献，那是因为他们凭着自己的慷慨 —— 或者说倔强 —— 坚持不懈地奋斗，而不是靠科学家们通常获得的科学世界的支持。

乍看起来这似乎很容易纠正。这种人不多，也不难识别。很少有科学家思考基础性问题，而能提出重要思想的就更少了。我的朋友考夫曼曾告诉我，不难发现那些有大胆思想的人 —— 他们差不多都有几个那样的思想。如果他们在研究生毕业时还没有什么想法，也许就永远不会有了。那么，该如何区分有好想法的预言家与那些正在努力却没有想法的人呢？这也容易，只要问问老一辈的预言家。在圆周所，我们可以毫不困难地发现几个值得关注的年轻人。

但发现这些人后，就需要将他们与其他做常规科学的人区别对待。他们多数都不关心谁更聪明或谁能更快解决主流的常规科学问题。如果他们要去竞争，即使在一个严格的小圈子里，他们也会失败。如果说他们在和什么人竞争的话，那就是最近的一代革命者，那些人在别人已经不看的旧书和论文里与他们对话。驱动他们的几乎没有什么

1. Alexander Grothendieck, *Récoltes et Semailles*, 1986, Roy Lisker 英译，见 www.grothendieckcircle.org, chapter 2。

外在的力量；他们只关注多数科学家视而不见的科学中的矛盾和问题。你等上五年甚至十年后，他们照通常标准也不见得好。但不要惊慌，就让他们自己去想吧。最后，他们会像巴伯和瓦伦提尼那样脱颖而出，证明他们是值得等待的。

那样的人不多，因此在科学机构里为他们留下一些空间也不难。实际上，我们应该想许多科研机构和大专院校都会为拥有那样的人感到幸福。因为他们对本学科的基础问题看得很清楚，所以也通常是优秀的甚至有超凡魅力的老师。没有什么能比预言家更能点燃学生的思想火花。因为他们不讲竞争，所以是很好的导师和引路人。大学的主要任务不就是教书育人吗？

当然，也存在风险。他们有些人可能不会发现任何东西。我这是从人的一生对科学的贡献来说的。但多数研究型的科学家，尽管在职业生涯中成功了——得到了基金，发表了很多论文，参加了很多会议等——对科学的贡献却只是增加了一点东西。我们理论物理学的同行里，至少一半的人没能做出独特的真正持久的贡献。做好本职工作与做基础工作是完全不同的经历。但是，如果要他们一生做别的事情，那么科学就会沿老路走下去。所以，这又是另一种风险。

不同风险有不同的性质和代价，生意人比研究机构的管理者更懂得这一点。很容易与生意人谈论这个问题，但学界人物就不好说了。我曾向一个成功的风险投资者打听，他的公司如何确定风险大小。他说如果他投资的公司有10％能赚钱，他就知道风险不大。这些人所理解和伴随一生的信念就是，即使90％的新公司都破产了，你也算获得了最大的回报，这也对应着技术进步的最大速度。

　　我希望能与国家科学基金会就风险问题展开真诚的对话。因为我相信，以实际的标准来衡量，他们资助我们领域的90％的项目都失败了。这些资助是不是促进了新的科学呢？ —— 所谓新科学是说，如果受资助者不做那些事情，就不会有它的出现。

　　精明的商人都明白，低风险-低回报与高风险-高回报策略是有区别的，它们从一开始就有不同的预期目标。如果你想经营一家航空公司、一个公交系统或一家肥皂工厂，那么你就选择前者。如果你想开拓新的技术，那么没有第二种策略就不可能成功。

　　我不是要大学的管理者也像这样思考问题。他们在确定选择和提拔人才的标准时，仿佛只想到了常规科学家。其实，稍微改变这些标准以适应不同类型、不同才能的科学家，应该是再简单不过的事情。你想科学发生革命吗？那就学学生意人在期待技术革命时做的事情吧：改变一点法则，让几个革命者进来。不要把等级搞得那么森严，要给年轻人更多的空间和自由。平衡在低风险的科学累积上的巨大投入，为高风险-高回报的人们创造机会。这就是技术公司和投资银行采取的策略。科学团体为什么不尝试一下呢？我们的回报将是发现宇宙运行的秘密。

第 19 章
科学到底是怎么运行的

在大学里改变科学的研究方式的想法，无疑会打动某些人，也会吓倒另一些人。不过那也许不会发生。为了解释为什么，我们需要考察学术生命的潜藏软肋。因为，正如社会学家告诉我们的，那不仅是智慧的事情，也关乎权力：谁拥有权力，在怎样使用权力。

研究型大学存在一定的阻碍改变的特征。首先是同行评议的制度，即让一些科学家对另一些做出评判。就像终身职位一样，同行评议带来了好处，所以人们才普遍相信它对好的科学实践有着根本性的意义。但它也付出了很多代价，我们必须了解它们。

我确信一般人不会知道科学家要花多少时间来决定对其他科学家的聘用。我在委员会里每个星期大约要用5小时来决定其他人的命运，或者给类似的委员会写信。我已经花了一些时间，那是一个教授的主要工作的一部分，我认识的许多教授在上面花的时间更多。有一件事是肯定的：除非你故意糟蹋自己，让大家看见你不负责任，或让人觉得你捉摸不定，没有诚信，那么，你做科学家的时间越久，你干预其他科学家经历的时间就越多。那不仅是因为你有越来越多的学生、博士后和合作者需要你为他们写推荐信，你还得替其他大学和机构决定人员录用。

　　有哪个管理者研究过这样的体制耗费了我们多少心血吗？我们能为它少花点儿时间而将更多时间用于科学和教学吗？我对这种体制没多大好感，它令人沮丧。任何一个有抱负的机构在聘人之前都会向由其他机构的有影响的老科学家组成的访问和咨询委员会网络征求意见。在美国、加拿大、欧洲等地，资助机构还专门成立了评估小组。于是，为了公正而秘密地评价候选人，可以采取各种方式，如非正式接触、电话咨询、正式谈话等。经过一定时间以后，一个成功的科学家很可能要把所有时间花在人事决策上面。

　　这就是所谓的同行评议。名称很可笑，因为它明显不同于同行陪审团的概念，那意味着你将由一群像你一样的被认为是客观公正的人来评判。对那些暗藏偏见的陪审员，有真正的处罚 —— 进监狱。

　　在学术界，评价你的人几乎毫无例外都比你老，比你有权力。从你大学第一堂课开始到你做教授申请基金资助，都是如此。我不想贬损那么多同行评议人所做的艰苦工作，多数都是真诚的。但里面存在一些大问题，关乎物理学在今天的状况。

　　同行评议在无意中产生一个负面结果：它很可能成为一种老科学家强迫年轻科学家的机制。这种事情太明显不过了，可我奇怪为什么很少有人讨论它。体制的建立是为了让我们这些老科学家能给有前途的年轻人提供好机会，而将没有资质的人赶出科学共同体。如果有明确的标准和方法以确保我们客观公正，那当然是好的。可至少在我工作的部分机构，这是做不到的。

我们已经详细讨论过，不同类型的科学家在为理论物理学做着贡献，他们有不同的优势和弱点。然而，很少有人承认这一点；相反，我们只是简单说谁"好"谁"不好"——就是说，同行评议就基于这样一个简单而显然错误的假定：科学家可以像楼梯那样分出等级。

1984年，我在耶鲁大学当助理教授，当我看到第一批推荐信时简直不敢相信。一封好信可能会包含大量信息，而且尽量写得很委婉，大量心思都放在最后一段，通常是对候选人进行比较："此人比A、B和C好，但不如E、F、G和H。"现在我已读过几千封推荐信了，至少一半都有那种句子。那些年里，有几次我成了ABC。我同意"此人"比我好——事实上他们也做得很好。但如果研究表明这些排序多半不能预言真正的科学成功，我也毫不奇怪。如果我们真想用好人，就必须开展这种研究。自然有不少例子，拔尖的博士后或助理教授没能做多少事情，也没获得终身职位。

更大的问题还在于对偏见没有惩戒的措施。一个教授写信偏袒他自己的学生或追随他的研究纲领的人甚至他本国的人，一点儿也不觉得羞耻。我们可以看出（或笑话）那种露骨的夸张，但没人觉得稀罕。那不过是体制的一部分。

老科学家愿意推荐一种鉴别年轻科学家的基本法则，就是看那个年轻人会不会令他们想起当年的自己。如果在某人身上看到了自己年轻时的影子，那人一定就是好的。坦白地说，我知道我为此感到内疚。

如果你想聘用更多像我这样的人，我会把他们选出来。如果你想在和我迥然不同的人中进行选择，而他们做的事情我又不在行，那就不要相信我的判断。[1]

即使对我们这些想做到公正的人来说，也没有什么指南或训练教我们如何公正。从来没人忠告我应该如何写或解读推荐信，我也没见过有什么指南告诉我们如何判别本人或他人意见中的偏见或敷衍。我在许多招聘委员会做过事，但从来没人像告诫年轻人那样指导我如何评价相关的材料。

在一次晚宴上，我问其他行业的人是否有过这类训练。那些不做研究但负责聘用或指导别人的人，都参加过几天培训，学习如何消除等级影响、鼓励思想的独立性和多样性、认识和避免偏见和不公正。他们都明白"注意倾听组织内的每一个声音"，从候选者指导过的人和指导过候选者的人那儿寻求评价，从而"360°地审视候选者"。如果说律师、银行业者、电视制作人和报刊编辑都需要人事决策的指南，为什么科学家就自以为能自动做好呢？

还有更糟糕的呢。在正式推荐信背后，还要和专家进行一系列私下的非正式谈话："你对某某的看法如何？你认为我们应该录用谁？"

这些谈话很坦率，没有一点儿客套。这并不算坏事。很多人想揽些事情，显得乐于助人，但多半不讲什么客观。特别是，在这种情形

1.这有一个不幸的例外，那就是教授被他年轻的自我吓坏了，而且已经失去了年轻时候的冒险精神，变成了科学保守主义分子。当然不好让这样的人想起他年轻的时候。

下，如果你想利用这种体制帮助你的朋友和朋友的学生，不需要付一点儿代价。成名的专家推举他们自己的学生和博士后，无原则地夸奖他们，贬低他人（特别是对手的学生），已经是司空见惯的事情了。

即使在这些坦白的交易中，也很少听到真正的反面意见。当人们没有好消息报告时，常常就说，"让我们继续吧。我没有意见。"或者说些无关痛痒的话，"我没有激动。"但有时候也会有人说某某"绝对不行""别那么说""你没开玩笑吧"，或斩钉截铁地说，"除非我死了！"据我的经历，出现这种情况，往往是因为候选者属于下面3种情形之一（通常是其中的两种）：①女性；②不是白人；③不随主流而做自己的研究。当然，有时女性和黑人也没遭人反对。但在我的经历中，这些候选者都是死抱着既有的研究纲领的人。

物理学家们在激烈争论，为什么在物理学中妇女和黑人不像在其他同样有挑战性的领域（如数学或天文学）那么多。我相信答案很简单——公然的偏见。任何人，如果和我一样在招聘委员会服务过多年，却看不见行为中的赤裸裸的偏见，那他要么是瞎子，要么是骗子。因为要替人保密，我不能举具体的例子，但有几个详细的研究报道过这样的故事。[1]

也许我们本该想到这个领域的偏见有那么强烈。很多一流的理论物理学家过去不也是长着粉刺的懵懂小男孩儿吗？他们不是在他们得

---

1. 见 " A Study on the Status of Women Faculty in Science at MIT. " vol. XI, no. 4, March 1999, 见 http:// web. mit.edu/fnl/-women/women.html。关于科学中的妇女问题，见美国物理学会网页：http:// www.aps.org /educ/-cswp/ 和哈佛大学教师多样性委员会网页：http://www.aps.org/educ/cswp/。

意的战场（数学课）上报复过那些夺走女孩儿的四肢发达的家伙吗？
我也算其中之一，总要做点儿事情出来，至少要让那些家伙们吃点儿
苦头——那完全是为了自信。不过我还记得对自己的代数能力颇为
得意，我敢说，至少我本人深信数学技能是男人的天性。可为什么有
那么多女性没有多大困难就能聘为纯数学家呢？因为如果你在数学中
做出了优秀成绩，大家都能看得清楚。定理要么证明，要么没有证明；
而理论物理学家高低的评判却十分模糊，随处都有偏见。例如，要区
分好的理论家与自负的理论家，就不是轻而易举的事情。还注意一点，
虽然天才的女音乐家历来就有，但是，只有当乐团让候选者隔着屏幕
演奏时，录用的女性人数才大幅度增长。

　　于是才有了所谓"平权运动"。在我的所有经历中，我从没看见
哪个妇女或黑人是通过平权行动计划被聘用的，他们并不需要——
就是说，他们已是不容争议的最好申请者。当招聘委员会不完全由
白人组成时，就没有人指责公然的偏见了，于是我们可以放宽平权
行动。事实上，与众不同的人——因为这样那样的原因做出了令男
性老物理学家不满的事情——是不会被录用的。平权行动是为了
外表不同的人，如黑人或女人。但对那些只是思想不同的人——拒
绝主流方法而偏爱自己思想的人呢？是不是也应该给他们平权的机
会呢？

　　我们许多参与同行评议的人都怀着美好的愿望客观公正地选拔人
才。当其他条件都相同时，我们选择更值得的候选者。就是说，在年
龄和背景相当的、做相同研究项目的白人中间比较，我们的体制一般
会选择更聪明、更用功的人。但问题是，在达到"同等条件"之前，我

们必须做很多选择。在决定之前，那些选择的过程都是政策性的。这是有权势的老科学家向年轻科学家施加影响的基本机制。

这就导致强力舆论的形成，老科学家通过它来确保年轻人走他们的路。发挥这种权力有几个简单方法。例如，教师职位的候选者需要很多人（都比他更有权威）为他写推荐信。如果有一封评价不那么好的信，就可能令他失去机会。当我第一次面对那么多推荐信的时候，简直不知所措。其实，从三四封信就肯定可以看清候选者的情况。可为什么名牌大学却要十封、十五封呢？

一个理由就是，目的不仅仅是要聘用好科学家。招聘委员会、教授、系主任心里都装着别的目的，就是提升本系的地位（其实能保住现有地位就算幸运了）。我说的是比青年科学家的前程更有分量的东西，因为一个系的地位靠的是很多排名，而排名却由外人根据基金资助和论文引用数量的印象来评估。系主任和教授们不得不关心这个，因为这些事情直接影响经费的多少，关系到他们自己作为管理者的前程。于是，最重要的是聘用可能赢得大量资助的人。这对那些做大项目的人有直接的好处，但不利于想启动新项目的人。要来更多的推荐信，你可以看出举足轻重的老科学家是如何评价候选人的。于是，目的不是要找人来做好科学，而是要他在短期内来提升本系的地位。难怪招聘委员会不会为长远的问题伤脑筋，不会去考虑候选人是不是有创造性的思想，能在20年后产生影响；他们只需要知道有十几个老科学家看好某个候选人，说他是他们群体的拔尖人才。

但是，为了得到那么多信，你必须参与重大研究项目。如果你的项目很小，能评价你的高层人物还不到10个，那么你就只好请别人来评价，他们也许不赞同你做的东西，或者他们的项目正和你的在竞争。于是，只有靠人数来说话了。显然，大研究项目占尽了优势！

　　这种机制无疑便宜了弦理论，而要探索其他研究纲领的人就难了。最近，《纽约时报》有篇文章说，"科学家们还需要发展更完整的东西，他们原来以为那些碎片最终能成为一个完整的理论。不过，弦理论家们正在接管通常属于成功的实验家们的果子，包括联邦的资助、崇高的奖赏，还有大学的终身教授位置。"在同一篇文章里，还引用了格罗斯（现在是圣巴巴拉加州大学卡夫利理论物理研究所所长）的一句话："如今，如果你是一个不错的青年弦理论家，那你算是赶上了。"[1]

　　我不是要批评弦理论，弦理论家的行为不过是任何主流研究项目的做法。问题是我们的决策体制太容易受某些激进研究项目的摆布，却不管它的结果如何。同样的体制也曾一度妨碍过弦理论家。正如记者陶贝斯（Gary Taubes）讲的：

　　　　1985年8月4日，我和德鲁约拉（Alvaro de Rujula）在CERN的小酒吧喝啤酒……他预测90%的理论家会做超弦及其与超对称的联系，因为那是很时髦的。当他明确表示这种情况不妙时，我问他愿意做什么。他没有直接回答，把话题岔开了。"必须记住，"他告诉我，"对超弦理论的发展最有责任的两个人，即格林和施瓦兹，曾花了10～15

---

1. James Glanz," Even Without Evidence, String Theory Gains Inouence." *New York Times*, March 13, 2001.

　　年的时间系统研究当时并不时髦的东西。实际上，人们都
　　在嘲笑他们的固执己见。所以，当人们想说服你应该做最
　　时髦的课题时，别忘了最大的进步往往是那些不做最时髦
　　的事情的人取得的。"[1]

　　我和一个名牌大学的系主任讨论过这种状况，他很懊悔在20世纪80年代初没有说服同行录用施瓦兹。"他们认同他是个非常聪明的理论家，"他说，"但我没能说服他们，因为他们说他太痴迷，除了弦论什么也做不了。而现在，我说服不了我的同事们录用任何不做弦论的人。"

　　我还想起和派斯（Abraham Pais）讨论过这些问题，他是粒子物理学家，也是爱因斯坦和玻尔的传记作者。我们在纽约洛克菲勒大学时常在一起吃午餐，他是那儿的教授，而我也在那儿工作过。"你也无能为力，"派斯告诉我，"我那时也这样，他们都是婊子养的！"

　　我想派斯扯远了。我没有说人，而是说我们该怎样构建科学的决策，保证促进科学进步所需的那些科学家能有用武之地。

　　这种体制对物理学危机还有另一点重要影响：技术娴熟而缺少思想的人比有自己思想的人更有机会，因为简直没有办法衡量那些独立思考的人。这种体制的建立不仅是为了做常规科学，也为了确保常规科学就是大家做的。我研究生毕业申请第一个工作时，就明白这一点

---

1. Gary Taubes, *Nobel Dreams: Power, Deceit and the Ultimate Experiment* (New York: Random House, 1986) pp. 254～255.

了。一天，我们正在等申请结果，一个朋友走过来，很焦虑的样子。原来是一个老同事要他告诉我，我可能没机会得到任何工作，因为我无法和别人比。如果我想工作的话，就必须停止自己的思想，做别人做的事情，因为只有那样他们才能拿我与同行比较。

我不记得我是怎么想的，也不知道为什么它竟然没让我发疯。我比别人多等了两个月才找到工作，这并不可笑。我已经想好了自己要做什么，那用不了我多少研究时间。但后来我走运了。圣巴巴拉理论物理研究所刚成立，有一个量子引力计划，于是我的职业生涯没有到头。

但我现在才明白到底发生了什么。没有谁在故意刁难我。我朋友和他的导师都是在替我着想。但这不过是社会学家想象的。原来，让我朋友传递消息的那位老同事新开了一个研究项目，需要很艰难的计算。那个项目需要聪明而敏捷的年轻人。他们告诉我，如果我做他的项目，他就给我一份工作。这是世界上最简单古老的交易：工人靠他的劳动挣一碗饭。

交易的方法有很多，接受的人受奖励，反叛的人 —— 偏爱自己的思想而不顾老一辈思想的人 —— 受惩罚。我的朋友卡洛·罗维利想在罗马工作。有人让他去找某某教授，那教授很友好，向卡洛解释了他和他的小组正在进行的整个研究计划。卡洛很感谢教授的解说，也向他讲述了自己的研究计划。谈话很快结束了，卡洛没有得到希望的工作。我只好向他解释事情的原委。我们都太天真了，竟以为人们会奖赏那些有自己思想的人。

实际上，卡洛在成为他那个领域的欧洲一流科学家之后，才得到罗马大学的工作。当他在其他地方做出了有影响的业绩，当世界上成百上千的人开始研究他的思想 —— 只有这个时候，罗马的大教授们才会来听他讲他的思想，而那些思想是他刚做博士的时候就想带给他们的。

你可能想知道，卡洛是怎么得到第一份工作的。我这就告诉你。那是20世纪80年代后期，广义相对论领域由几个老人主持，他们曾是爱因斯坦的学生，而且坚持认为应该鼓励有最好、最独立思想的年轻人。他们领导着一个当时所谓的相对论群体，研究小组分散在美国的十几所大学。他们在那个领域几乎不再领头了，但还把持着少数职位，大概每两三年有一个新教师职位的空缺。卡洛是罗马的博士后，但由于官僚体制问题，他的工作从来没有被正式认可，而他也没领过一分钱的薪水。每个月人家都告诉他还要等开会研究，有了正式文件以后，他就能拿到支票了。就这样过了一年半，他打电话给美国朋友说，虽然他不想离开意大利，但他受够了。他问美国是不是有什么工作。碰巧，一个相对论中心正在找助教，他们听说卡洛可能会申请，就瞒着他在一周内把职位的事情办妥了。需要说明的是，那个中心没有做量子引力的 —— 他们用卡洛是因为他在那个领域有独创而重要的思想。

这样的事情今天会发生吗？不大可能，因为现在整个相对论领域也被老科学家确立的一套程式化的大研究项目占据了。这与实验的引力波天文学有关，他们还希望（多年后仍然希望）能通过计算机的计算来预言实验能看到什么。如今，年轻的广义相对论专家或量子引力专家如果不解决这些问题，就不大可能在美国的任何地方找到工作。

不管什么领域，只要尝到了成功的滋味，就能使从前的叛逆者转变为他们研究计划的捍卫者。在我自己的量子引力领域，我曾不止一次地被人中断，为的是支持聘用其他领域的有新思想的人，而不用在促进现有研究的狭小问题上用功的技术娴熟的人。

这里存在两个问题，有必要将其区别开来。一是老科学家决策的主导作用，他们经常动用他们的权力支持人们做他们在想象力丰富的年轻时代设计的研究计划。二是令各大学感兴趣并愿意聘用的科学家类型。他们是愿意请人来做某个特殊领域的每个人都能理解和判断的工作，还是请人来开辟他们自己的难以被大家把握的方向？

这牵涉风险问题。优秀的科学家常常在同行中引起两种反响。常规的低风险的科学家一般会引出同一种声音，每个人对他们的感觉都一样。高风险的科学家和幻想家通常会激起两种极端的反响。有些人相信他们，热烈响应他们，其他人则尖锐地批评他们。

学生评价老师也会发生同样的事情。有某个类型的优秀老师，学生们并不觉得他公正。喜欢他的人会说："这才是最好的老师！我以前从没见过，我就是因为他才上大学的。"但另外的人却毫不掩饰地在评价表上表达他们的愤怒和怨恨。如果你把评分都平均了 —— 像决定教授加薪或升职时打分一样，将学生的分数约化成一个数字 —— 就将错失这个关键的事实。

这些年来，我注意到反响的极端分布预示着一个科学家未来的成功和影响。如果一些人认为某某代表了科学的未来而另一些人认为他将带来灾难，可能就意味着那人确实是个了不起的人物，会一往无前地推动他自己的思想，并有能力和毅力坚持到底。这样的人需要一个能包容冒险者的环境，而反对冒险的环境是不会让他们走进去的。

就美国的研究型大学来说，基本事实是评价意见两极分化的人通常找不到工作。尽管我只是在自己的领域看到这种现象，但它可能是普遍性的。看看下面的科学家吧，他们都因为对进化论认识的大胆而有创造性的贡献赢得了大家的景仰：巴克（Per Bak）、考夫曼、马古利斯、帕朱斯基（Maya Paczuski）、特里弗（Robert Trivers）。其中两个是数学家，研究自然选择的数学模型，其他几个是著名的进化论学家。他们没有一个在顶尖大学里工作。我年轻时常感到惊讶。后来我才意识到，他们的理智太独立了，而他们的形象犹如两个独立的高峰：如果说有很多人仰慕他们，也同样有很多有权势的学者怀疑他们。实际上，如果以通常的优秀科学家的判断标准来衡量，这些创立新思想的人往往是有缺陷的。他们也许太鲁莽，也许不注意细节，也许在技术上有欠缺。这些批评通常适用于原创性的思想家，是好奇和独立将他们引进了一个他们未曾经过训练的领域。不论他们的见解多么新奇和有用，在本领域的专家们看来，他们的工作在技术上是不能令人信服的。

确实，这些独创性的科学家中，有的不太容易共事。他们没耐心，如果不赞同你的意见，就会直截了当表达出来；他们也缺乏优雅的举止，把正确看得很重，而不在乎与别人和谐相处。我认识几个这样的

"困难人"，我怀疑他们愤怒的原因和科学界的聪明女人一样：一生都痛苦地觉得自己是边缘人。

这类问题当然影响了巴克的生涯，几年前他悲剧性地死于癌症，才54岁。他有着罕见的才能，可以在他专业以外的几个领域写论文，涉及经济学、宇宙学和生物学。那本该成为他骄傲的资本，能去最好的大学，但事与愿违，因为他毫不犹豫地指出他的解决方法可以引出专家们错过了的结果。如果他将创造力用于一个领域，他本该拥有更辉煌的生涯，但那就不是巴克了。

你大概惊讶，为什么那些做部门领导的聪明人没有认识到这一点，让那些人为他们的大学发挥作用。当然，有人意识到了，也愿意聘用这样的人。最近几十年来，美国出现了向量子引力的非弦论方法开放的职位，不过大多数那样的职位都是因为那个领域在学校不出名，领导者很难请来名教授。于是，他从通常的政策解脱出来，通过成本效益计算，相信用一个不受重视的领域的人，会很快赢得一个顶尖的团队，以提高本部门的地位。

实际上，我们讨论的问题也影响着所有科学，其他领域的几个有影响的老科学家表达了他们的担心。阿尔伯茨（Bruce Alberts）是生物学家，曾任美国最权威、最有影响力的科学家组织美国国家科学院院长。2003年4月，他在就职讲话中指出：

> 我们建立了一个青年科学家的激励机制，但它太缺乏冒险精神。在很多方面，我们是自己最大的敌人。我们为

了审查资助申请而建立的学术部门是由声称尊重科学冒险的同行组成的，但在分配资源时，他们一般都支持没有风险的科学。这对创新产生了巨大的削弱效应，因为我们的研究大学在选择新老师时就找那些能获得资助的助教。这就解释了为什么那么多的好青年在做着"应声虫"的科学。

接着他讲了一种趋势，在1991年以来的10多年里，国家卫生研究院（NIH）给35岁以下的年轻人的资助减少了一半，而给55岁以上的人却增加了50%。他为这个结果感到悲哀，因为它极大地损害了年轻研究者的思想独立：

> 我的许多同事和我都是在30岁以前就得到了第一个独立资助。我们那时还没有初步的结果，因为我们做的是全新的东西。[现在] 几乎没有一个人能在35岁以前开始自己的独立科学生涯。而且，1991年，NIH资助的35岁以下的主要研究者占三分之一，而到2002年，这个比例减小到了六分之一。哪怕我们当中最有才能的年轻人，也不得不遭遇申请被拒绝的命运，等到几年之后他们有了足够的"初步数据"，才能使评论者们放心他们可能实现他们提出的目标。

如果说问题那么明显，惊动了美国科学最权威的领导者，为什么没有什么作为呢？这令我困惑了很长时间。现在我明白了，获得并保持学术地位的竞争并不仅仅在于业绩。我们的体制试图选择最优秀、最有成果的人，在一定程度上也做到了。但还有其他的程序，忽略它们未免过于天真。同样重要的是，这些决定是为了在每个领域内部达成并强化共识。

　　用人不是达成共识的唯一渠道。我说过的关于用人的每件事情，也适用于评价资助申请的专家小组，同样还适用于职位的评估。这些事情都是相互关联的，因为如果你不能成功获得资助，就不可能在美国研究大学得到科学研究的职位；只有当你可能得到资助时，才会有人聘用你。

　　我第一次指出这一点时，碰巧有人请我为《高等教育纪事》（大学管理者的一种行业杂志）写一篇其他主题的文章。我写信给编辑建议另写一个题目，谈普通研究项目的主导作用对学术自由的威胁。他们很乐意看看，但看了我的草稿后就拒绝了。我感觉被侮辱了：他们在压制不同的声音！于是我给他们发了一个极不愉快（对我来说）的电子邮件，质问他们的决定。他们很快就回信了，告诉我问题不在于文章太激进——恰恰相反。里面的每件事情都是众所周知的，在社会科学和人文科学中已经广泛讨论过了。他们给我寄来一堆他们在过去发表的讨论学术决策中的权利关系的文章。我通读了一遍，才发现只有科学家对这些问题视而不见。

　　显然，拥有长期的职位是很有道理的。在有限的程度上，它保护了有创造力的独立的科学家不会被追赶智力时尚的年轻人所取代。但我们也为终身教授的制度付出了沉重的代价：对年纪较大的人来说，工作太保险，权力太大，而责任太小；对最富创造力和冒险精神的年轻人来说，工作太没有保障，权力太小，而责任太大。

尽管终身职位保护了智力独立的人，却不能创造那样的人。我听许多同行说过，他们做时髦的事情是为了得到终身职位，然后才做他们真正想做的事情。但事实似乎并非如此。我只知道一个那样的例子。而在其他情形，如果那些人在为职位焦虑时没有足够的勇气和独立去做想做的事情，那么他们在考虑专家组如何评价他们的资助申请时，也不会突然勇敢和独立起来。如果一个体制不能让思想独立的人得到终身职位，那么同样的体制也不会有助于保护终身教授的思想独立。

实际上，有的终身教授因为转向更冒险的领域而失去了资助，他们会很快发现自己陷于困境。他们不会被解职，但也有各种威胁的压力。他们可能被加重教学负担，削减薪水。于是，他们要么回到低风险的研究，要么提前退休。

下面是MIT天才的数学教授辛格（Isador Singer）最近对他的学科的描述：

> 我发现在经济因素的驱动下有过早专业化的趋势。你必须很早表现出大有前途才能得到好的推荐信，换来好的工作。在你崭露头角、巩固地位之前，根本没有能力另辟蹊径。生活的现实强迫你用狭隘的观点来看数学，而那是与数学不相容的。我们可以利用新的资源来对抗过分的专业化，给青年人更多的自由，让他们更大胆地自由探索数学，探索数学与其他学科的关联——例如在生物学中，当前发现了很多东西。

　　　　我年轻的时候，工作的市场还不错。在主流大学工作
当然是重要的，但在小一些的学校同样可能成功。我为时
下工作市场的强迫效应感到痛苦。年轻的数学家应该有我
们年轻时所具有的选择的自由。[1]

法国数学家康尼斯有同样的看法：

　　　　[美国体制下的] 不断的成果压力缩减了大多数年轻
人的"时间单位"。刚入门的人别无选择，只有找一个社会
地位牢固的导师（以便以后为他写相关的推荐信，找一个
好工作），然后写一篇专业的学位论文，证明他们有很强的
力量；然后还有好多诸如此类的事情。所有这些事情都挤
在一个短暂的时间内，他们不可能去学习那些需要几年工
夫才能把握的基础东西。我们当然迫切需要技术专家，但
那只是促进研究进步的部分条件……在我看来，美国的
体制实在打击了真正有创造力的人，那些人在技术上通
常是大器晚成的。年轻人在市场上获取职位的方式也成了
"诸侯割据"，即有的领域在几所重点大学扎下根来，自我
成长，而没有为其他新领域留下成长的空间……结果，只
有很少几个学科能得到重视，能持续培养学生，这当然不
会为新领域的出现创造良好的条件。[2]

　　最近几十年来，商业界已经意识到等级的划分成本太高，于是给

---

1. 对辛格的访谈，发表在 http://www.abelprisen-.no/en/prisvinnere/2004/interview_2004_1.html。
2. 对康尼斯的访谈，见 www.ipm.ac.ir/IPM/news/connes-interview.pdf。

年轻人更大的权利和更多的机会。现在有很多年轻的银行家和软件工程师，还有很多人才二十几岁就领导大的项目。偶尔我们也能遇到同样走运的年轻科学家，但很少。许多科学家从博士后的窘迫中脱颖出来，已经是35岁的人了。

高技术公司的领导者们知道，如果想用最优秀的年轻工程师，你就需要年轻的管理者。其他创造性的领域（如音乐）也是如此。我保证某些爵士乐手和老摇滚歌手都欣赏街舞和技术音乐，但音乐公司不会让60岁的老歌星来选择签约的年轻歌手。音乐的创新就踏着这种热烈、活泼的步伐，因为年轻的歌手知道怎样很快与观众和其他歌手沟通，不论在晚会还是电台，而不必求权威的艺术家以他们自己的模式来评判。

有趣的是，量子力学革命完全是孤立的一代物理学家掀起的。他们上一代的许多人都在第一次世界大战中被屠杀了。他们周围几乎没有什么老科学家站出来告诫他们疯了。今天，研究生和博士后为了生存，不得不做能让接近退休的老人明白的事情。这样做科学就像踩着急刹开车。

科学需要叛逆与服从之间的平衡，所以在激进与保守之间总会存在争论。但是现在，科学世界没有平衡，革命比科学历史上的任何时候都处于更凄凉的境地。那样的人简直不为研究大学所容忍。于是，一点儿也不奇怪，即使科学大声呼唤，我们似乎也不能赢得一场革命。

第 20 章
我们能为科学做什么

我在本书试着解释了为什么物理学的五大难题仍然和 30 年前的状况一样。为了说明这一点，我不得不集中谈了弦论，但我想重申一下，我的目的不是要丑化它。弦论是一个目标宏大的有威力的思想，为它付出的多数努力都是值得的。如果说它至今尚未成功，主要是因为它的内在缺陷密切关系着它的力量——当然，故事还没完呢，因为弦理论可能成为真理的一部分。真正的问题不在于我们为什么花那么多精力做弦理论，而在于为什么不在其他可能的方法上花同样多的精力。

当年，如果我做量子力学基础，前程可能就毁了；如果做与粒子物理学有关的题目，也许还有希望。当我面临这样的选择时，经济的决定找到了一个科学的理由。显然，过去几十年里，粒子物理学的进步远远超过了量子力学基础的探索。如今，新毕业生的境遇大不相同，局面已经扭转了。过去几十年，粒子物理学没有什么进步，但在量子计算研究的刺激下，基础领域的进步却很大。

现在已经清楚，除非我们认真考察我们对时间、空间和量子的认识基础，否则不可能解决那五大问题；如果我们把像弦理论和圈量子引力那样的老研究纲领当作业已确立的范式，也不可能获得成功。我们需要有勇气、有想象力、有深刻思想并能开辟新方向的年轻科学家。我们当然不能像现在这样打压这样的人，但又该如何识别和支持他们呢？

我必须再次强调，我不认为理论物理学的沉寂应该归咎于哪一个物理学家。我认识的许多弦理论家都是非常优秀的科学家，他们做过很好的工作。我不是要说他们应该做得更好，而只是说我们当中的许多最优秀人物竟然在那么好的思想下面都未能取得成功。

我们面对的是科学世界的社会学现象。我认为科学的规范在很大程度上被第16章说的那种群体意识玷污了，但那不是弦理论群体一个。一方面，制定法则的正是声势浩大的科学群体。在法庭上，好律师会在法律允许的范围内做任何有助于其代理人的事情。我们可以预见，科学领域的领导者也同样会在学术界不成文的规则下做任何能促进其研究项目的事情。如果结果导致一个领域被一系列不成熟的思想垄断了，而那些思想虽然没有什么成果，却凭着空洞的许诺独领风骚，这不能仅仅埋怨科学的领导者，他们也不过是根据他们对科学的认识来行动的。我们可以而且应该将其归咎于所有的科学家，正是他们集体制定了法则来评价同行。

也许很多人会要求我们领域的所有人在接受某个结果之前都要好好检验它。我们可以而且确实把那个任务留给了各个小领域的专家。但我们有责任至少跟踪那些结论和证据。我和许多同事一样，也曾错误地接受了弦理论的一些被广泛认可的东西，尽管它们没有得到科学文献的支持。

　　于是，我们要问：科学规范的传统约束到底怎么了？我们已经看到，科学结构存在着问题，表现在诸如同行评议和终身教授等制度方面。这对弦理论的垄断起着部分作用，但同样有问题的是常规科学与科学革命的混淆。弦理论开始是一场革命，但现在却被作为常规科学里的另一个研究纲领。

　　我在前面几章提出，有两种理论物理学家：把握常规科学的工艺师和能洞察假设并提出新问题的预言家。现在已经很清楚了，为了发动科学革命，我们需要更多的预言家。但我们也看到，这些人即使没有被赶出科学圈，也被边缘化了。他们不再像从前那样被看作主流理论物理学的一部分。如果说我们这一代理论家没有革命，那是因为我们组织科学机构时没有为革命者留下空间，我们多数都听不进那些人的话。

　　我的结论是，我们必须做两件事情。我们必须认识并反击群体意识的征兆，我们必须向独立思想者敞开大门，确保为革命需要的特殊人才留下空间。这在很大程度上要看我们如何对待下一代。为了维护科学健康，我们应该只凭能力、创造力和独立性来聘用不同的年轻科学家，而不应该看他是否对弦理论或其他研究项目有过什么贡献。甚至还应该有限考虑那些开拓并发展自己研究纲领的人，这样才能使他们能自由探索他们认为最有希望的方法路线。科学管理总是在做选择。为了避免资源过分倾向某个也许是死胡同的特殊方向，大学的物理系应该确保竞争的研究计划和解决问题的不同观点能在教师中得到

反应 —— 这不仅是因为我们多数时候不可能预知哪种观点是正确的，也因为在相近领域工作的聪明人之间的友好竞争往往是新思想发现的源泉。

我们还应该提倡一种公开批评、坦诚的态度。要惩罚那些只做肤浅工作而躲避难题的人，奖励那些向长久未决的猜想进攻的人，哪怕要多年以后才能取得进步。在我们统一空间、时间和量子理论的认识的奋斗中，引出了许多基础问题，我们要为那些深入思考这些问题的人留下更多的空间。

我们讨论的许多社会学问题必然与科学家 —— 其实是所有的人 —— 形成部落的倾向有关。为了与这种倾向进行斗争，弦理论家可以弱化弦理论与其他方法之间的界线。他们可以不再根据对这样那样的猜想来划分理论家。弦理论大会应该邀请那些在弦理论的其他路线上工作的人或者批评弦理论的人，集思广益。研究团队应该找那些在其他方向追寻的博士后、学生和访问学者，还应该鼓励学生学会思考新的解决问题的方法，这样，他们随着学术生涯的进步，才有能力为自己选择最有前途的方向。

我们物理学家要直面眼前的危机。一个没有预言从而也不管实验的科学理论永远不会失败，但这样的理论也不可能成功，只要科学代表的是来自证据支持的合理论证的知识。一个研究纲领经过几十年还没有发现实验结果的基础或精确的数学形式，我们需要诚实地评估那些坚持这个纲领的智慧。弦理论家需要面对这样的结局：他们错了，而别人对了。

最后，科学的支撑机构可以采取很多步骤以维护科学的健康发展。资助机构和基金会应该让各个层次的科学家探索和开拓各种可行的解决深层次难题的方法。不应该允许一个研究项目在获得可信的科学证明之前成为垄断学科。同时应该鼓励其他方法，这样科学进步才不至于因为在一个错误方向的过分投入而受到阻碍。当出现反对的但是关键的问题时，应该限制给任何单个研究项目的支持比例（例如三分之一）。

有些建议需要重大改革。但是对理论物理学，我们不是说要多少钱。假定某个基金会决定全面资助那些无视量子引力和量子理论主流而探索自己的大胆计划的思想者，那总共也就二十几个理论家。资助他们，只需要国家的整个物理学预算的极小部分。但从这些人过去的贡献来判断，也许只有几个人能做出重要的事情而不辜负对本领域的投入。

实际上，从物理学和数学的博士中找那些用自己的方法解决基础问题的人，也就是那些做事情太反传统而很可能永远找不到研究工作的人，只需要更少的钱就能起作用。那些人如巴伯、瓦伦提尼、格罗藤迪克——甚至爱因斯坦。资助他们五年，如果有什么结果，还可以延长到两个或三个五年。

听起来冒险吗？英国皇家学会就有类似的计划。它负责引导那些在各自领域崭露头角却不太可能得到美国的那种资助的科学家开始自己的研究生涯。

如何选择哪些人值得资助呢？很简单。去问那些这样做过科学的人。为了保险起见，至少要在候选者的领域里找一个对他要做的事情感到兴奋的知名人士。为了完全有把握，还要至少找一个唱反调的教授——他可能认为候选者太可怕，注定要失败。

在一本为大众写的书中讨论科学政策问题似乎很奇怪，但你们（大众）不论个人还是群体都是我们的赞助人。如果说你们花钱支持的科学没有做好，那就需要靠你们驱赶我们去做我们的工作。

所以，最后我要对不同的读者说几句话。

对受过教育的大众：批评。不要相信你听到的多数东西。当一个科学家声称做了什么重要的事情，要他拿出证据来。像你评估投资一样严格评估那些证据。把它当作你要买的房子或者你要送孩子去的学校，仔仔细细地考察它。

对那些决策科学作为的人——如部门领导、人才委员会、基金会官员等：只有你们那个阶层的人才能推荐刚才列举的人。为什么不考虑他们呢？这些建议应该在很多场合展开讨论，如基金会的办公室、国家科学院和世界各地的类似机构。这不仅是理论物理学的问题。如果像物理学那样严格分科的学科都患群体意识综合征，那其他不那么严格的领域又将如何呢？

对我的理论物理学家伙伴：本书讨论的问题我们每个人都有责任。我们成为科学的中坚力量，只是因为我们作为其部分的更大的社会在深切关注着真理。如果弦理论家错了却继续统治我们的领域，后果可能非常严峻——不论对我们个人还是对我们的事业。那就需要我们打开大门，让不同的人走进来，普遍地提高论证的标准。

更坦率地说：如果你是那样的人，当你的科学受到挑战，而你的第一反应是"X怎么想？"或"你怎么能那么说？人人都知道……"那么你恐怕不再是科学家了。你拿那么多钱做工作，意味着你有责任对你和你的同事们相信的每一件事情进行仔细而独立的评价。如果你不能为你的信仰和行为提出恰当的符合实际的理由，如果你要别人来为你考虑（即使他们德高望重），那么你已经违背了你的道德义务，不再属于科学群体的一员了。你的博士头衔给了你坚持自己观点和做出自己判断的资格。但还不仅如此，它还使你有义务批判性地、独立地思考你力所能及的所有事情。

这话有点儿严厉。但对我们做基础问题的非弦理论家来说，还有更严厉的话呢。我们的工作是为了发现错误的假定，提出新的问题，寻找新的答案，发动新的革命。很容易看到弦论可能错在什么地方，但批评弦论不是我们的工作。我们的工作是创立正确的理论。

我对自己会更严厉。我完全相信有读者会反驳我，"既然你那么聪明，怎么不比人家弦理论家做得更好呢？"他们说得很对。因为本书终究不过是一种拖延。我当然希望通过写这本书让感兴趣的人更容易走上那条路。但我的技艺在于理论物理学，我的真正工作是完成爱因斯坦发动的革命，可我没做好。

那么我打算做什么呢？我要利用生活展现给我的好运。首先，我想把我过去的文章《量子与热涨落的关系》找出来好好读一遍。然后，我想切断电话和手机，找一些吉尔博托（Bebel Gilberto）、艾瑟罗（Esthero）和郎萨克史密斯（Ron Sexsmith）的唱片[1]，把音量调得高高的，擦净黑板，拿一支新粉笔，打开笔记本，拿出我最喜欢的钢笔，坐下来，开始思考。

---

1. Bebel Gilberto是来自巴西的流行女歌星，Esthero是多伦多的一个二人组合，Ron Sexsmith是加拿大有名的创作型歌手。

译后记

译者
2008 年 4 月 9 日于重庆

　　套一个"经典"的句式说，本书是在物理学 30 年来没有实质性进步的前所未有的"大不好"形势下产生的。当然也可以说，在物理学新纪元即将来临的"大好"形势下，"个别别有用心的人"跳了出来，攻击多数科学家热情拥护的理论。说实在的，物理学家这些年做了很多事情，发表了很多文章，开拓了很多方向 —— 但在一个无限广袤的"弦景观"面前，他们困惑了。本来是"水光山色与人亲，说不尽无穷好"（李清照句），但物理学家不喜欢"无穷"，只追求唯一。当人们怀着"Theory of Everything"（TOE）的愿望，迎来的却是"Theory of Nothing"（TON），该是什么感觉啊？ —— TOE 和 TON 这两个缩写词倒是恰到好处地说明了弦论的历程："从脚下走出时尚。"在李（Lee Smolin）老师看来，弦论就是一个物理学时尚。一个时代有一个时代的文艺，当然也有一个时代的科学。正如威藤说的，弦论是偶然落在 20 世纪的 21 世纪物理学。总之，弦理论大概就代表了我们时代的科学，有人说它是"后现代物理学"，它也的确顺应着后现代的时尚 —— 同一个潮流，多样的选择。它和那些竞争的理论，在我们面前展现了新时代的科学世界的部落文化。本书的意义，也许就在于它体现了这种新的科学文化和精神。

关于超弦理论的异域风光，彭罗斯在大书《通向实在之路》里有一段有趣的比喻：

> 一个游客来到一座陌生的大城市，要找一幢大楼。那儿没有街名（至少他一个也看不懂），没有地图，在阴沉沉的天空下，他也分不清东西南北。岔路很多，他该左转还是右转？还是走进那条迷人幽深的小路？街道拐弯很少是直角，路也几乎不是直线；有时走进死胡同，只好退回来，转向别的路。有时会突然发现一条刚才竟然没注意的新路。周围没有人可以打听，他们的话一句也听不懂。不过，游客至少知道他要找的那幢大楼造型精美绝伦，还有漂亮的花园。那也是他去找它的主要原因。他走在看起来很漂亮的路上，有迷人的建筑和美丽的花园，灌木丛生，百花怒放——走近一看，却是塑料的。他面前有很多路，他选择的唯一标准就是那个地方的美感和整体的和谐——风格的和谐或隐藏在城市背后的某种基本的模式。

我们当然是游客，而弦理论家也和游客差不多——老彭的意思是，让他们做导游，还不如我们自己走着瞧呢。现在，李老师充当了导游的角色，不过他是"别有用心"的，他要带我们走一条人迹罕至的"迷人幽深的小路"。

李老师以五大问题引领我们的旅行，这些问题是当前隐约看见的物理学的地平线：

问题1：将广义相对论与量子理论结合为一个真正完备的自然理论。

问题2：解决量子力学的基础问题：要么弄清理论所代表的意义，要么创立一个新的有意义的理论。

问题3：确定不同的粒子和力能否统在一个理论并将其解释为一个单独的基本作用。

问题4：自然是如何选择粒子物理学标准模型中的自由常数值的？

问题5：解释暗物质和暗能量。或者，假如它们不存在，那么该如何在大尺度上修正引力理论，为什么修正？更一般地说，为什么宇宙学标准模型的常数（包括暗能量）具有那样的数值？

拿对这些问题的回答给弦理论打分，结果，弦理论似乎只能得1分，就是"潜在地"解决了第三个问题，而对其他问题就不怎么高明了。

当然，我们不能凭问题的回答来决定理论的成败，就像不能凭考卷决定人生。何况问题有不同的提法，不同的导游可以站在不同的石头上讲不同的故事，我们也可以从不同的角度看风景——像《蒙娜丽莎》背后的荒野，左边和右边有着不同的地平线。新世纪到来时，好多科学家提过好多问题——只能问很多，因为谁也不敢把赌注下在具体的某一个。真正"基本"的问题，往往要等回答以后才知道。一个成功的理论可以顺便解决很多"基本"问题；而好的理论从来不是为了同时解决那么多"基本"问题才发展的。《纽约时报》曾假想让科学家沉睡100年，到2100年醒来时向同行打听21世纪的科学。他们竟然一口气问了10个问题。我们可以想象，睡过百年的人睁开眼睛时大概只会问一个问题，可惜我们今天还不知道问哪一个。难怪费曼要说，"我无法确定真正的问题，所以我怀疑没有真正的问题，可我又不敢肯定没有真正的问题。"

接着，李老师回顾物理学的历史——这是一篇浓缩的历史，比很多展开的编年史散发着更为浓烈的物理学的芬芳。以今天的眼光看，物理学发展的历史就是理论统一的历史。不过，从前的统一是自然形成的，而今天的统一是物理学家为自己选择的使命——也是爱因斯坦未竟的事业。回顾历史，是拿历史作镜子。李老师让弦理论暴露在历史的荣光下，是要让它显得黯然失色。

弦理论在短暂的20多年里，经历了两次革命。第一次革命发现弦理论能生出标准模型，第二次革命生出一个M理论的影子。尽管革命了，但不彻底，更远未成功。实际上，"反弦派"从弦理论萌芽的时候就出现了。1985年9月，《科学》杂志的一个编辑请费曼对新的"弦"理论发表意见，费曼写了封有趣的回信："我不相信它们，但我没有认真研究过它们，也就说不清我为什么不相信它们。"格拉肖认为弦理论是"中世纪神学的新的翻版"，他还想把弦理论家挡在哈佛的门外（当然失败了）。Robert Laughlin（1998年因为凝聚态物理的贡献获诺贝尔奖）说："弦理论远非我们更伟大的明天的奇妙的技术希望，而是一个陈旧的信仰系统的悲剧性结果。"这些头顶诺贝尔桂冠的人，为什么不喜欢弦理论呢？大概因为它距离物理现象和实验太远了。20世纪后期的物理学将物理事实变成了数学概念（如规范场等于联络，基本粒子归结为对称），而弦理论就把这些数学结构作为研究对象，得到数学结构的结果。在传统的物理学家看来，这个时尚太形式化；借闻一多先生说初唐诗歌的话，这也算物理学的一种皮肤病。如果说从前物理学是物理学灵魂套上数学外衣，那么弦理论大概就是一个数学灵魂在物理学上空飘浮，总也落不下来。

李老师的立场和那些前辈有些不同。他不是外科医生，而是内科的，甚至是精神科的。他是从弦理论阵营里走出来的，他的反对有着更具体的内容。他看到弦理论"腐败"了，今天科学的衰落就是因为弦理论的崛起，所以他的书特别加了一个副标题——弦理论的崛起与科学的衰落。当然，李老师不是一个人在战斗。哥伦比亚大学的数学家Peter Woit（也做量子场论）也写了一本书"骂"弦理论，说"好多人在兜售投机的思想"，"弦理论什么结果也没有"，简直"连错都算不上"（not even wrong，这是他的书名，借用了泡利的名言）。他的副标题正好与李老师的呼应："弦理论的失败与物理学定律统一的追求"——等于说，弦理论失败了，物理学的统一才可能重新开始。两个不同背景的批判家走到一起了：打倒了弦理论，科学才有希望。仿佛那根弦成了《共产党宣言》里说的套在无产者身上的"锁链"，而李老师们就是无产者和革命者。

李老师说我们正处在可惜的革命时期，而弦理论已经成为"常规"了。从来没有一个理论，经历了那么长的时间、花费了那么多的力量，结果却一无所有。这是李老师对弦理论状况的总评价。当然，仅凭这几点空洞的声讨还不够，因为圈引力也没有令人满意的成绩。他自己都说，圈量子引力还有很多关键问题没得到解决，就和弦理论中的猜想一样。

所以，李老师对弦理论进行了严厉的技术性批判，主要在三个方面：背景独立、对偶猜想和宇宙学常数。

在圈引力派看来，爱因斯坦广义相对论的核心精神是"背景独立"，即理论不需要一个固定的时空背景。在广义相对论中，时空是与物质相互作用的，物质引起时空弯曲，而时空弯曲表现为物质间的引力。量子论宣扬我们既是演员也是观众，但还有一个舞台，"背景独立"则要让舞台消失在演员的活动中。其实，弦理论家也在闹背景独立，但没有拿它作为大旗，他们已经意识到，"为了实现真正的背景独立的形式，似乎还需要更加远离传统的时空观念"。

阿根廷青年Maldacena的猜想是弦理论近10年来最令人激动的思想，它将规范场论作为弦理论的一张全息图，是全息理论的一个数学实现。李老师说它只有"弱形式"（即没有量子效应）才成立，而且怀疑对偶的两个对象是否真的存在。

1998年，宇宙加速膨胀的发现表明存在正的暗能量，但李老师指出弦理论预言暗能量密度（或宇宙学常数）不可能是正的。

2006年12月，圣巴巴拉加州大学的弦理论家Joseph Polchinski（昵称Joe，他10年前写的两卷本《弦理论》是流行的弦理论教科书）针对这些问题（连同Woit的那本书），发表了公开"答辩"。

乔老师认为，"背景独立"只是形式问题，不是本质问题。他说李老师"将描述物理的数学预言与被描述的物理混为一谈了。人们常常发现，新物理用的数学语言并不是最恰当的。这一点并不奇怪……在弦理论中，即使语言不是背景独立的，物理也肯定是背景独立的，我们还在继续寻求更恰当的语言"。他认为AdS/CFT对偶可能是问题的一个解决（当然还不彻底）。在那个猜想下，物理学成了皮影戏——空间的表演都在屏幕上实现。

乔老师从李老师自己写的两篇关于AdS/CFT对偶的论文中发现了概念性的问题，证明李老师的批判完全是误会。他还反过来说李老师所宣扬的圈量子引力其实比眼下的弦理论更加背景相关。

关于宇宙学常数，乔老师认为抓住了李老师的把柄。因为非正的暗能量密度是超对称的预言，而超对称是一定会破缺的。

李老师还一般地批评了弦理论的数学不严密。他寻根溯源，终于考证出文献中从来就没有严格证明过弦理论的有限性，而几乎所有弦理论家却都拿它作为既定的事实。虽然乔老师做过一些计算，但这个问题依然存在。不过乔老师说了，"物理不是数学。物理学家靠计算、物理推理和相互检验，而不靠证明，他们能理解的东西一般说来比能严格证明的东西大得多。"如果要严格以数学的严密来要求，很多物理学恐怕刚一萌芽就凋落了。实际上，不严格的弦理论真的给数学带来了很多东西，也吸引了很多数学家——当然，尽管这是弦理论的功绩，却不能作为它是正确理论的根据。

李老师承认乔老师的"评论是礼貌的，用事实来说话，没有人身攻击，没有误解我们的书（包括Woit的那本）"。不过，2007年4月，他还是"应读者要求"进行了"反答辩"，澄清乔老师"误会"的地方。

关于宇宙学常数问题，李老师同意那是超对称的要求。但他认为，在微扰弦理论中，超对称是清除不掉的。即使在KKTL（以这几个字母打头的四个人发表了一篇文章，他们以非常的工艺，在半经典的情形下构造了具有正宇宙学常数的模型）发表3年以后，"我们仍然不知道在正宇宙学常数背景下是否存在和谐一致的弦理论"。

关于AdS/CFT对偶，李老师又拿数学严格来说话了。"我在书中怀疑——现在仍然怀疑——的是，是否证明了猜想的强形式，在$AdS_5 \times S^5$的弦理论和$N=4$的规范理论之间建立的等价性。"他说，"证据不代表证明，而这里必须证明两个有明确定义的数学对象之间的等价性 …… 我们没有严格的非微扰的在渐近$AdS^5 \times S^5$背景下的弦理论的定义，也没有严格的非微扰的4维$N=4$超对称杨－米尔斯规范理论的定义。没有定义，我们甚至不能肯定是否能很好定义与那些名词相应的数学结构。"（从这段话我们也可以看出，弦理论的确在研究数学结构。）

关于背景独立问题，李老师承认强形式的Maldecena猜想（如果正确的话）可能提供"非常有限的弱形式的背景独立"。他还纠正了乔老师"在弦理论中"那句话，认为应该更准确地这样说：

有些弦理论家相信，他们具体研究的不同形式的微扰

　　弦理论及其对偶接近某个更深刻的背景独立的形式。这缺
失的背景独立形式并不仅仅是不同的语言，而有可能表达
了确定理论的原理和定律，迄今所研究的一切都将作为近
似从它们推导出来。尽管弦理论家们相信这一点，但对这
个猜想的背景独立形式的弦理论，他们只提出过寥寥几个
具体的设想，而且没有得到广泛的支持。

　　两位老师的话正好体现了他们对弦理论的不同态度。在李老师看
来，乔老师们显然过高估计了弦理论的成绩。

　　2007年5月20日，乔老师发表了给李老师的信，更明确地提出
了他的反对。他继续批评李老师对弦理论的认识太落伍了。李老师在
书中的一句话也可能伤了弦理论家们的心："……一大群专家在尽力
挽救一个他们珍爱的然而却面对着矛盾数据的理论。"（第10章）乔
老师好像有点儿生气了："这样的例子在你的书中俯拾皆是：你写的
是你自己相信的事情，你却忽略了事实……明明是成功的地方，你
却说危机；本来没有的问题，你却讲伦理。"

　　我们"津津有味"地转述两位的争论，一方面是为了补充作者在
书中没有说完的话，另一方面是为了"兼听"不同的声音。对台戏总
比独角戏有意思。虽然乔老师们没有写一本书，但带着他们的问题去
跟李老师走，看周围的风景就不会是一个色调了。

　　弦理论的争论还在以多种形式继续着。Paul C. W. Davis（《上帝与
新物理学》等畅销书的作者，如今把兴趣转向了天体生物学）在《纽

约时报》（2007年11月24日）发表文章说，物理学家们的"时尚变了"，变得像宗教一样，"拿信仰作基础"，相信存在"一个巨大的看不见的宇宙的集合"（即所谓的"多重宇宙"）。Woit借题发挥说，物理学家真正的改变在于失去了弦理论的兴趣，因为它的支持者们只有借多重宇宙的假说来解释他们为什么不能做出任何预言。数学的"物理学定律"以可检验的方式描写世界，这不是信仰，而是事实。

最近，著名的"第三文化"的论坛"边缘"（www.edge.org）提出了新的年度问题：

> 当思想改变你的思想，那是哲学；
> 当上帝改变你的思想，那是信仰；
> 当事实改变你的思想，那是科学。
> 那什么改变了你的思想呢？

落实到弦理论，它改变我们什么了呢？它似乎没谈多少"事实"，那么它是科学，是哲学，还是信仰？本来很简单的问题，在一定的框架下追问，就复杂而且严肃起来了。160多个（还不断有人加入）不同领域的学者参加了问答，畅谈了自己的感受。其中一个物理学家（达特茅斯学院的Marcelo Gleiser）的话，说得很"实在"：

> 我从小就被灌输统一的思想。它首先是来自宗教……十几岁时，我开始对科学感兴趣，开始怀疑无处不在的上帝，怀疑大洪水、戒律和瘟疫的故事，转向了物理学，把爱因斯坦和他的科学当偶像……

做研究时，我毅然决定做一名理论物理学家，做粒子物理学和宇宙学，原因很简单：它是极大和极小的两个世界的结合，最有可能发现自然的统一理论……

我写过几十篇与统一有关的文章，连博士论文也是那个题目。我曾为那些思想的现代方法着迷了：超对称、超弦、隐藏的额外维的空间……可是，几年前，也许因为我更深刻认识了形成科学思想的历史和文化过程，事情突然变了。我开始怀疑统一，觉得它不过是实在的一神论在科学的翻版，是在方程里寻找神的存在……二十多年过去了，所有的努力都失败了。粒子加速器没有，冷暗物质探测器也没有，没找到磁单极，没看到质子衰变，过去几十年预言的所有统一的迹象，都没有……

他还说了句爱因斯坦式的格言："自然不欣赏我们的神话。"我们真是在写新的神话吗？如果我们在用数学写神话，那么似乎应该听听一个老数学家的最新感悟："归根结底，数学只是我们的，而不是宇宙的。"

同样背离初衷的还有Jone Baez，他曾做过多年的圈引力，但现在对弦和圈都失去了信心，最后决定不做量子引力了。"这是非常痛苦的决定，因为量子引力曾是我追寻了几十年的圣杯。"不过，现在他感觉彻底解放了。

李老师也参加了问答，但没有说圈和弦，而是谈自己对时间的认识的改变。他的结论是，时间也许不是幻觉，而是实在。他认为，时间的本质关联着数学真理的本质，也关联着是否存在没有时间的自然定律。当然，这些问题在深层意义上也是未来的理论必须回答的。

不久之前，弦理论的元老施瓦兹在汤川秀树-朝永振一郎百年诞辰的纪念会上，总结了弦理论的形势和任务。虽然弦理论已经取得了许多进步，"但即使继续以当前的步伐快速向前，我想这门学科到了纪念两位先生二百周年的时候也不会完成"。这样说来，威藤的话大概还要改两个数字：弦理论是22世纪的理论落到21世纪的部分。

听着这些热烈的争论和深沉的反思，我们不禁想起狄更斯的名句（《双城记》）：

> 那是最美好的时代，那是最丑恶的时代；那是智慧的年月，那是愚昧的年月；那是信仰的时期，那是怀疑的时期；那是光明的季节，那是黑暗的季节；那是希望的春天，那是失望的冬天……

这就是我们的"后现代物理学"的时代吗？

本书的另一个主题（大约四分之一的篇幅）是关于科学的伦理或科学的社会学。乔老师在评论中说，李老师"将弦理论的兴衰看作一出道德剧"。李老师自己也将"什么是科学，科学如何运作"的话题作为本书的关键（第17章）。他将弦理论作为科学群体的伦理活动的一个案例来研究，这一点，不管弦理论和圈引力的命运如何，也许都将是未来科学史感兴趣的课题，而本书提供了极好的案例。

李老师的科学伦理观，源于他本人的经历。他讲了几个故事。一个是在做研究生时从超引力逃出来（第6章），他的觉悟是（一段金玉良言）：

> 当我回顾30年来我所熟悉的那些人们的科学生涯时，越发感到科学生涯的抉择依赖于人的个性。有些人乐于跨越下一步，把一切都献给它，从而为飞速发展的领域做出重要贡献。另一些人可没那么急躁。有些人容易犯糊涂，所以做什么都要反复思量，这要费很长的时间。你大概以为我们比这些人高明，可别忘了爱因斯坦也是属于他们的。根据我的经验，真正令人震撼的新思想方法往往来自这样的人群。还有一些人——我属于这第三类——只顾走自己的路，他们特立独行，只是因为不愿意像有的人那样为了站在赢家的一边而加入某个领域。所以，当我与别人的作为相左时，也不再感到烦恼，因为我发现一个人的性情几乎完全决定了他做什么样的科学。幸运的是，科学需要来自不同类型的人物的贡献。我逐渐认识到，那些能把科学做好的人是因为他们选择了适合自己的问题。

第二个故事是他在伯克利和"无政府主义"哲学家费耶阿本德的谈话。费老的经历很有趣，他告诫他们，"就做你想做的，不要管别的事情。在我的经历中，从来没有花过五分钟做我不想做的事情。"（第17章）费老的卓尔不群正好在他心头引起了共鸣。他从费老那儿学到了"反对方法"。作为严肃的物理学家，他当然不是要反对科学的方法，而是借一面"无政府"的大旗来反对弦理论的"垄断"。李老师为年轻人说了很多好话。他批评弦理论聚集了那么多人，垄断了那么多资源，却伤害了年轻人，扼杀了新思想和新发现。他把物理学家分成两类，预言家与手艺人（seers virus craftspeople）——思想家与匠人。当然不能说做常规科学的人就没有思想，李老师强调的是与常规"格格不入"的思想，能引领未来的思想（所以叫"预言"）。他提出几个主流外的"预言家"的典范——如躲到乡间独自思考的巴伯，身为教授而志在江湖的芬克尔斯坦，在意大利游荡的霍金的小师弟瓦伦提尼……所有这些人，都有一个共同的基本经历，那就是"目前健在的最能干、最富想象的数学家"格罗藤迪克说的：

> 他们必须重新发现自身的那种与生俱来的（和我一样的）能力：忍受孤独。

李老师还特别以"修正的相对论"（DSR）作为新理论的样本（他从它引出了一个有趣的"虹宇宙"的图景）。科学总是需要不同的声音，特别在"万马齐喑"的时候。最近，密执安大学的Scott E. Page写了一本书，谈思想的多样性能产生更具创造性的团队、公司、学派和社会（"*The Difference: How the Power of Diversity Creates Better Groups, Firms, Schools and Societies*", Princeton University Press, 2007）。其实，很多人都知道这一点。但我们难免和李老师一样奇怪：科学的管理者们为什么不那么做呢？

最近，英国高等教育基金会（HEFCE）决定从2009年起用一种"度量体系"来取代同行评议制度，即以研究成果（论文）的引用数作为评判标准。这当然是更不利于李老师同情的那些叛逆者。

　　李老师如今在主持"圆周（Perimeter）"——即"圆周理论物理研究所"，它的标志和缩写是PI，即 π。PI坐落在加拿大多伦多外的沃特卢，发起者和赞助人是RIM公司（Blackberry的制造商）的Michael Lazaridis，他原来的想法是要做一个普林斯顿式的高等研究机构。2001年9月开张时，只有三个固定人员：李老师和Robert Myers, Fotini Markopoulou。PI现在是量子引力和量子信息理论的热土。2007年，加拿大自然科学与工程研究理事会（NSERC）对PI的评价是，"自1999年成立以来，PI已成为加拿大在新兴量子物理领域的龙头和科学教育和服务的典范"。这是一个新兴的机构，从老牌大学的官僚作风里走出来，自然感觉是"解放了"。

　　但是解放者的声音，压迫者是听不进的。《淮南子·人间训》讲过一个故事（后来冯梦龙把它编在《智囊》的第一篇）：孔子的马偷吃了农夫的庄稼，农夫就把马关起来了。子贡跑去求情，低声下气，人家还不理他。夫子批评他说："夫以人之所不能听说人，譬以大牢享野兽，以《九韶》乐飞鸟也……"李老师的话，对那些科研管理人员和决策者来说，大概就是鸟儿耳朵里的韶乐。其实，管理者们也有自己的逻辑和道理，而且也在像做弦理论一样做"科学的科学"。不过，他们学得最好的还是欧几里得几何，特别擅长以公理的方法来抹平事情。他们似乎发现，最科学的"科学管理"，就是尽可能地"统一标准"，当一切的不公平都以法规的形式定下来后，就没有不公平了。李老师们在博士后经历的磨难，我们的同学从幼儿园就开始经历了。

　　本文拖拉着要结束时，看到一个消息，或许印证了李老师在本书前言里的判断：我们今天并不比30年前懂得更多。最近，一个国际研究小组用超级计算机验证了标准模型过去的预言，但没有发现任何新的东西。爱丁堡大学Richard Kenway教授说："尽管标准模型取得了巨大成功，但因为必要的计算尚不够精确，还有一两个角落没得到确切的实验证明。我们照亮了其中一点，但令人泄气的是，什么也没看见。"

图书在版编目（CIP）数据

物理学的困惑 / （美）L. 斯莫林著；李泳译. — 长沙：湖南科学技术出版社，2018.1（2023.3重印）
（第一推动丛书. 物理系列）
ISBN 978-7-5357-9512-0
Ⅰ.①物… Ⅱ.① L… ②李… Ⅲ.①物理学—普及读物 Ⅳ.① O4-49
中国版本图书馆 CIP 数据核字（2017）第 226170 号

The Trouble with Physics
Copyright © 2006 by Spin Networks, Ltd.
All Rights Reserved

湖南科学技术出版社通过美国 Brockman，Inc. 独家获得本书中文简体版中国大陆出版发行权
著作权合同登记号　18-2014-150

WULIXUE DE KUNHUO
物理学的困惑

著者
[美]L. 斯莫林

译者
李泳

出版人
潘晓山

责任编辑
吴炜　戴涛　李蓓

装帧设计
邵年 李叶 李星霖 赵宛青

出版发行
湖南科学技术出版社

社址
长沙市湘雅路 276 号
http://www.hnstp.com
湖南科学技术出版社
天猫旗舰店网址
http://hnkjcbs.tmall.com
邮购联系
本社直销科 0731-84375808

印刷
湖南凌宇纸品有限公司

厂址
长沙市长沙县黄花镇黄花工业园

邮编
410137

版次
2018 年 1 月第 1 版

印次
2023 年 3 月第 8 次印刷

开本
880mm × 1230mm　1/32

印张
14.5

字数
305千字

书号
ISBN 978-7-5357-9512-0

定价
69.00 元